国 家 级 职 业 教 育 规 划 教 材
人力资源和社会保障部职业能力建设司推荐
高等职业技术院校机电一体化技术专业任务驱动型教材

气动液压传动技术

杨 健 勾 明 主 编

中国劳动社会保障出版社

简介

本书主要内容包括：认识气动系统与液压传动系统、气动技术、液压传动技术。本书介绍了气、液动系统的组成及工作原理，常用气、液动元件的功能及其选用原则，常用气、液动功能回路的组成及工作原理，常用气、液动元件的选用及安装，常用气、液动功能回路的设计、装调、维护及故障诊断等内容。

本书由杨健、勾明担任主编，邹斌燕担任副主编，宋红英、邢光、周蓉、何全林、刘伯韬、吴娱参加编写，朱鹏超担任主审。

图书在版编目(CIP)数据

气动液压传动技术/杨健、勾明主编. —北京：中国劳动社会保障出版社，2013

ISBN 978-7-5167-0594-0

Ⅰ.①气… Ⅱ.①杨…②勾… Ⅲ.①气压传动②液压传动 Ⅳ.①TH138②TH137

中国版本图书馆 CIP 数据核字(2013)第 222683 号

中国劳动社会保障出版社出版发行

（北京市惠新东街 1 号 邮政编码：100029）

*

北京谊兴印刷有限公司印刷装订 新华书店经销

787 毫米×1092 毫米 16 开本 12.5 印张 293 千字

2013 年 10 月第 1 版 2022 年 12 月第 11 次印刷

定价：24.00 元

营销中心电话：400-606-6496

出版社网址：http://www.class.com.cn

http://jg.class.com.cn

前言

为了更好地满足企业对机电一体化技术专业高技能人才的需求，全面提升教学质量，人力资源和社会保障部教材办公室组织全国有关院校的一线教学专家、企业技术专家，在充分调研企业生产实际和学校教学需求的基础上，精心编写了高等职业技术院校机电一体化技术专业教材。本套教材紧紧围绕机电产品装调、机电产品维护、机电产品技改等岗位的要求，参照相关国家职业标准，以及企业机电一体化设备装调、维护、技改的基本工作流程，确定以机电产品装调能力、机电产品维护能力、机电产品技改能力培养为主要教学目标。

本套教材选用数控机床设备及自动化生产线设备这两类常用的机电一体化设备作为主要教学载体，并通过三个阶段实现对机电一体化产品的装调、维护、技改能力的培养。

第一阶段为基础通用能力培养。主要通过《机械制图与 AutoCAD 绘图》《机电电路制图与 CAD 绘图》《机械基础》《装配钳工技术》《电工电子技术》《机械制造技术》的教学，使学生能读懂机电一体化设备的机械结构图样、电气与电子电路图样并具备一定的图样绘制能力，能进行常用机械结构、电气与电子电路的装调、维护、技改工作，以及掌握检验机床设备加工精度的基本机械加工技术。

第二阶段为分系统装调、维护、技改能力培养。主要通过《气动液压传动技术》（机械运动系统），《电机控制技术》（伺服拖动系统），《传感器应用技术》（信号检测系统），《PLC 应用技术》《单片机应用技术》（电气控制系统）的教学，使学生能够熟练地进行对应分系统的装调、维护、技改工作。

第三阶段为全系统装调、维护、技改能力培养。在具备基础通用能力以及分系统装调、维护、技改能力的基础上，主要通过《数控设备装调诊断技术》《自动化生产线设备装调诊断技术》的教学，使学生能熟练地进行机电一体化设备的全系统装调、维护、技改工作。

在教材内容的组织上，采用任务驱动的编写思路。在教材的每一单元，首先提出具体的学习任务，使学生明确目标，产生学习的积极性；然后结合具体实例，讲解完成任务所需要的相关知识，使学生的认识由感性上升到理性；在任务实施环节，详细介绍完成任务的步骤和注意事项，使学生能够顺利完成任务，增强学生的成就感。

为方便教学，本套教材均配有免费电子课件，可在中国人力资源和社会保障出版集团网站（www.class.com.cn）下载。其中《机械制图与 AutoCAD 绘图》《机械基础》《电工电子技术》《机械制造技术》《气动液压传动技术》等专业基础课还配有习题册。

在本套教材的编写过程中，得到了有关省市人力资源和社会保障部门、高等职业技术院校和相关企业的大力支持，教材的编审人员做了大量的工作，在此表示衷心的感谢！同时，恳切希望广大读者对教材提出宝贵的意见和建议。

人力资源和社会保障部教材办公室
2012 年 6 月

目录

目录

1 模块一 认识气动系统与液压传动系统

课题一 认识气动系统

知识点

◇ 气动技术的典型应用；

◇ 气动系统组成及工作原理；

◇ 气动系统工作特点；

◇ 气动理论及气源装置。

技能点

◇ 在实验台上安装与拆卸气动元件和管路，并运行。

任务引入

图 1—1—1a 所示为数控机床装夹机械手示意图，由于利用了气动技术驱动手爪的运动，因此，可实现对工件的快速抓取，减轻工人的劳动强度。图 1—1—1b、c 所示为控制机械手

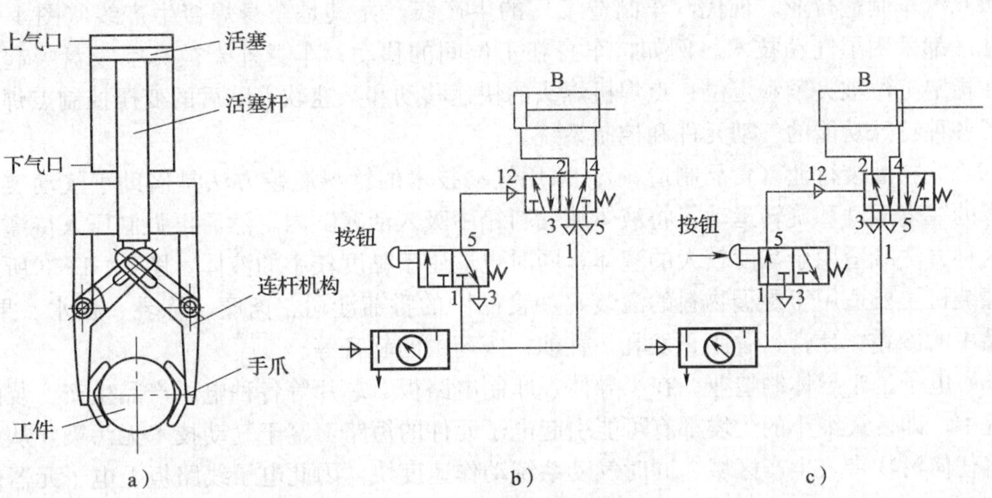

图 1—1—1 数控机床装夹机械手

a）机械手示意图 b）、c）气动控制回路图

装夹的气动控制回路图。工作过程为：按下按钮时活塞杆伸出，机械手将工件松开；松开按钮时活塞杆收回，机械手将工件抓紧。本任务要求根据数控机床装夹机械手的气动控制回路（图 1—1—1b、c），在气压实验台上实现线路的安装与调试。

任务分析

由图 1—1—1 可见，装夹机械手的手爪是通过连杆机构控制的，而连杆机构又与活塞杆通过销轴连在一起，活塞杆是通过作用在活塞上腔或下腔的气体驱动其运动的，因此，机械手的手爪实际上是通过作用在活塞下腔或上腔的气体驱动其夹紧或松开的，即利用气体的压力来工作，这样的系统称为气动系统。因此，要想控制数控装夹机械手的工作，就必须详细了解控制机械手运动的气动系统是如何工作的，采用气动技术驱动的原因，气动系统的组成结构，气动系统中元件所起的作用，气动系统的安装、拆卸方法及注意事项等。

相关知识

一、气动技术及应用

1. 气动技术的概念

气动技术是以压缩空气作为传动介质进行能量传递和信号传递的工程技术，简称为气动技术，英文为 Pneumatic Technology。

气动技术不仅是工业设备中的一种驱动技术，而且还可以实现对驱动系统的控制。由于空气是最洁净和无污染的工作介质，在高度重视环保的当今社会，气动技术的应用在工业化国家中将会变得越来越重要。

2. 气动技术的典型应用

由于气动技术是一种低成本的自动化技术，因此广泛地应用于各种生产设备和机器上，涉及行业众多。以下仅结合气动技术的发展列举几个典型的应用实例。

（1）汽车制造行业。现代汽车制造工厂的生产线，尤其是车身焊接生产线（图 1—1—2），几乎都采用了气动技术。例如，车身在工位间的移动；车身外壳被真空吸盘吸起和放下，在指定工位被夹紧和定位；点焊机焊头的快速移动和减速软着陆后的变压控制点焊，都采用了各种特殊功能的气动元件和控制系统。

（2）饮料灌装行业（食品制造业）。采用气动技术的饮料灌装方法是借助于气动装置控制活塞的往复运动和旋转运动，将液体从储料箱中吸入活塞缸内，然后再强制压入待灌容器中，这种方法既适用于黏度较大的液体，同时也适用于黏度较小的液体。图 1—1—3 所示的液体灌装机主要适用于黏稠物料的灌装，如食品中的番茄沙司、肉糜、炼乳、糖水、果汁；日用品中的冷霜、牙膏、香脂、发乳、鞋油；医药中的软膏等。

（3）电子、半导体制造业。在半导体、印制电路板、芯片等各种电子产品生产、装配制作过程中，即使最细小的尘埃都有可能引起电子元件的短路，鉴于气动技术无污染，从而可防止将任何污物带入生产区域，同时气动系统动作速度快，因此电子线路板上电子元器件的插装都是由气动系统驱动的，如图 1—1—4 所示。另外打字机键盘、手机键盘及电话机键盘的寿命测试都可以利用气动设备进行，以检验其是否达到使用寿命的要求。

图 1—1—2 汽车车身焊接生产线

图 1—1—3 液体灌装机

(4) 医学领域。气动技术广泛地应用于医学领域，例如气动人工手指、气动行走机可以灵活地抓取物体和助人行走，用于帮助残疾人；气动人工心脏起搏器为心脏病人带来生的希望；药物生产制造设备中也采用了气动技术（图 1—1—5）等。

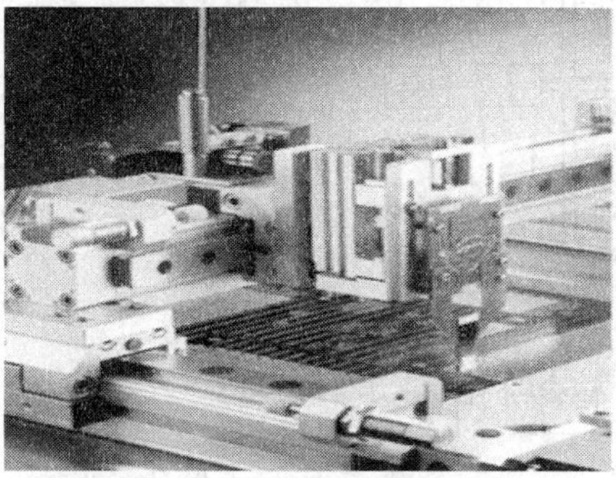

图 1—1—4 电子线路板插装机

图 1—1—5 生物制药生产线

(5) 塑料加工行业。注塑成型技术广泛用于生产塑料制品中，常用的塑料牙刷、碗、勺子、铲子等就是从注塑成型机（图 1—1—6）中加工出来的，一般气动技术可应用于开启注塑模，而无任何火灾危险，并可将成品从模具中吹出。

(6) 航空领域。尽管飞机制造业不是气动技术的主要应用领域，但两者之间的关系正越来越密切，有"飞行气垫"美誉的直升机螺旋桨端部的空气喷嘴和吸收发动机噪声的气动消声器都是气动技术在飞机制造业上的应用。

(7) 包装行业。气动技术广泛用于粮食、食品、药品、化工等许多行业的产品包装机械（图 1—1—7）中，实现对颗粒、粉状、块状等物料的自动计量和包装。例如，烟草工业中的自动卷烟和自动包装等许多工序都采用气动技术实现自动化生产。

(8) 家电制造业。在冰箱、彩电等家用电器和工业产品的自动装配生产线上，不仅可以看到大小不一、形状不同的气缸、气爪，还可以看到许多灵巧的真空吸盘，将一般气爪很难抓起的元件如显像管、纸箱等物品轻轻地吸住，运送到指定的位置上。

以上仅列举了八个应用领域，事实上气动技术在机械加工、印刷机械、制药、纺织、测量、交通、卡通模型制作等众多领域都有广泛的应用。

图 1—1—6　注塑成型机

图 1—1—7　包装机械

二、气动系统的工作原理

图 1—1—8 所示为气动剪切机，下面结合剪切机的工作过程分析气动系统的工作原理。

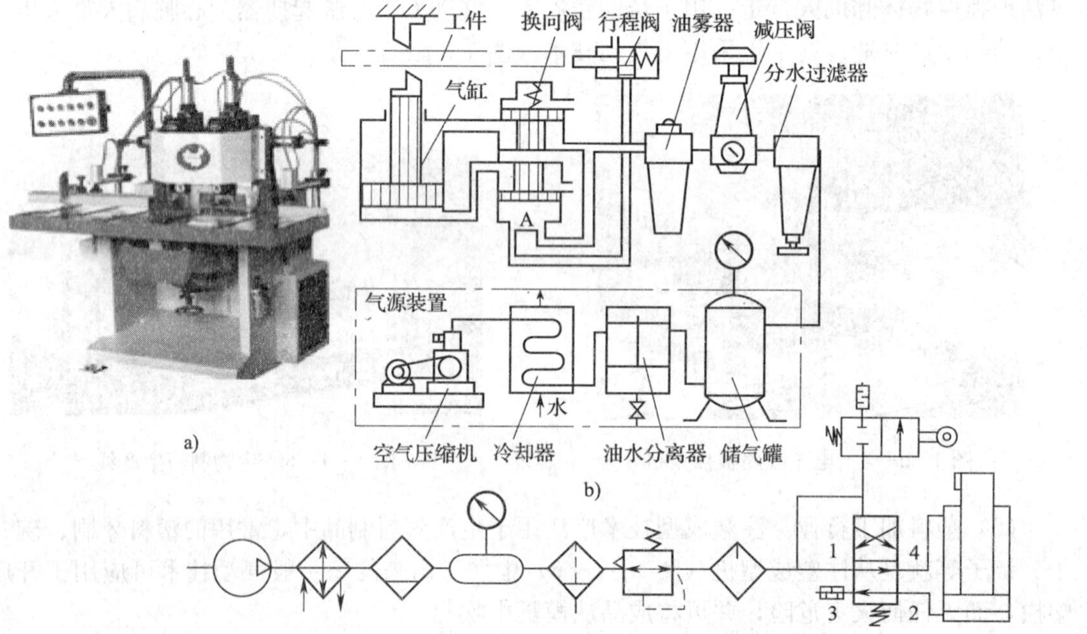

图 1—1—8　气动剪切机

a）实物图　b）工作原理　c）用图形符号表示的气动系统图

由图 1—1—8b 可见空气压缩机产生压缩空气，经过冷却器、油水分离器进行降温及初步净化后，进入储气罐备用，压缩空气从储气罐引出先经过分水过滤器再次净化，然后经减压阀、油雾器和换向阀到达气缸。此时换向阀 A 腔的压缩空气将阀芯推到上位，使气缸上腔充压，活塞处于下位，剪切机的剪口张开，处于预备工作状态。当送料机构将工件送入剪切机的规定位置时，工件将行程阀的阀芯向右推动，行程阀将换向阀的 A 腔与大气连通。换向阀的阀芯在弹簧的作用下移到下位，将气缸上腔与大气连通，气缸下腔与压缩空气连通，压缩空气推动活塞带动剪刀快速向上运动将工件进行剪切。工件被剪切后即与行程阀脱开，行程阀阀芯在弹簧作用下复位，将换向阀 A 腔的排气通道封闭。换向阀 A 腔压力上升，阀芯移至上位，使气体流向发生改变。气缸下腔排气，上腔进入压缩空气，推动活塞带动剪刀向下运动，系统又恢复到图示的预备工作状态，待第二次进料剪切。

气路中行程阀的安装位置可以根据工件的长度进行左右调整。换向阀是根据行程阀的指令来改变压缩空气的走向使气缸活塞实现往复运动。气缸下腔进入压缩空气时，活塞向上运动将压缩空气的压力能转换为机械能使剪切机切断工件。此外，还可以根据实际需要，在气路中加入流量控制阀，控制剪切机的运动速度。

通过上面分析剪切机的工作过程可知：气动系统的工作原理是利用工作介质（气体）的压力来传递运动和动力的。先利用气源装置将原动机的机械能转换为工作介质的压力能；再利用执行元件（气缸）将工作介质的压力能转换为机械能，驱动工作部件运动；同时还可通过各种控制元件（减压阀、换向阀、流量控制阀）对工作介质进行压力、方向、流量等物理量的控制与调节，以满足工作部件在力、方向、速度等方面的要求。

在实际工作中，为使专业技术人员简单方便地对气压和液压系统进行设计、分析、装调、维护等，国际上和各国家都制定了相应的标准，用统一图形符号来代表气动系统和液压传动系统中的元件，并规定了系统图的表示方法。读者可通过查阅液压气动元件图形符号的国际标准《流体传动系统和元件　图形符号和回路图　第 2 部分：回路图》（ISO1219—2：1995），国家标准《流体传动系统及元件图形符号和回路图　第 1 部分：用于常规用途和数据处理的图形符号》（GB/T 786.1—2009），进一步熟悉各种气压和液压元件的表示方法。图 1—1—8c 是用图形符号表示的气动剪切机气动系统图。

三、气动系统的组成

从分析图 1—1—8 所示气动剪切机的工作过程可知，要想利用气体传递动力和运动，气动系统必须具备气源装置、控制元件、执行元件、辅助元件和传动介质。因此这五部分构成了一个完整的气动系统。表 1—1—1 表示各部分常用的元器件及其作用与功效。

表 1—1—1　　气动系统的组成

组成部分	常用元件举例	作用与功效
气源装置	空气压缩机、冷却器、油水分离器、储气罐、干燥器等	作用：将机械能或电能转化成压力能 功效：在电动机的带动下，通过空气压缩机的运动将自然界 1 个大气压的空气压缩到原体积的 1/7 左右，再通过后冷却器、油水分离器、储气罐、干燥器等元件的处理，最终向气动系统提供低温、干净、干燥、具有一定压力和流量的压缩空气
执行元件	气缸、摆动气缸、气马达等	作用：将压力能转化成机械能 功效：气缸将压力能转化成做直线往复运动的机械能输出；摆动气缸和气马达将压力能转化成做曲线运动的机械能输出
控制元件	换向阀、单向阀、节流阀、减压阀、溢流阀等	作用：控制压缩空气的压力、流量和流动方向 功效：通过控制压缩空气的压力达到控制执行元件输出力的目的；通过控制压缩空气的流量达到控制执行元件速度的目的；通过控制压缩空气的方向达到控制执行元件运动方向的目的

续表

组成部分	常用元件举例	作用与功效
辅助元件	分水过滤器、油雾器、压力表、消声器、管接头、管路等	作用：连接各气动元件，形成回路，对压缩空气作进一步处理 功效：通过辅助元件，将各元件连接起来，使系统形成封闭回路，并通过分水过滤器、油雾器对压缩空气进行进一步的处理，通过压力表进行压力显示，通过消声器进行排气降噪，因此气动辅助元件是系统不可或缺的元件
传动介质	压缩空气	作用：传递动力 功效：通过压缩空气的流动将能量提供给执行元件

四、气动系统工作特点

与其他传动系统相比，气动系统具有以下特点：

1. 优点

(1) 空气介质不受限制，取之不尽，用之不竭。

(2) 因空气的黏度很小，故其损失也很小，可远距离输送。

(3) 气体具有可压缩性，因此能量可以储存。

(4) 压缩空气受温度波动的影响较小。

(5) 无爆炸危险，因此不需要昂贵的防爆设施。

(6) 不加注润滑油的压缩空气是清洁的，这对食品、制药、木材和纺织工业极为重要。

(7) 结构简单，价格便宜，维修方便，寿命长，易于标准化、系列化和通用化。

(8) 速度快，可实现无级调速，无过载危险。

(9) 工作环境适应性好，可适用于潮湿、强磁场、粉尘大等恶劣的工作环境。

(10) 可直接利用气压信号实现系统的自动控制。

2. 缺点

(1) 空气介质必须进行处理，不得含有灰尘和水分。

(2) 由于空气介质具有可压缩性，控制精度受限制。

(3) 输出力受限制，常规工作气压 6 bar 以下，因此，气动技术只适用于要求输出力不大的场合。

(4) 有较大的排气噪声。

五、气动系统主要参数

1. 湿度

在气动理论中，常用到绝对湿度、饱和绝对湿度、相对湿度等概念。

(1) 绝对湿度。在一定的温度和压力下，单位体积的湿空气中所含有的水蒸气的质量，用 ρ_{VB} 表示。

(2) 饱和绝对湿度。在一定的温度和压力下，单位体积湿空气中最大限度含有水蒸气的质量，用ρ_B表示。

(3) 相对湿度。在一定的温度和压力下，绝对湿度ρ_{VB}与饱和绝对湿度ρ_B之比，用ϕ表示，即：$\phi=\frac{\rho_{VB}}{\rho_B}$。

2．压力

压力有绝对压力和相对压力，其含义和表示方法如图 1—1—9 所示，常用压力单位见表 1—1—2。

(1) 绝对压力。以绝对零点为起点所测量的压力叫绝对压力，用$p_{绝}$表示。

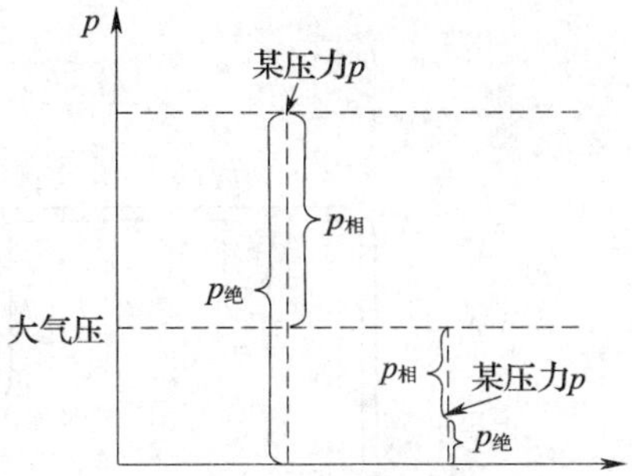

图 1—1—9　压力表示方法

表 1—1—2　**常用压力单位**

单位名称	帕	兆帕	千克力/平方厘米	巴	磅/平方英寸
单位表示符号	Pa	MPa	kgf/cm^2	bar	psi
换算关系	$1\ MPa=10^6\ Pa=10^5\ bar$ $1\ bar=1.02\ kgf/cm^2\approx 14.5\ psi$				

(2) 相对压力。以当地大气压力为起点所测量的压力叫相对压力，用$p_{相}$表示。

(3) 真空度。绝对压力减去相对压力的绝对值，用$p_{真}$表示，即$p_{真}=|p_{绝}-p_{相}|$。

六、气源装置

1．气源的组成

气源系统是由产生、处理和储存压缩空气的设备组成的系统，包括空气压缩机、冷却器、油水分离器、储气罐等元件。有些仪表系统要求更高质量的压缩空气，此时还需添加干燥器等元件。图 1—1—10 所示为气源系统的构成。

电动机驱动二级活塞式空气压缩机，将大气压状态下的空气压缩成具有较高压力的压缩空气，通过管路输送到冷却器。冷却器通过降低压缩空气的温度，将水蒸气及油气冷凝成液态的水滴和油滴，进一步将压缩空气中的杂质沉降出来。压缩空气从冷却器的出口通过管路输送到储气罐中，储气罐中安装有压力开关，根据设定好的压力来控制电动机的启动和停止，当储气罐的压力上升到调定的最高压力，电动机停止转动，当储气罐的压力下降到调定的最低压力，则电动机又重新运转，当储气罐内压力超过允许限度时，限压阀自动打开向外排气，以保证储气罐的安全。压缩空气从储气罐出口经过过滤器进一步过滤杂质和水分、油分，即可进入普通气动系统。

如果气动系统对压缩空气的质量要求较高，例如仪表系统，则气源还必须加装干燥器对压缩空气进行进一步的脱水处理。另外在冷却器、油水分离器、储气罐的最低点都是易于储存液态杂质的地方，因此在这些地方均应设置手动或自动排水阀，以便排除系统中液态的油、水。图 1—1—11 所示为气源装置的简化工作流程图。

2．气源的作用

气源是为气动系统提供具有一定压力、流量、满足一定质量要求的压缩空气。

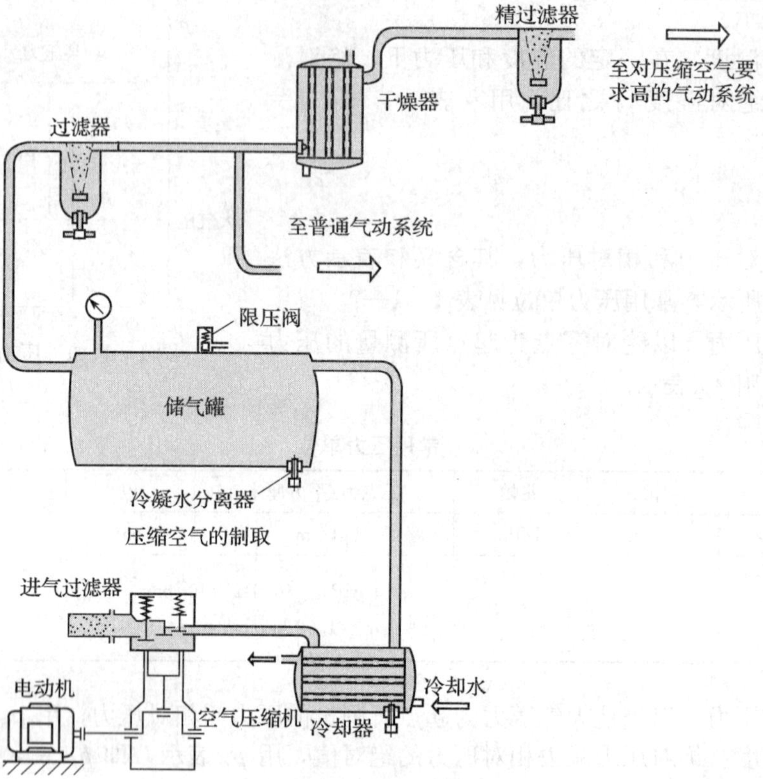

图 1—1—10　气源系统的构成

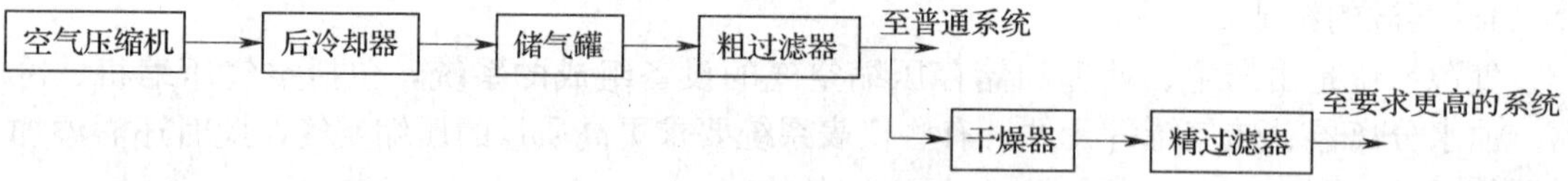

图 1—1—11　气源装置的简化工作流程图

3. 气源装置的各组成元件

气源装置各组成部分的职能符号、结构及功能见表 1—1—3。

表 1—1—3　　**气源装置各组成部分的职能符号、结构及功能**

组成部分	职能符号	结构	功能
空气压缩机		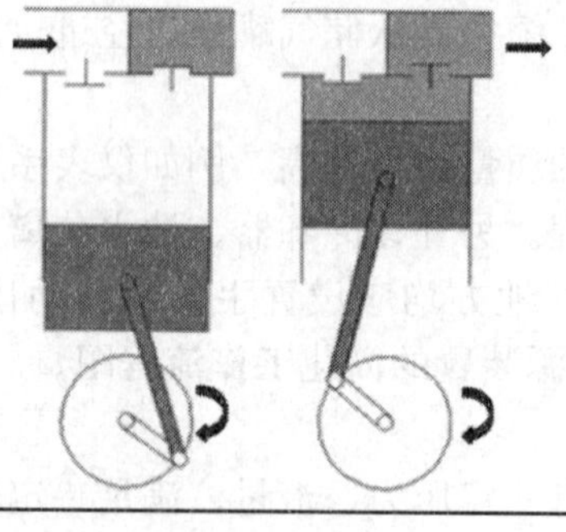	利用电动机带动曲柄旋转，通过连杆带动活塞在缸筒中做上下往复运动，使活塞上腔的容积发生变化。容积由小变大实现吸气，由大变小实现压缩和排气以使气体压力增大

续表

组成部分	职能符号	结构	功能
空气压缩机	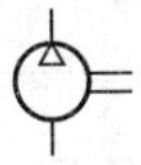	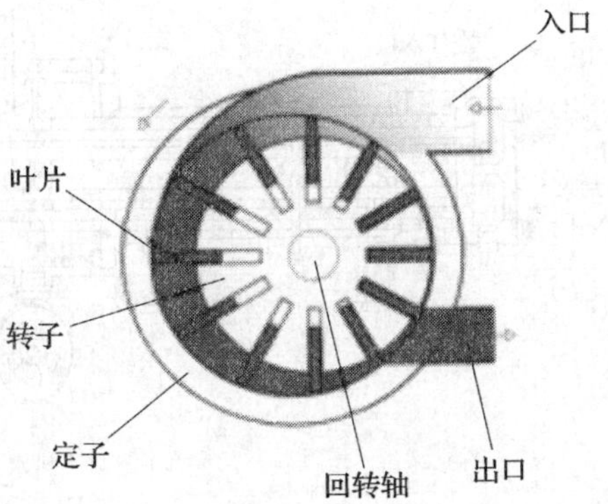	回转轴在电动机的带动下旋转，离心力使得叶片与定子内壁相接触，两个相邻叶片、定子内表面和转子的外表面之间形成的空间，会随着转子的转动有规律地变化，空间变大，实现吸气；空间变小，实现压缩和排气
		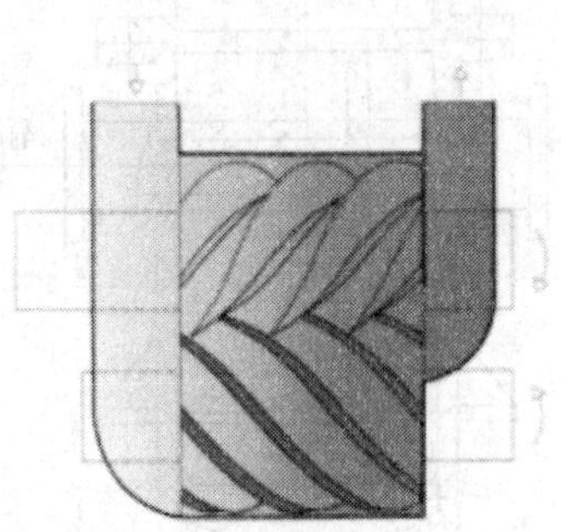	在壳体中有两根相互啮合的螺杆转子，以相反方向旋转，它们当中自由空间的容积随着旋转沿轴向从左至右逐渐减小，从而压缩两转子间的空气，并从右端出口连续地输出压缩空气
后冷却器（空冷式）	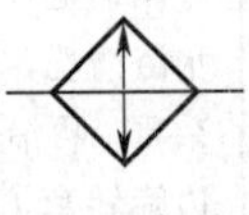	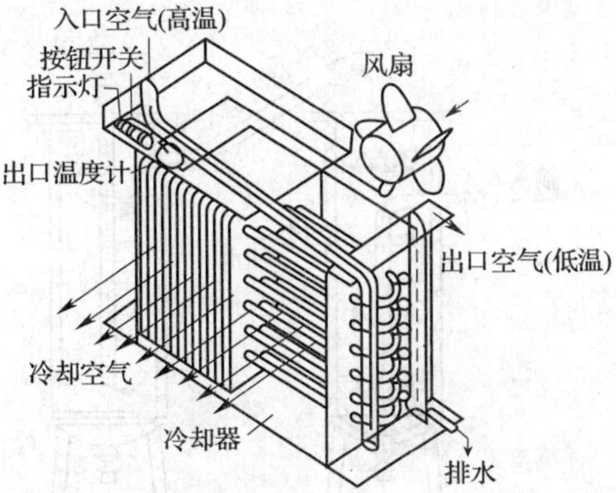	靠风扇产生的冷空气吹向带散热片的热气管道来降低压缩空气的温度，使其中大部分水蒸气和油雾凝聚成液态的水滴和油滴

续表

组成部分	职能符号	结构	功能
后冷却器（水冷式）	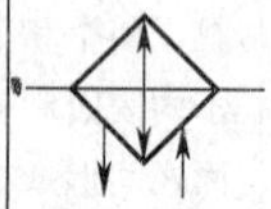	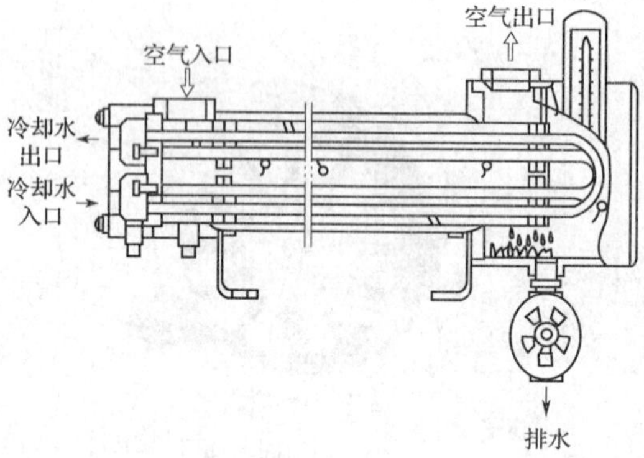	利用循环的冷却水降温，冷却水在管中流动，热空气在管外流动，使其中大部分水蒸气和油雾凝聚成液态的水滴和油滴
油水分离器		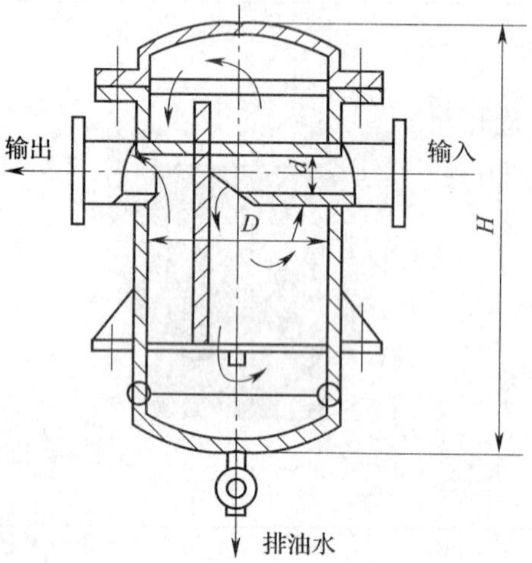	压缩空气以一定的速度从输入口进入后，气流先受到隔板的阻挡，被撞击而折回向下，之后又上升并产生环形回转，最后从输出口排出，油滴和水滴在此过程中依靠离心力的作用被甩出并分离出来
		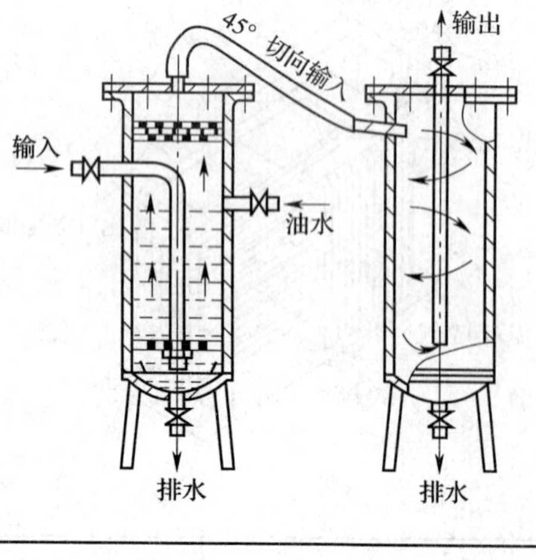	压缩空气先经过左边水浴清洗，除掉油滴等杂质，再沿切向进入右边旋转离心分离器中，利用离心力的作用除去水滴

续表

组成部分	职能符号	结构	功能
储气罐		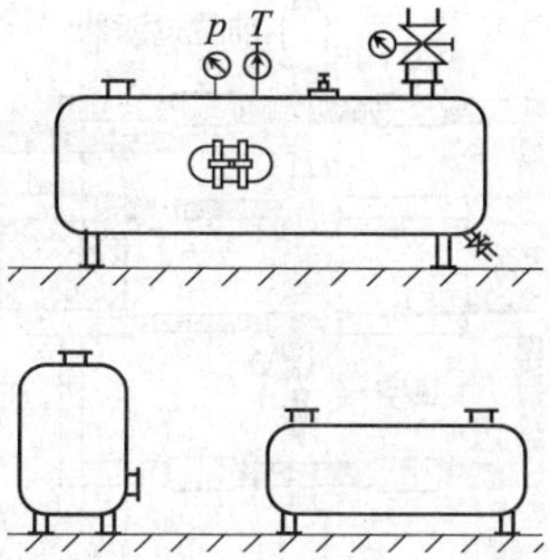	储气罐在气动系统中所起的作用是：消除压力脉动，保证输出气流的连续性；储存一定数量的压缩空气，以备应急使用；冷却净化压缩空气，利用储气罐的大面积散热，使压缩空气中的一部分水蒸气凝结为水
过滤器	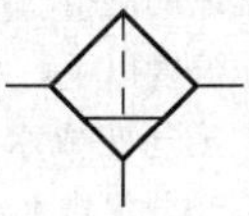	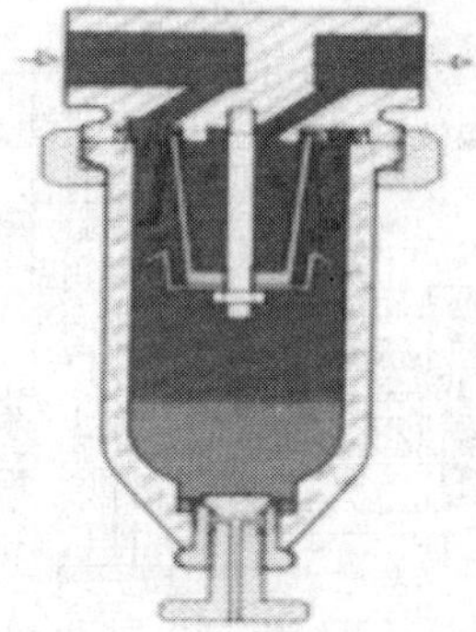	分离压缩空气中的水滴、油滴，并过滤杂质
干燥器	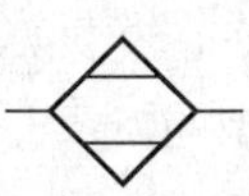	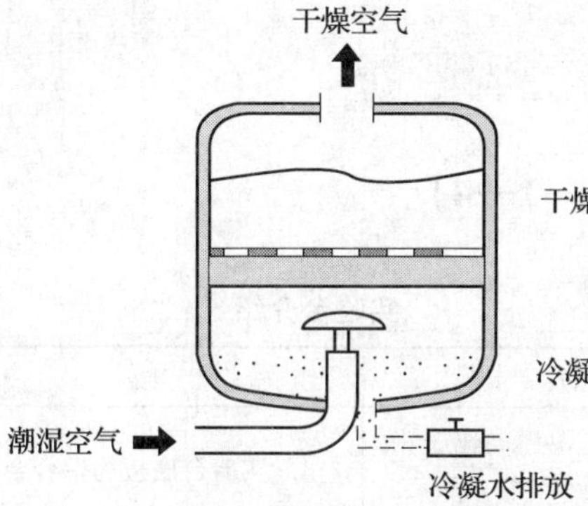 空气干燥，吸收干燥法	吸收干燥法是一个纯化学过程。在干燥罐中，压缩空气中的水分与干燥剂发生反应，使干燥剂溶解。液态干燥剂可从干燥罐底部排出。根据压缩空气温度、含湿量和流速，及时填充干燥剂

续表

组成部分	职能符号	结构	功能
干燥器	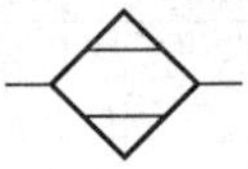	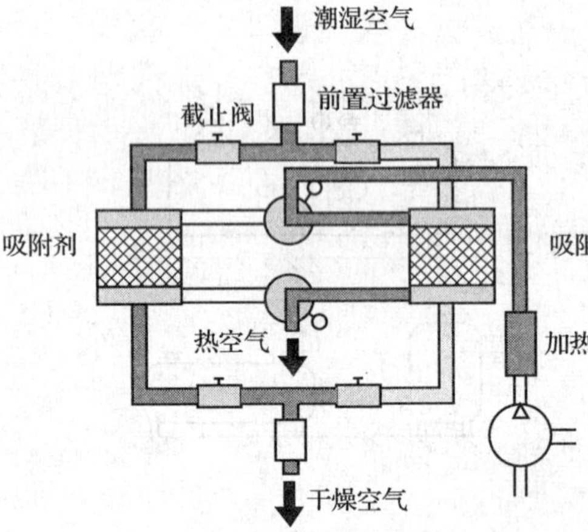 空气干燥，吸附干燥法	利用吸附剂吸收压缩空气中的水分，从而达到干燥压缩空气的目的。这种方法所用的吸附剂可再生
		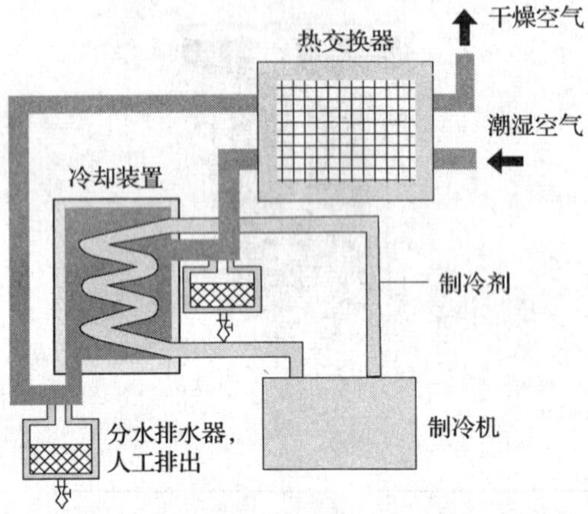 空气干燥，冷冻干燥法	高温湿空气从入口进入，通过冷却装置将压缩的湿空气冷却到沸点温度以下，水蒸气和油蒸气变成水滴和油滴，经分水排水器的旋转离心作用析出水和油，干燥后的冷空气在热交换器中经入口的热空气加热到环境温度后从出口输出

任务实施

一、认识实验台（表 1—1—4）

表 1—1—4　　实验台介绍

名称	照片	说明
实验台	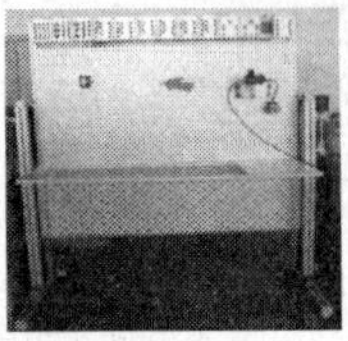	1. 实验台底板为铝合金型材，最大优点是元件布置的位置不受限制并且可以改变 2. 铝合金型材板，既可以水平、垂直使用，也可以倾斜使用

续表

名称	照片	说明
快速装卡装置	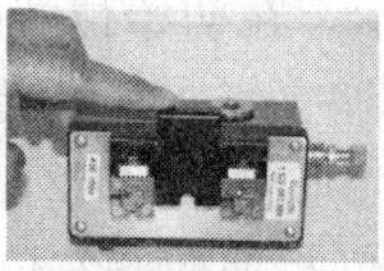	“快速装卡”系统可以使所有的元件很容易地固定在底板上，在有些情况下还可以旋转 90°。这种方式可以更加有效地利用底板上的空间
气动二联件及球阀		包括分水过滤器和减压阀，将减压阀手轮顺时针调整压力升高，逆时针调整压力降低，压力控制在 4～6 bar
阀与快速接头	 	不同通径的阀都带有快速接头，可以使用相同直径的塑料软管进行连接
气缸	 	1. 所有气缸活塞直径均为 25 mm。单作用气缸的行程为 50 mm；双作用气缸的行程为 100 mm，并且带有弹性缓冲 2. 双作用气缸上装有接近开关，通过安装在活塞上的磁环进行感应，用于进行电气一气动试验练习
分配器		可引出多条压力管路

二、装调前准备工作

1. 识读气动回路图

数控机床装夹机械手气动回路如图 1—1—12 所示，在初始位置时（图 1—1—12a），二位三通手动换向阀右位接入系统，气缸有杆腔进入压缩空气，气缸活塞杆处于缩回状态；启动按钮后（图 1—1—12b），压缩空气经阀的输入口 1 到达输出口 2，进入二位五通单气控换向阀左侧控制口，推动换向阀换向，使得二位五通单气控换向阀左位接入系统，气缸无杆腔进入压缩空气，活塞杆伸出；当释放按钮，在弹簧力的作用下，二位三通手动换向阀复位，二位五通单气控换向阀左侧控制口气体经二位三通手动换向阀的排气口 3 排出，二位五通单气控换向阀复位，右位接入系统，气缸有杆腔进入压缩空气，使活塞杆返回到初始位置。

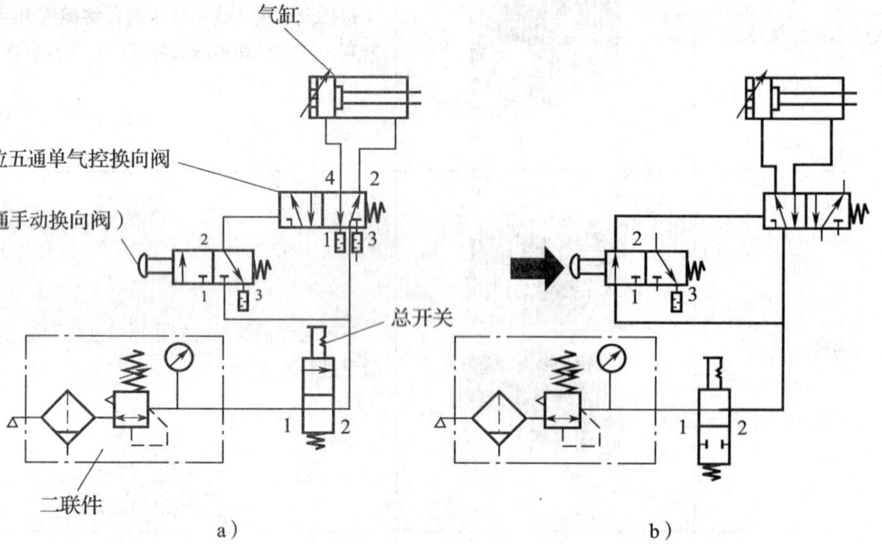

图 1—1—12　数控机床装夹机械手气动回路图

a）初始位置　b）启动按钮后

2. 准备元件

参照图 1—1—12 准备气动元件，见表 1—1—5。

表 1—1—5　　**数控机床装夹机械手气动回路气动元件**

元件名称	实物	职能符号
二联件		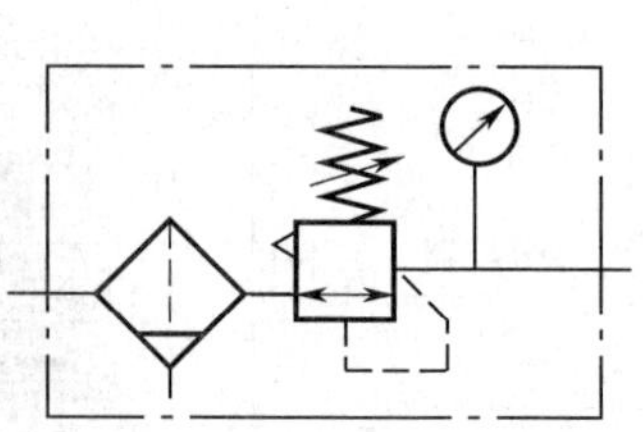

续表

元件名称	实物	职能符号
总开关	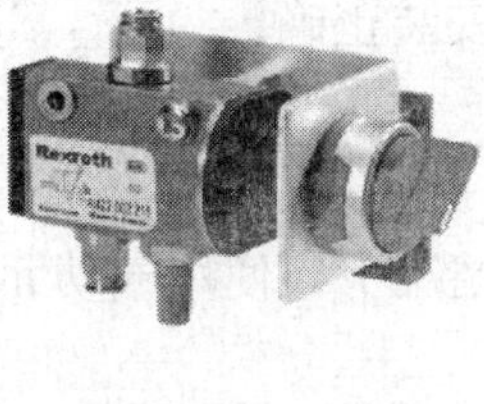	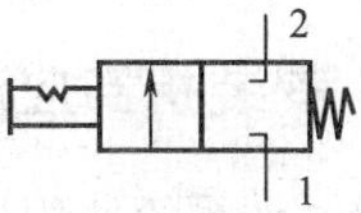
二位三通手动换向阀		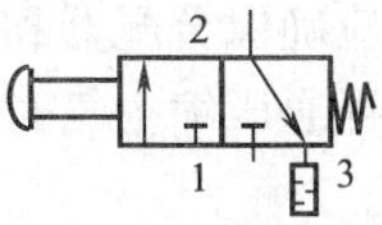
二位五通单气控换向阀	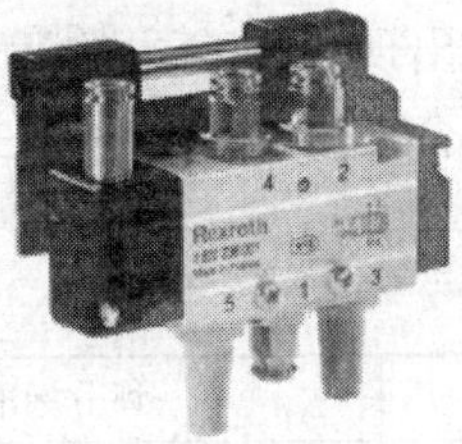	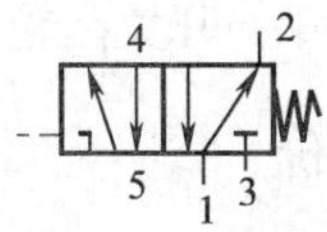
气缸		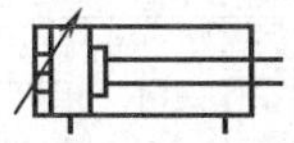
气管		

三、操作步骤与要领

1. 利用快速装卡装置，将元件正确地固定在实验台底板铝合金型材上。

2. 按照回路图用塑料软管和三通连接试验回路。遵循安装拆卸注意事项中提到的内容，按照图 1—1—10 所示气动回路用软管将气动元件连接起来。轻推塑料软管即可将其插入到快速接头内。拆卸管路时，用一只手按住快速接头的卡环，另一只手拔下软管。为了避免塑料软管连接处老化，要经常用切管刀切下管子的端部。

3. 将减压阀压力调整到 6 bar。

4. 启动总开关，按下二位三通手动换向阀的按钮，如果活塞杆伸出，释放二位三通手动换向阀的按钮，活塞杆返回，则系统安装正确。

四、安装拆卸应注意的问题

由于气动系统使用压力较低，通常情况下，使用气动元件做试验时不会发生危险。在安装和拆卸气动元件时应注意以下内容：

1. 在安装或拆卸前要切断所有工作管路的压缩空气（关闭压缩空气预处理单元上的球阀）。

2. 应确保分配器和快速接头可靠地锁定。

3. 当通压缩空气时，塑料软管不能从快速接头上脱掉，以防出现“抽打现象”（注意保护眼睛）。

4. 当拆卸管路时，用一只手按住快速接头的卡环，另一只手紧紧地握住管子的末端，然后拔下管子。

5. 当接通压缩空气时，气缸可能会出现不由自主的运动，不要试图接触任何运动的部件（活塞杆、开关凸轮），否则手指可能会在限位开关和开关凸轮之间被夹伤。

任务评价

项目	内容	评分标准	配分	得分
准备工作	1. 按照回路图选择元器件是否正确 2. 系统布局是否合理	正确选择元器件 1～15 分 系统的合理布局 1～15 分	30	
安装	1. 接口连接正确 2. 接头连接可靠 3. 线路连接正确	接口连接正确 1～10 分 接头连接可靠 1～10 分 线路连接正确 1～10 分	30	
调试	1. 减压阀压力调整为 6 bar 2. 启动二位三通手动换向阀的按钮，活塞杆伸出 3. 释放二位三通手动换向阀的按钮，活塞杆返回	每项 10 分	30	
安全文明生产考核	安全操作	不符合安全操作规定者，酌情扣 1～5 分；发生安全事故者判不及格	5	
	文明生产	不符合文明生产，酌情扣 1～5 分	5	
总　分			100	

思考练习

1. 工业自动化设备上为什么大量采用气动技术？
2. 气动系统的工作原理是什么？
3. 气动系统由哪几部分组成？各部分的典型元件是什么？所起的作用是什么？
4. 气动系统有哪些优点？
5. 气动系统的组成结构和人体结构有什么相似之处？
6. 举出5例日常所见的气动应用实例。
7. 在气动实验台上进行装调气动回路时应该注意哪些事项？

课题二　认识液压传动系统

知识点

◇ 液压传动技术的典型应用；

◇ 液压传动系统的组成及工作原理；

◇ 液压传动系统的工作特点；

◇ 液压传动系统的主要参数。

技能点

◇ 在实验台上安装与拆卸液压元件和管路，并运行。

任务引入

液压传动是依靠密封容器内的液体压力能进行能量转换、传递与控制的一种传动方式。由于液压传动相对机械传动、电气传动具有许多优势，并随着工业水平的提高，精密加工技术的保障，计算机辅助设计（CAD）的应用，使液压技术得到了很大的发展，在工业中的应用也日见增多。如图1—2—1所示为卧式矩台平面磨床，要求以平面磨床的液压系统为例，通过绘制液压系统回路图熟悉液压系统的组成及工作原理，了解液压传动的工作特点，掌握压力和流量的概念，并能在液压实验台上对各种液压元件进行初步的连接，组成并运行液压系统。

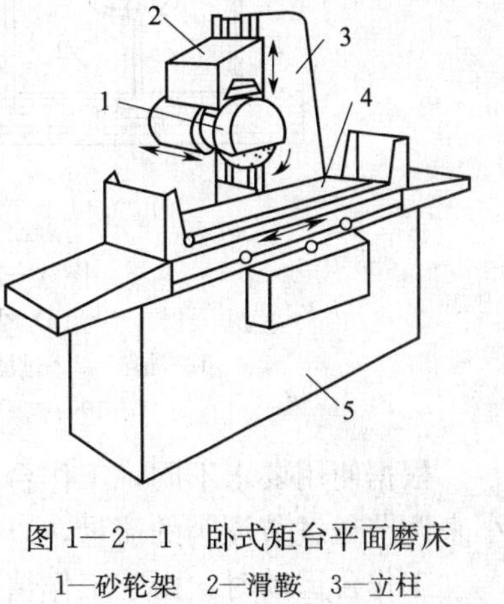

图1—2—1　卧式矩台平面磨床

1—砂轮架　2—滑鞍　3—立柱

4—工作台　5—床身

任务分析

画出平面磨床液压系统的回路图，从分析平面磨床液压系统保证的运动与动作开始，着重观察和理解各个组成元件在系统中所起的作用，进而熟悉其图形符号及外形结构，掌握液压元件的连接方法。同时要初步熟悉液压实验台的结构及组成，学会在实验台上连接液压元件，搭建液压回路，组成液压系统，进而能对液压系统的工作过程进行分析。

相关知识

一、液压传动系统的工作原理

如图 1—2—2a 所示为平面磨床工作台液压传动原理图，液压泵 3 由电动机带动，从油箱 1 中吸油，然后将具有压力能的油液输送到管路中，油液通过节流阀 4 和管路至换向阀 6。换向阀 6 的阀芯可有不同的工作位置（图中有 3 个工作位置），因此通路情况不同。当阀芯处于中间位置时，阀的油口 P、A、B、T 互不相通，流向液压缸的油路被堵死，液压缸 8 不通压力油，所以工作台停止不动。若将阀芯向右推（右端工作位置），这时油口 P 和 A 相通、B 和 T 相通，压力油经油口 P 流入换向阀 6，经油口 A 流入液压缸 8 的左腔，活塞 9 在液压缸左腔压力油的推动下带动工作台向右移动；液压缸右腔的油液通过换向阀 6 的油口 B 流入到换向阀 6，又经回油口 T 流回油箱 1。若将换向阀 6 的阀芯向左推（左端工作位置），活塞带动工作台向左移动。因此，换向阀 6 的工作位置不同时，就能不断改变压力油的通路，使液压缸不断换向，以实现工作台所需要的往复运动。

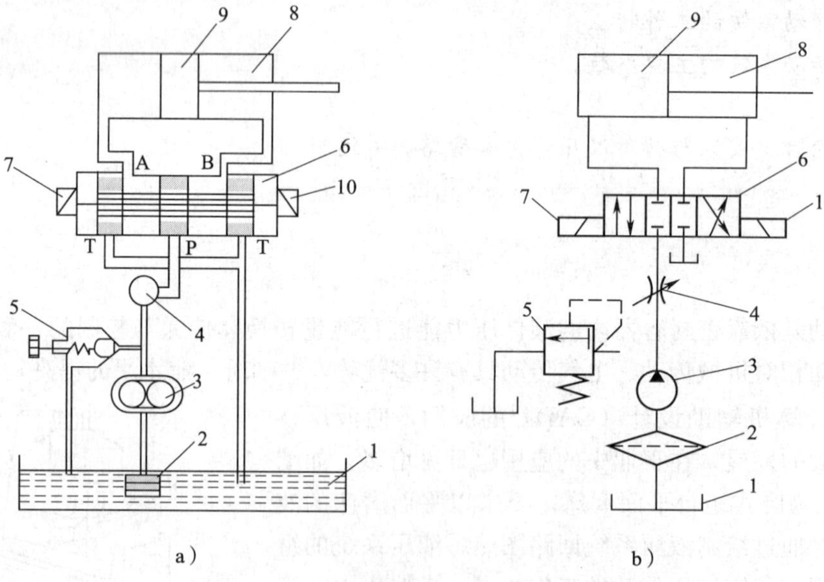

图 1—2—2　平面磨床工作台液压传动原理图

a）结构原理图　b）用图形符号表示的原理图

1—油箱　2—过滤器　3—液压泵　4—节流阀　5—溢流阀　6—换向阀

7、10—电磁铁　8—液压缸　9—活塞　P、A、B、T—油口

根据使用要求不同，工作台的移动速度可通过节流阀 4 来调节，利用改变节流阀开口大小来调节通过节流阀的流量，以控制工作台的运动速度。

工作台运动时，由于工作情况不同，要克服的阻力也不同，不同的阻力都是由液压泵输出油液的压力来克服的，系统的压力可通过溢流阀 5 调节。当系统中的油压升高到稍高于溢流阀的调定压力时，溢流阀的钢球被顶开，油液经溢流阀排回油箱，这时油压不再升高，系统的压力维持定值。

为保持油液的清洁，设置了过滤器2，将油液中的污物杂质去除，使系统工作正常。

总之，液压传动的工作原理是利用液体的压力能来传递运动和动力的；先利用动力元件（液压泵）将原动机的机械能转换为液体的压力能，再利用执行元件（液压缸）将液体的压力能转换为机械能，驱动工作部件运动。液压系统工作时，还可利用各种控制元件（溢流阀、节流阀和换向阀）对油液进行压力、流量和方向的控制与调节，以满足工作部件在力、速度和方向上的要求。

大部分液压元件已实行了标准化，并且用规定的图形符号来表示，图1—2—2b所示就是用图形符号表示的液压原理图。图形符号由符号要素和功能要素构成，这些符号表示了液压元件的类型、功能、控制方式及外部连接口等，但它不表示元件的具体结构、参数、连接口的实际位置等。图形符号的绘制应符合国家标准GB/T 786.1—2009《流体传动系统及元件图形符号和回路图　第1部分：用于常规用途和数据处理的图形符号》，可查阅相关手册。

二、液压传动系统的组成

从上面的分析可知，液压传动系统与气动系统一样，也由四部分组成。

（1）动力部分。指液压泵（图1—2—3），它供给液压系统压力油，将电动机输出的机械能转换为油液的压力能，从而推动整个液压系统工作。

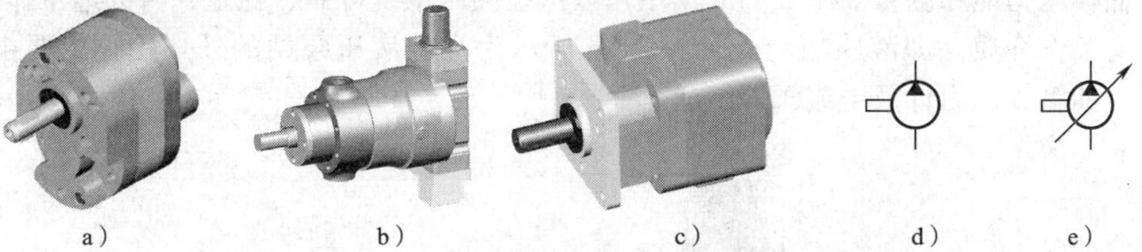

图1—2—3　常用液压泵的外形图及其图形符号

a）齿轮泵　b）柱塞泵　c）叶片泵　d）定量泵符号　e）变量泵符号

（2）执行部分。包括液压缸（图1—2—4）和液压马达，用于将油液的压力能转换为机械能，以驱动工作部件运动。

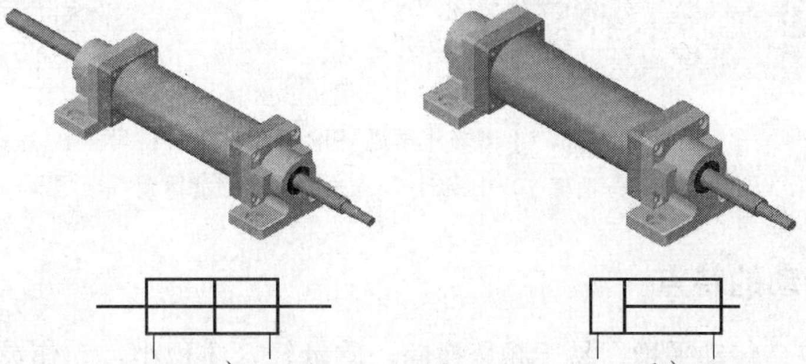

图1—2—4　常用液压缸的外形图及其图形符号

a）双作用双杆活塞液压缸　b）双作用单杆活塞液压缸

（3）控制部分。包括各种阀类（图 1—2—5），如压力阀、流量阀和方向阀，用来调节控制液体的压力、流量（流速）、流动的方向和液流的通断，以保证执行元件完成预期的工作运动。

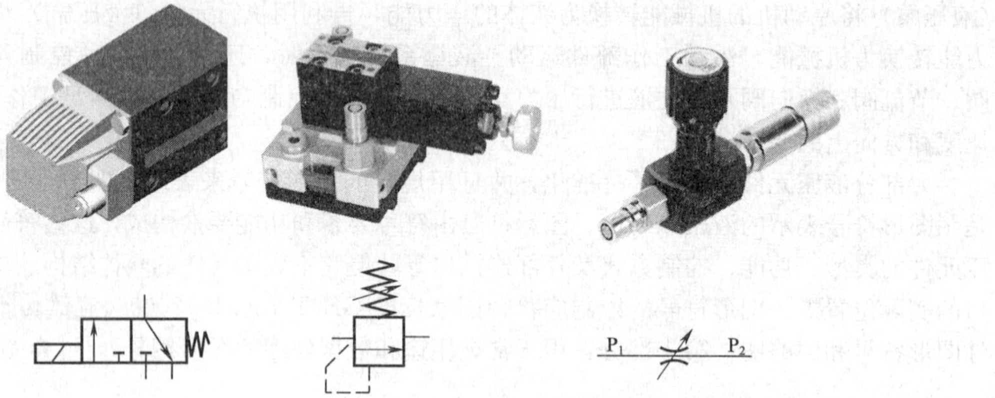

a） b） c）

图 1—2—5 常用液压控制阀的外形图及其图形符号

a）换向阀 b）溢流阀 c）节流阀

（4）辅助部分。指各种管接头、油管、油箱、过滤器和压力计等，它们起连接、储油、过滤、储存压力能和测量油压等辅助作用，以保证液压系统可靠、稳定、持久地工作，另外还需要有工作介质（即液压油）。图 1—2—6 所示为小型液压泵站的外形图，主要由油箱、过滤器、油管、压力计及溢流阀等组成。

图 1—2—6 小型液压泵站外形图及其图形符号

1—油箱 2—压力计 3—油管 4—过滤器

三、液压传动的特点

（1）主要优点。传动平稳，易于频繁换向；质量轻，体积小，动作灵敏；承载能力大；调速范围大，易实现无级调速；易于实现过载保护；液压元件能够自动润滑，元件的使用寿命长；容易实现各种复杂的动作；简化机械结构；便于实现自动控制；便于实现系列化、标准化和通用化。

(2) 主要缺点。液压元件制造精度要求高；实现定比传动困难；油液易受温度的影响；不适宜远距离输送动力；油液中混入空气易影响工作性能；油液容易污染；发生故障不容易检查与排除。

四、液压传动系统的主要参数

在液压传动系统中有两个重要参数：压力 p 和流量 q。而液压系统所传递的功率 P，也是由压力 p 和流量 q 所决定的。

1. 压力 (p)

由于液体只能承受压向液面的作用力，所以当液体受到压缩时，液体单位面积上所受到的垂直压向液面的作用力称为压力（即物理学中的压强），即

$$p=F/A$$

式中 p——压力（Pa 或 N/m^2）；

F——作用力（N）；

A——作用面积（m^2）。

工程中常用的压力单位是 MPa，1 MPa＝10^6 Pa＝1 N/mm^2；另外还用的单位有 bar（巴）和 kgf/cm^2，1 bar＝0.1 MPa＝10^5 Pa，1 kgf/cm^2＝0.098 07 MPa。

由液体静压力传递原理（帕斯卡原理）可知，在密封容器内的液体压力 p 能等值地传递到液体内部的所有各点，而在液压系统中执行元件（液压泵或液压马达）的结构尺寸已确定，所以液压系统中液体的工作压力取决于外负载。

例 1—2—1 如图 1—2—7 所示为相互连通的两个液压缸，已知大液压缸 A_2 内径 D＝100 mm，小液压缸 A_1 内径 d＝20 mm，大活塞上放一重物 W＝20 kN。在小活塞上应加多大的力 F_1 才能使大活塞顶起重物？

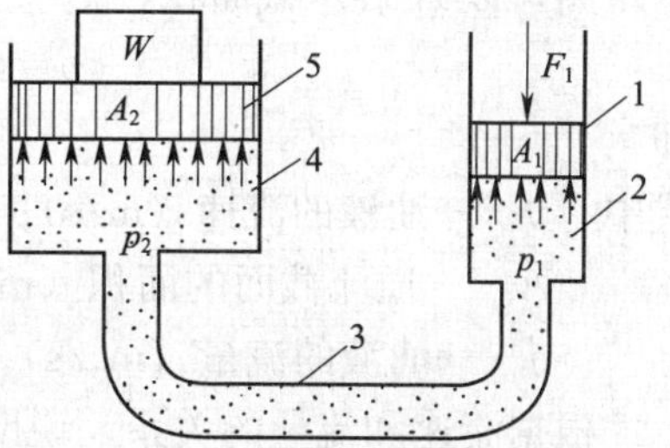

图 1—2—7 帕斯卡原理的应用

1—小活塞 2—小液压缸 3—连通管 4—大液压缸 5—大活塞

解： 由压力计算公式知

小液压缸 A_1 内的油液压力

$$p_1=F_1/A_1=F_1/(\pi d^2/4)$$

大液压缸 A_2 内的油液压力

$$p_2=F_2/A_2=W/(\pi D^2/4)$$

根据帕斯卡原理，由外力产生的压力在两液压缸中相等（$p_1=p_2$），即

$$F_1/(\pi d^2/4)=W/(\pi D^2/4)$$

故顶起重物时在小活塞上应加的力 F 为

$$F=Wd^2/D^2=20\times10^3\times20^2/100^2=800\ \text{N}$$

由例 1—2—1 可知，若 $A_2>A_1$，则 $F_1<F_2$，即液压装置具有力的放大作用，液压压力机和液压千斤顶就是利用这个原理进行工作的。

液压系统中的压力大小取决于负载。它从无到有，从小到大，并随负载的变化而变化。通常将液压系统中的压力分为五级，见表 1—2—1。

表 1—2—1　　液压压力的分级

压力等级	低压	中压	中高压	高压	超高压
压力 p/MPa	<2.5	2.5～8	8～16	16～32	>32

实际液体在管道中流动时，由于液体有黏性，在液体内部会产生相互的摩擦力；同时由于管道的形状和尺寸有所变化，液体在流动中会发生撞击和出现旋涡，产生对液体流动的阻力。所以必然造成一部分能量的损失，在液压系统中表现为压力损失。液体的压力损失分为两种。一种是发生在直管中的压力损失，称为沿程压力损失。管道越长、直径越小、流速越快，沿程压力损失越大。另一种是发生在管道的弯头、接头、突变截面以及阀口等处的压力损失，称为局部压力损失。减少压力损失的主要措施有适当降低流速、缩短管道长度、减少管道弯头、增大通流面积、提高管道内壁的表面粗糙度值等。

2. 流量（q）

流量是单位时间内流过某一通流截面的液体体积，表示为

$$q=V/t$$

式中　q——流量（m^3/s）；

V——液体体积（m^3）；

t——时间（s）。

工程中流量还用 L/min（升/分）为单位，其换算关系为 1 $m^3/s=6\times10^4$ L/min。

在单位时间内，油液流过管道或液压缸某一截面的距离称为流速，用 v 表示。若以 s 表示距离，以 A 表示截面积，则

$$v=s/t=(V/A)/t=(V/t)/A$$

即

$$v=q/A$$

式中　v——油液的流速（m/s）；

A——通流截面的面积（m^2）；

q——油液的流量（m^3/s）。

根据流速和流量的关系，说明流速与流量成正比、与通流截面积成反比，而与压力大小无关。由于液压系统的执行元件（液压缸）的结构尺寸已确定，其工作的运动速度仅取决于进入执行元件（液压缸）内的流量，即速度快慢取决于流量。

由于油液具有“不可压缩性”，油液在无分支的管道中流动时，在同一时间内流过管道内任意两个截面的液体质量是相等的，即流过管道内任意两个截面的液体流量相等。如图 1—2—8 所示的管道中，由 $q_1=q_2$ 可得

$$v_1A_1=v_2A_2$$

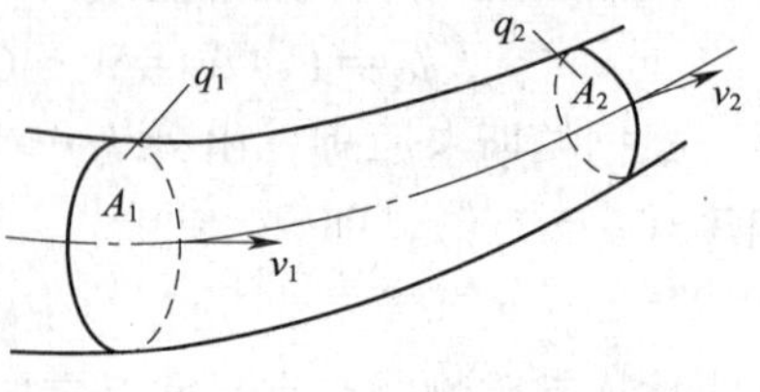

图 1—2—8　流动液体的连续性

上式称为流动液体连续性方程，说明流速和截面面积成正比，管道粗则流速低，管道细则流速高。

例 1—2—2　如图 1—2—7 所示的液压千斤顶，已知小活塞面积 $A_1=3.14\times10^{-4}$ m^2，

大活塞面积 $A_2=7.85\times10^{-3}\ \text{m}^2$，管道的截面积 $A_3=1.96\times10^{-5}\ \text{m}^2$，小活塞向下运动的速度 $v_1=0.2\ \text{m/s}$。求大活塞上升的速度和管道中油液的流速。

解：根据流动液体连续性方程，有

$$v_1A_1=v_2A_2=v_3A_3$$

大活塞上升的速度

$$v_2=v_1A_1/A_2=0.2\times3.14\times10^{-4}/7.85\times10^{-3}=0.008\ \text{m/s}$$

管道中油液的流速

$$v_3=v_1A_1/A_3=0.2\times3.14\times10^{-4}/1.96\times10^{-5}=3.20\ \text{m/s}$$

通过计算验证了流速和截面面积成正比，由于 $A_2>A_1>A_3$，所以 $v_2<v_1<v_3$。

在实际液压系统和液压元件中，由于加工误差和配合表面具有相对运动要求（间隙配合），总会存在一定的间隙，油液流经这些间隙时不可避免地会产生泄漏现象。泄漏的形式有两种：一是油液由高压区流向低压区的泄漏（内泄漏）；二是系统内的油液泄漏到液压系统外面的泄漏（外泄漏）。泄漏是由压力差及配合件表面间的间隙造成的，泄漏会使液压系统效率降低，并污染环境，同时内泄漏的损失转换为热能，使系统油温升高而影响液压元件的性能和系统的正常工作。

3. 功率（P）

单位时间内所做的功称为功率，用 P 表示，其单位是 W 或 kW。通常功率等于力与速度的乘积，在液压系统中则为压力与流量的乘积。

液压系统的输出功率就是液压缸克服外界负载的功率，即

$$P_{缸}=Fv=p_{缸}q_{缸}$$

式中 F——负载阻力（N），$F=p_{缸}A$；

v——活塞的运动速度（m/s），$v=q_{缸}/A$；

$P_{缸}$——液压缸的输出功率（W）；

$p_{缸}$——液压缸的油液工作压力（Pa）；

$q_{缸}$——液压缸的油液流量（m^3/s）。

液压系统中的压力和流量是由液压泵提供的，并经过一系列的管道和控制阀才能将油液输送到液压缸。由于存在压力损失和油液泄漏，所以液压泵输出的压力和流量都应大于液压缸的工作压力和工作流量，液压泵的输出功率应为

$$P_{泵}=p_{泵}q_{泵}=K_{压}p_{缸}K_{漏}q_{缸}$$

式中 $P_{泵}$——液压泵的输出功率（W）；

$p_{泵}$——液压泵的工作压力（Pa），$p_{泵}=K_{压}p_{缸}$；

$q_{泵}$——液压泵的工作流量（m^3/s），$q_{泵}=K_{漏}q_{缸}$；

$K_{压}$——压力损失系数，一般 $K_{压}$ 为 1.3～1.5；

$K_{漏}$——漏油系数，一般 $K_{漏}$ 为 1.1～1.3。

确定了液压泵的功率后，进而可确定拖动液压泵的电动机功率。同样液压泵工作时，也存在压力损失、流量损失和因摩擦造成的机械损失，所以电动机的功率应大于液压泵的输出功率，即

$$P_{电}=P_{泵}/\eta_{泵}$$

式中　$P_{电}$——电动机的工作功率（W）；

$\eta_{泵}$——液压泵的总效率，它和泵的结构及工作情况有关，一般为 0.6～0.95。

总之，考虑到液压系统中的压力损失、流量损失和液压泵的机械损失，电动机的功率必须大于液压泵的功率，液压泵的功率必须大于液压缸的功率，即：$P_{电} > P_{泵} > P_{缸}$。

任务实施

一、准备工作

1. 学习液压实验台安全操作规程，特别要注意以下问题：

（1）元器件安装要稳定牢固。

（2）管路连接要正确完整。

（3）全部连接后应检查无误，才能启动液压泵。

（4）不允许在有压力的情况下拆卸油管。

2. 通过观察液压实验台，并参考液压实验台的技术说明书，熟悉液压实验台的组成及其结构。

3. 在教师指导下对比实际元件和图形符号，按要求选择所需的液压元件，将其固定在实验台的安装面上。

4. 在教师指导下准备带有快换接头的油管若干根。

二、画出液压回路图

平面磨床工作台液压系统的工作原理如图 1—2—9 所示，要求用图形符号表示液压元件，画出该液压系统的回路图。

三、操作步骤与要领

1. 熟悉液压实验台。

2. 在教师指导下按照液压回路图准备好液压元件（其中在液压实验台上已把油箱 1、过滤器 2 和液压泵 4 连接好作为液压动力源直接使用）。

3. 在教师指导下按图连接好所有元件，连接时注意油管接头与元件的连接。

4. 注意溢流阀和节流阀的预先调整位置，把溢流阀压力和节流阀流量先调到最小。

5. 启动液压泵，慢慢调整节流阀的开口大小，观察执行元件的运动速度。

6. 观察液压缸的运动特点，描述该液压系统的工作过程。

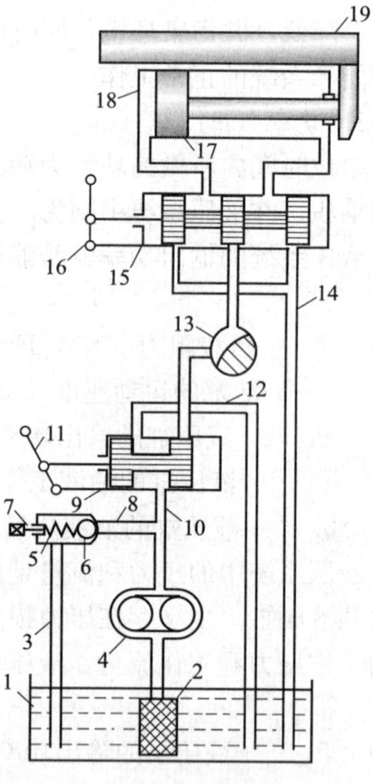

图 1—2—9　平面磨床工作台液压系统工作原理图

1—油箱　2—过滤器
3、8、10、12、14—油管
4—液压泵　5—弹簧　6—钢球
7—溢流阀　9—手动换向阀
11、16—换向手柄　13—节流阀
15—换向阀　17—活塞
18—液压缸　19—工作台

四、检验

1. 检查用标准图形符号画出的液压系统回路图。
2. 检查各油口连接情况后，启动液压泵，利用三位四通手动换向阀控制执行元件运动。
3. 通过观察液压缸的运动特点，总结该液压系统的工作过程。

任务评价

评分标准

项目	内容	评分标准	配分	得分
画回路图	图形符号正确 油路连接合理	图形符号正确 1～15 分 油路连接合理 1～15 分	30	
元件选择	元器件选择正确 系统布局合理	正确选择元器件 1～5 分 合理布局系统 1～5 分	10	
连接运行	元器件连接正确 可靠启动液压泵，调整溢流阀	正确选择连接方式 1～5 分 启动与调整方法正确 1～5 分	10	
描述工作过程	分析液压缸的不同动作 从进油路分析到回油路	描述工作过程完整 1～15 分 油路分析正确 1～15 分	30	
安全文明生产考核	安全操作	不符合安全操作规定者，酌情扣 1～10 分；发生安全事故者判不及格	10	
	文明生产	不符合文明生产，酌情扣 1～10 分	10	
总　分			100	

思考练习

1. 液压系统由哪几部分组成？各部分的典型元件是什么？它们各起什么作用？
2. 液压传动与气动的区别是什么？
3. 液压系统的传动特点有哪些？
4. 液压传动的主要参数有哪些？
5. 在液压实验台上装调液压回路时应该注意哪些事项？

知识拓展

液 压 油

1. 液压油的物理性质

(1) 液压油的密度。单位体积液体的质量称为密度，通常用符号 ρ 来表示：

$$\rho = m/V$$

式中 m——液体的质量（kg）；

V——液体的体积（m^3）。

液压油的密度随压力的增加而加大，随温度的升高而减小，但变化幅度很小。在常用的压力和温度范围内可近似认为其值不变。

（2）液压油的黏性。液体在外力作用下流动时，液体分子间的内聚力会阻碍其产生相对运动，即在液体内部的分子间产生了摩擦力。这种在流动的液体内部产生摩擦力的性质称为液体黏性。静止液体不呈现黏性。黏性是流动液体的重要物理性质，是选择液压油的重要依据。

液压油的黏度对温度变化比较敏感。温度升高，液压油的黏度明显下降；反之，黏度增大。液压油黏度的变化会直接影响液压系统的工作性能和泄漏量，为此，最好采用黏度受温度变化影响较小（或称黏温特性较好）的液压油。有时在油箱内设置温度控制装置（如加热器或冷却器），也是为了控制和调节油温，以减小液压油的黏度变化。压力对黏度有一定的影响，但如果液压系统的压力不高时（一般小于 10 MPa），通常可忽略不计。

（3）液压油的可压缩性。液体受压力作用而体积减小的性质称为液体的可压缩性。液压油具有可压缩性，压力增大时液压油体积减小，反之，体积增大。

（4）液压油的其他性质。液压油还具有抗燃性、抗凝性、抗氧化性、抗泡沫性、抗乳化性、防锈性、润滑性、导热性、相溶性（主要是指对密封材料不侵蚀、不溶胀的性质）。

2. 对液压油的要求

液压油必须与液压系统完全适应，对液压油的要求见表 1—2—2。

表 1—2—2　对液压油的要求

项目	性能要求
可压缩性	可压缩性尽可能小
黏性	温度及压力对黏度的影响小，具有低温流动性
润滑性	对元件的滑动部位具有充分润滑性，能防止异常磨损和卡咬等现象的发生
安定性	不因温升、氧化或水解而生成腐蚀性物质，沉渣生成量小，寿命长
防锈性、耐腐蚀性	良好
脱气性、消泡性	油液中的气泡少，且容易消除
抗乳化性	油水分离容易
清净性	尽可能不包含污染物，当污染物从外部侵入时，可迅速分离，使之来不及作用于液压元件而产生不良影响
相溶性	不引起密封件、橡胶软管、涂料等变质
防火性	燃点高，挥发性低，最好具有不燃性
毒性	不得有毒性和异味，应无公害，且容易排水处理
其他	长期保存或紫外线照射时不析出沉淀物

3. 液压油的类型

液压油的品种很多，主要分为矿油型、乳化型和合成型三大类型。液压油的主要品种及其特性和用途见表1—2—3。

表1—2—3 液压油的主要品种及其特性和用途

类型	名称	ISO代号	特性和用途
矿油型	普通液压油	L－HL	提高抗氧化和防锈性能，适用于室内一般设备的中低压系统
	抗磨液压油	L－HM	改善抗磨性能，适用于工程机械、车辆液压系统
	低温液压油	L－HV	改善黏温特性，可用于环境温度在－40～－20℃的高压系统
	高黏度指数液压油	L－HR	改善黏温特性，VI值达175以上，适用于对黏温特性有特殊要求的低压系统，如数控机床液压系统
	液压导轨油	L－HG	改善黏滑性能，适用于机床中液压和导轨润滑合用的系统
	全损耗系统油	L－HH	抗泡沫性较差，主要用于机械润滑，可作液压代用油，用于一般液压系统
	汽轮机油	L－TSA	改善抗氧化、抗泡沫等性能，为汽轮机专用油，可作液压代用油，用于一般液压系统
乳化型	水包油乳化液	L－HFA	难燃、黏温特性好，有一定的防锈能力，润滑性差，易泄漏。适用于有抗燃要求、油液用量大且泄漏严重的系统
	油包水乳化液	L－HFB	既具有抗磨、防锈性能，又具有抗燃性，适用于有抗燃要求的中压系统
合成型	水—乙二醇液	L－HFC	难燃，黏温特性和抗蚀性好，能在－30～60℃温度下使用，适用于有抗燃要求的中低压系统
	磷酸酯液	L－HFDR	难燃，润滑抗磨性和抗氧化性能良好，能在－54～135℃温度范围内使用；缺点是有毒。适用于有抗燃要求的高压精密液压系统

2 模块二

气动技术

课题一　气动元件的选用

任务1　气动执行元件及辅件的选用

知识点

◇ 常见气缸的类型、参数及选用方法；

◇ 分水过滤器、消声器的类型及选用。

技能点

◇ 结合工况进行气缸的选用；

◇ 结合工况进行分水过滤器、消声器的选用。

任务引入

如图2—1—1所示的气动冲床一般用于完成小型工件的冲裁加工。如果气源提供的压缩空气的压力为6 bar，该气动冲床所能输出的最大输出力为1 900 N，最大有效行程为300 mm，每分钟冲裁20个工件，试确定气动冲床所使用气缸、气动系统中分水过滤器及消声器最经济的型号。

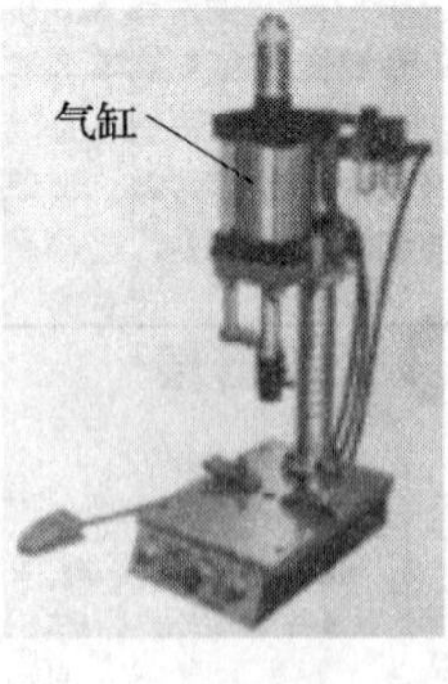

图2—1—1　气动冲床

任务分析

气动冲床在完成冲裁动作时，是利用气缸推动冲头做上下往复运动，可通过改变压缩空气的流动方向来控制气缸产生不同方向的运动，从而驱动冲头产生上下运动，将压力能转化为机械能，因此也称其为气动执行元件。气缸仅是气动执行元件中的一个典型代表，气动执行元件还包括气马达和摆动气缸。

选择气缸的型号时，必须通过计算确定气缸的相关参数，即气缸内径、活塞杆直径等结构尺寸参数。若气缸参数选择得过大，可能会造成不必要的浪费；若参数选择得过小，又达不到工作要求。所以要完成气缸型号的选择，必须了解气缸结构及基本参数的计算方法。

另外，进入气缸的压缩空气必须是经过处理的，即要进行过滤，除水、除油及除杂质，气缸的往复运动需要加注润滑油，气缸运行过程中排气腔的气体要排向大气会产生很大的噪声，这些都需要利用相应的元件来解决。因此，如何选择这些元件以达到最佳效果，是本学习任务要解决的问题。

相关知识

气动执行元件是将压缩空气的压力能转换成机械能的气动元件。气动执行元件种类繁多，分类方法也很多，最常用的是根据其运动轨迹将执行元件划分为三类，即做直线往复运动的气缸、做曲线摆动的摆动气缸、做连续回转运动的气马达。气动冲床中用于推动冲头的元件即为气缸，气缸是气动系统中应用最为广泛的执行元件。

一、气缸的分类、符号及连接方式

1. 气缸分类

通常按照气体作用方式可将气缸划分为单作用气缸和双作用气缸两种。双作用气缸又常分为终端带缓冲和不带缓冲两种结构形式。在本节中将分别进行介绍。

（1）单作用气缸结构及工作原理。压缩空气只驱动气缸的活塞产生一个方向的运动，而活塞另一个方向的运动是靠弹簧或其他外力驱动。单作用气缸的结构原理如图 2—1—2 所示。当压缩空气从左接口进入气缸无杆腔，作用在活塞上产生向右的推力，当推力大于弹簧力和活塞的摩擦力时，气缸的活塞向右运动，即活塞杆伸出；当左接口与大气相通，活塞左腔的压缩空气排出，活塞在弹簧力的作用下向左运动，即活塞杆返回。

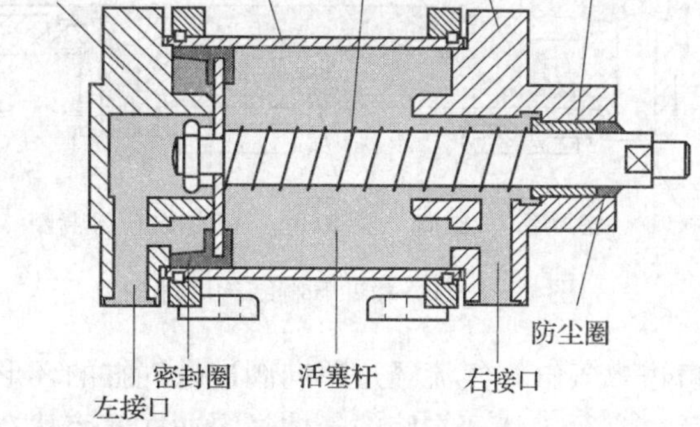

图 2—1—2　单作用气缸结构原理图

（2）双作用气缸结构及工作原理。双作用气缸指活塞两个方向的运动均由压缩空气来驱动。双作用气缸的结构原理如图 2—1—3 所示。当压缩空气从左接口进入气缸无杆腔，作用在活塞上产生向右的推力，当推力大于活塞的摩擦力时，气缸的活塞向右运动，即活塞杆伸出；当左接口与大气相通，活塞左腔的压缩空气排出，压缩空气从右接口进入气缸有杆腔时，压缩空气作用在活塞面积和活塞杆面积差所形成的环形腔上，产生向左的推力，当推力大于活塞的摩擦力时，气缸的活塞向左运动，即活塞杆返回。

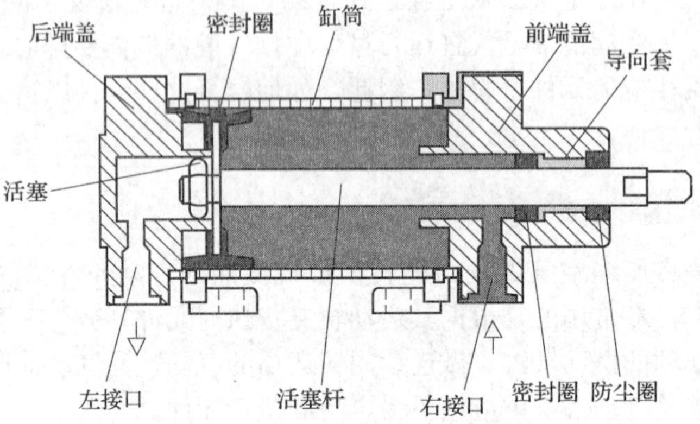

图 2—1—3　双作用气缸结构原理图

（3）缓冲气缸结构及工作原理。气缸的活塞在缸筒中做往复运动，为防止活塞在行程终端撞击缸盖，发生机械碰撞，造成机件变形、损坏及产生噪声，需在气缸运行到接近终端的位置时进行缓冲。缓冲的方式很多，其中，最常见的是活塞在接近行程终端前，借助排气受阻，使背腔形成一定的压力，反作用在活塞上，使气缸运行速度降低，采用此种方法进行缓冲的气缸叫缓冲气缸，其结构原理如图 2—1—4 所示。

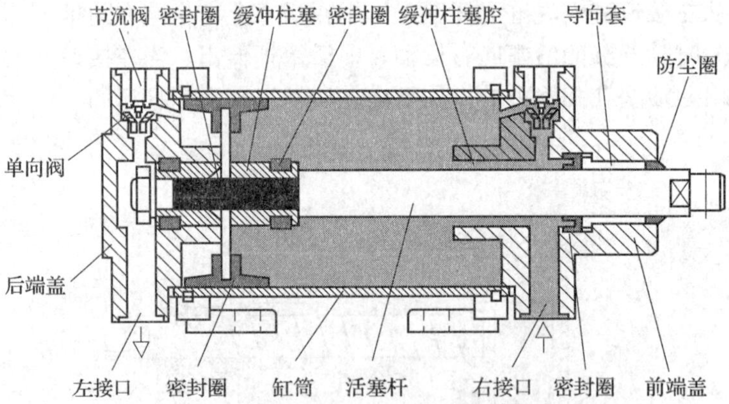

图 2—1—4　缓冲气缸结构原理图

当压缩空气从左接口进入气缸，气流经过单向阀进入气缸的环形腔内，作用在活塞的左面，产生向右的推力，活塞右行，活塞右腔的气体经缓冲柱塞腔从右接口排出。当活塞运动到接近行程末端时，即缓冲柱塞进入缓冲柱塞腔时，原排气通道被封堵，排气腔中的气体需经右端盖上节流阀的节流口排出，由于节流口与原排气通道相比，通流面积较小，排气不畅，压力升高，活塞进入缓冲行程，形成一个甚至高于工作气源压力的背压，使活塞向右运动的速度逐渐减慢。调节节流阀的开度，可控制气缸接近终端时活塞运动的速度，即可调节缓冲的效果。

2. 气缸符号及气缸连接方式

常见气缸职能符号见表 2—1—1、表 2—1—2，气缸连接方式见表 2—1—3。

表 2—1—1　　常见单作用气缸职能符号

名称	活塞式		薄膜式	柱塞式
	弹簧压入式	弹簧压出式		
职能符号	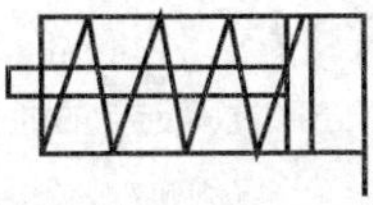	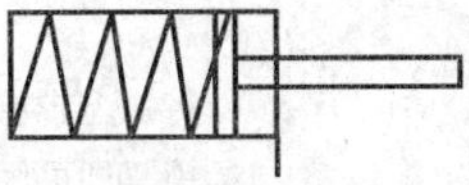	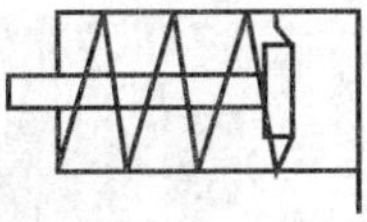	

表 2—1—2　　常见双作用气缸职能符号

名称			职能符号
普通双作用气缸	单活塞杆		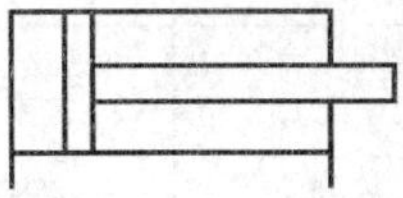
	双活塞杆		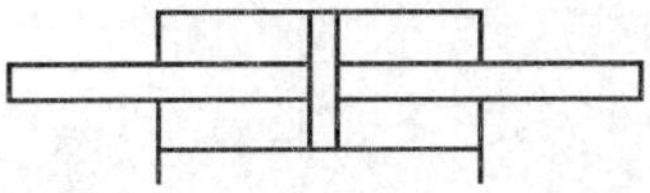
缓冲气缸	不可调缓冲气缸	单向缓冲	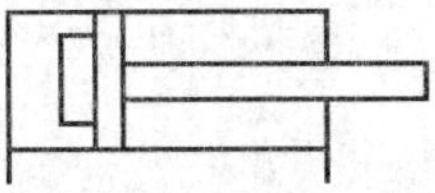
		双向缓冲	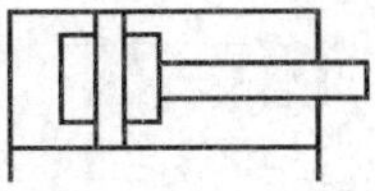
	可调缓冲气缸	单向可调	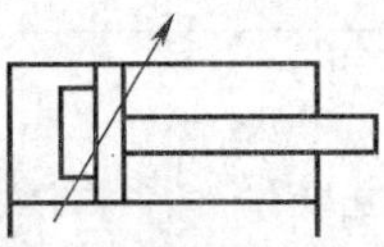
		双向可调	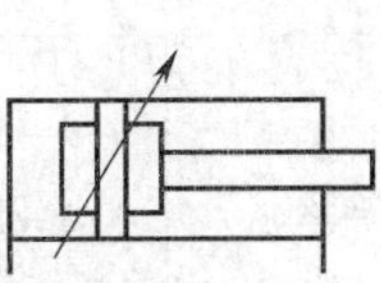

表 2—1—3　　**气缸连接方式**

名称	示意图	说明
脚架连接	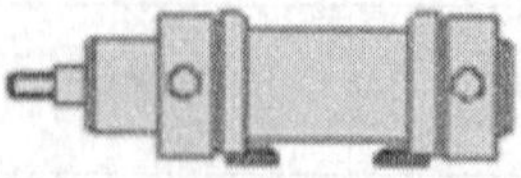	脚架安装形式可承受较大的倾覆力矩，适用于负载的运动方向与活塞杆轴线一致的场合
螺纹连接	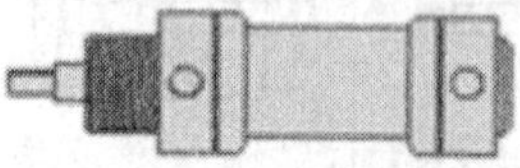	将缸上带有螺纹的部分穿过固定板的通孔，用螺母锁紧即可固定
前法兰连接	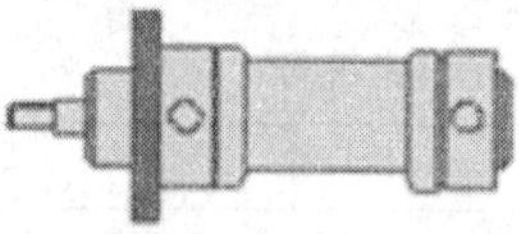	法兰上安装的螺钉受拉力，适用于负载的运动方向与活塞杆轴线一致的场合
后法兰连接		
前耳轴连接		气缸可绕耳轴摆动
中间耳轴连接	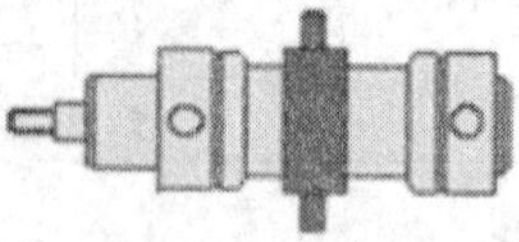	
后耳轴连接	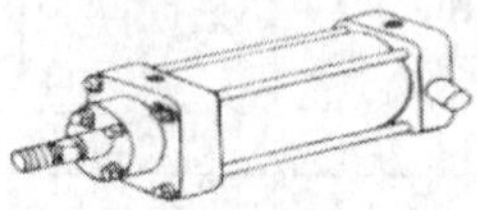	
单耳环连接	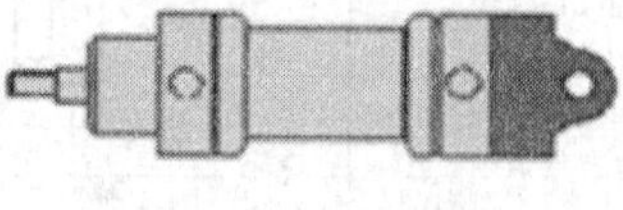	负载和气缸可绕耳环内的销轴摆动
双耳环连接	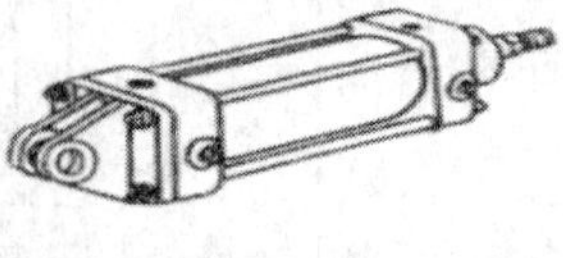	

二、气缸主要参数

气缸的主要参数包括气缸内径、活塞杆直径、最大行程、工作压力等。其中缸径的大小、工作压力的高低标志着气缸理论推力的大小，活塞杆直径的大小标志着缸杆的强度好坏，行程长度标志着气缸的作用范围。

1．缸径

气缸的理论输出力与气缸实际负载力以及气缸的负载率关系如下：

$$气缸负载率\ \beta=\frac{气缸的实际负载力\ F}{气缸的理论输出力\ F_0}\times 100\%$$

式中，气缸的理论输出力 F_0 与气缸的缸径和工作压力有关；气缸实际负载力 F 与气缸所受的负载状态有关；负载率与负载状态和运动状态有关。因此，当确定了气缸理论输出力 F_0 的表达式，根据负载状态确定气缸的实际负载力 F 和负载率 β，就可反推出气缸的缸径大小。计算出缸径 D 后，再参照标准缸径进行圆整（应大于计算出的数值）即可。具体计算方法如下：

（1）气缸理论输出力 F_0 表达式的确定。气缸理论输出力 F_0 的计算公式见表 2—1—4。

表 2—1—4　　　　气缸理论输出力计算公式

<table>
<tr><th colspan="3">单作用单活塞杆式气缸</th><th>说明</th></tr>
<tr><td rowspan="2">弹簧压入式
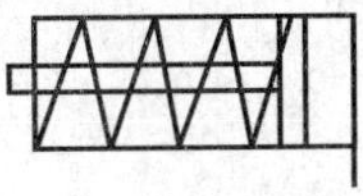</td><td>理论输出推力</td><td>理论返回拉力</td><td rowspan="10">式中
F_0——理论输出力（N）
D——气缸缸径（mm）
d——活塞杆直径（mm）
p——使用压力，一般取系统中减压阀调定压力的 85%（MPa）
F_1——弹簧力（N）
F_2——弹簧处于被压迫状态时的反作用力（N）</td></tr>
<tr><td>$F_0=\frac{\pi D^2 p}{4}$</td><td>$F_0=F_1$</td></tr>
<tr><td rowspan="2">弹簧压出式
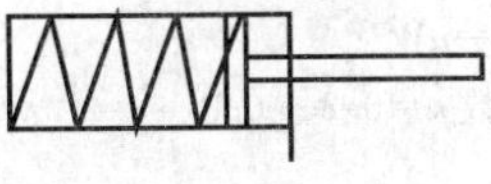</td><td>理论输出拉力</td><td>理论返回推力</td></tr>
<tr><td>$F_0=\frac{\pi}{4}(D^2-d^2)p-F_2$</td><td>$F_0=F_1$</td></tr>
<tr><td colspan="3">双作用单活塞杆式气缸</td></tr>
<tr><td colspan="2">理论输出推力（活塞杆伸出）</td><td>理论输出拉力（活塞杆返回）</td></tr>
<tr><td colspan="2">$F_0=\frac{\pi D^2 p}{4}$</td><td>$F_0=\frac{\pi}{4}(D^2-d^2)p$</td></tr>
<tr><td colspan="3">双作用双活塞杆式气缸</td></tr>
<tr><td colspan="2">理论输出推力（活塞杆伸出）</td><td>理论输出拉力（活塞杆返回）</td></tr>
<tr><td colspan="2">$F_0=\frac{\pi}{4}(D^2-d^2)p$</td><td>$F_0=\frac{\pi}{4}(D^2-d^2)p$</td></tr>
</table>

注：忽略摩擦力。

（2）气缸实际负载力计算。气缸实际负载力 F 的计算见表 2—1—5。

表 2—1—5　　负载状况与负载力关系

负载状况	示意图	负载力计算公式
提升运动	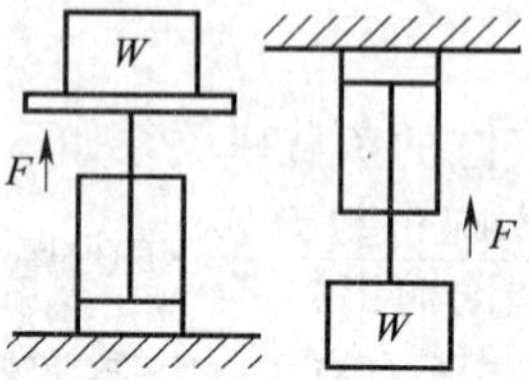	$F=W$
夹紧运动	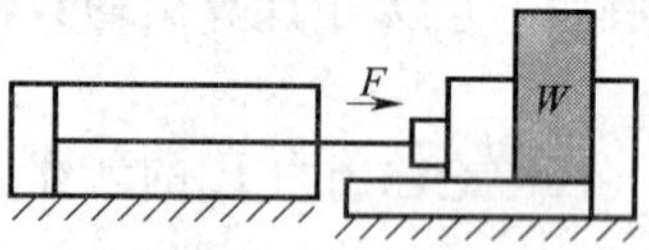	$F=K$（夹紧力）
水平滚动	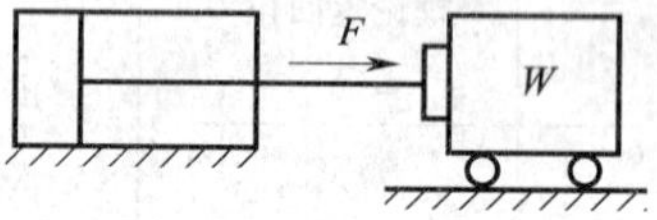	$F=\mu W$ 滚动摩擦系数 $\mu=0.1\sim0.4$
水平滑动	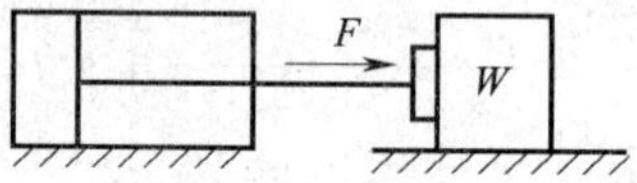	$F=\mu W$ 滑动摩擦系数 $\mu=0.2\sim0.8$
斜面运动	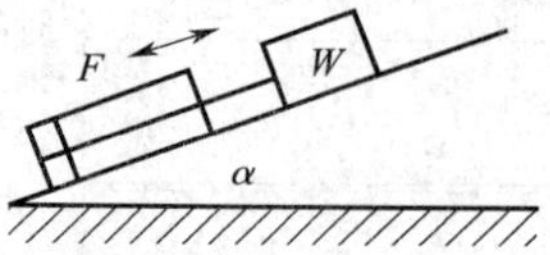	$F=mg\sin\alpha+\mu mg\cos\alpha+ma$

（3）负载率 β。负载率 β 有两种选取方法。一种是表 2—1—6 根据负载运动状态选取负载率 β，另一种是表 2—1—7 根据气缸工作压力选取负载率 β。

表 2—1—6　　负载率与负载运动状态的关系

负载运动状态	阻性负载（静负载）（如夹紧、低速铆接）	惯性负载的运动速度		
		<100 mm/s	100～500 mm/s	>500 mm/s
负载率 β	≤0.8	≤0.65	≤0.5	≤0.35

表 2—1—7　　负载率与气缸工作压力的关系

压力 p/bar	1.6	2	2.4	3	4	5	6	7～10
负载率 β	0.1～0.3	0.15～0.4	0.2～0.5	0.25～0.6	0.3～0.65	0.35～0.7	0.4～0.75	0.45～0.75

（4）工作压力 p 计算。压力 p 根据气源供气条件来确定，一般取系统中减压阀调定压力的 85%带入公式。

如果确定了上述四项内容，即气缸理论输出力 F_0 的表达式及 F、β、p 的数值，带入公式中，即可计算出气缸内径，经过圆整后得出所需气缸的内径。

以双作用单活塞杆气缸为例，且气缸伸出时为工作行程，根据表 2—1—4 可确定气缸理论输出力的表达式为 $F_0=\frac{\pi D^2 p}{4}$，带入公式中，得出 $D=\sqrt{\frac{4F}{\pi p\beta}}$。

根据实际工况，通过计算和查表，将 F、β、p 数值代入，即可计算出气缸内径数值，圆整后即得出所需气缸的内径大小。

2. 活塞杆直径

确定了气缸内径后，一般活塞杆的直径按 $d=(0.2\sim0.3)D$ 进行计算，如果气缸所驱动的负载较大，对气缸活塞杆强度要求较高，也可按 $d=(0.3\sim0.4)D$ 进行计算，活塞杆直径同样也需要圆整，部分活塞杆直径的圆整数值见表 2—1—8。

表 2—1—8　　部分活塞杆直径圆整数值　　mm

活塞杆直径	4	5	6	8	10	12	14	16
活塞杆直径	18	20	22	25	32	36	40	45
活塞杆直径	50	56	63	70	80	90	100	125
活塞杆直径	140	160	180	200	220	250	280	320

3. 气缸行程

气缸的有效行程表示气缸的作用范围，以 SMC 公司生产的普通气缸为例，部分气缸行程圆整数值见表 2—1—9。

表 2—1—9　　部分气缸行程圆整数值　　mm

气缸标准行程	5	10	15	20	25	30	45	50
气缸标准行程	60	63	75	100	125	150	175	200
气缸标准行程	250	300	350	400	450	500	600	700

三、气缸型号表示方法

气缸型号表示方法见表 2—1—10。

表 2—1—10　　　　气缸型号表示方法

单作用气缸	双作用气缸
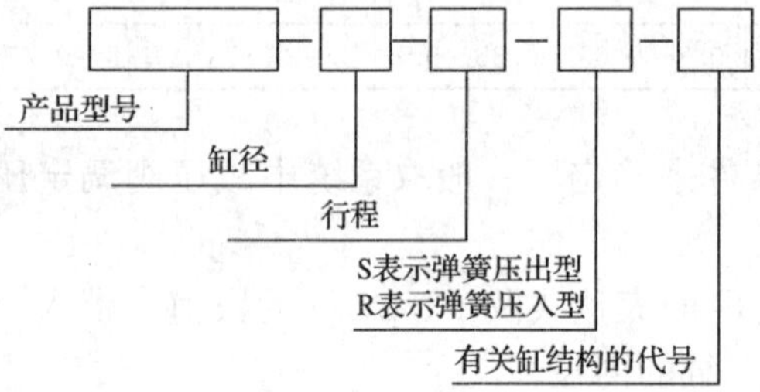	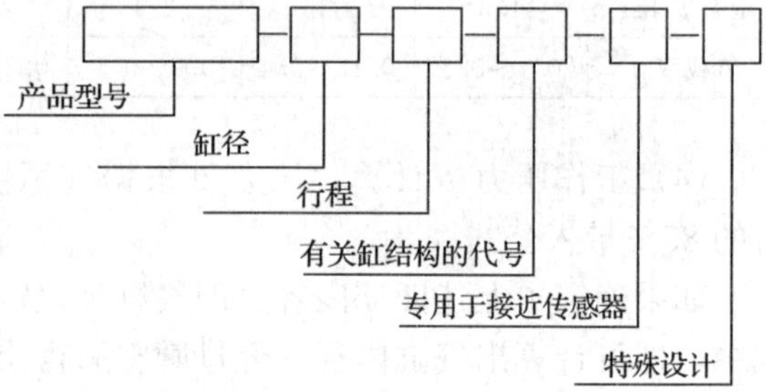
以 SMC 公司生产的型号 CDJ2B10－45S－B 气缸为例说明： “CDJ2B”——产品型号，即内置磁环型，带一个磁性开关的气缸 “10”——气缸的缸径为 10 mm “45”——气缸行程为 45 mm “S”——单作用气缸为弹簧压出型 “B”——1 个脚架的连接形式	以 FESTO 公司生产的型号为 DGS－25－50－PPV－A 气缸为例说明： “DGS”——活塞带磁环的双作用气缸 “25”——气缸的缸径为 25 mm “50”——气缸行程为 50 mm “PPV”——两端带可调式缓冲功能 “A”——在气缸上可安装接近开关

四、分水过滤器

分水过滤器在气动系统中所起作用是分离压缩空气中液态的水分、油分和过滤固体杂质。

从前面气动系统的组成可知，压缩空气在进入气缸前要经过分水过滤器、油雾器及管路等气动辅助元件。要想选择与气缸尺寸相匹配的辅助元件，需先了解在此工况下压缩空气的流量，通过求解气缸的速度，导出所需气体的流量，根据流量再进行辅助元件的选型。

1．分水过滤器工作原理

如图 2—1—5 所示，压缩空气进入分水过滤器内部后，因旋风片的导向作用，迫使气体产生了强烈的

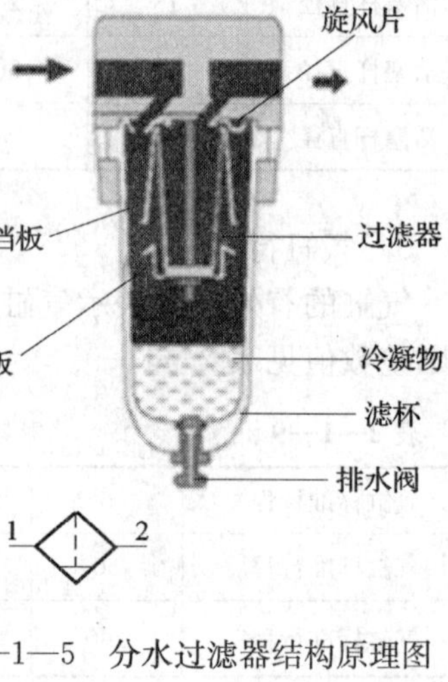

图 2—1—5　分水过滤器结构原理图

旋转，在离心力作用下，压缩空气中混有的大颗粒固体杂质和液态水滴、油滴等杂质沿切线方向被甩到滤杯内表面上，在重力作用下沿内壁面沉降至底部，打开底部排水阀的截门，可将其从底部排出，而压缩空气穿过中间的滤芯从出口流出，滤芯会过滤掉一部分固态杂质。图中左下角为分水过滤器职能符号。

2. 分水过滤器主要性能指标

(1) 流量特性。指过滤器在一定的进气压力下，其进、出口两端的压降与通过该元件的标准额定流量之间的关系。在相同流量和进气压力下，压降越小，表明流动阻力越小。

(2) 分水效率。过滤器分离液态水分的能力，定义如下：

$$分水效率=\frac{输入空气的相对湿度-输出空气的相对湿度}{输入空气的相对湿度}\times 100\%$$

一般要求过滤器的分水效率大于 80%。

(3) 过滤精度。指过滤器从压缩空气中滤除的最小微粒尺寸。如过滤精度为 5 μm 的滤芯会将直径大于 0.005 mm 的微粒几乎全部滤除。滤芯的过滤精度按滤芯能滤除的最小微粒尺寸分为 5 μm、10 μm、25 μm 和 40 μm 四挡，可根据对空气的质量要求来选定。

(4) 分离度。也称过滤有效度或过滤效率，以被分离的某特定大小微粒的百分比表示。如对 5 μm 微粒的过滤效率为 99.99%，表明对于大于或等于 5 μm 微粒的固态杂质 99.99% 能滤除掉。

3. 分水过滤器选型

在选择分水过滤器时，主要是依据通过的压缩空气标准额定流量、最高使用压力、所要求的过滤精度、冷凝液容量、安装方式、介质温度范围以及分水过滤器材质等参数进行选择。以 FESTO 公司生产的部分产品为例，分水过滤器参数见表 2—1—11。

表 2—1—11　　分水过滤器参数

型号					
型号	过滤器	LF—1/8—S	LF—1/4—S—B	LF—3/8—S	LF—1/2—S—B
	滤芯	LFP—1/8—S—5M	LFP—1/4—S—5M	LFP—3/8—S—5M	LFP—1/2—S—5M
工作介质		压缩空气			
安装方式		管式安装或在外壳上打孔安装			
安装位置		垂直方向±5°			
接口尺寸		G 1/8	G 1/4	G 3/8	G 1/2
标准额定流量①		450 L/min	1 470 L/min	2 550 L/min	2 080 L/min
最大使用压力		14 bar			
滤芯规格		标准型：平均孔径 5 μm②			
冷凝液容量		10 cm^3	43 cm^3	88 cm^3	86 cm^3
温度范围		−10～+60℃			
过滤器材质		外壳：聚酰胺 密封：丁腈橡胶			

①表中数值为在 10 bar 上游压力，6 bar 工作压力，$\Delta p=1$ bar 时测得的流量。

②滤芯网眼的平均直径为 5 μm。

五、消声器

噪声是现代工业中很严重的一种污染，它是无形的杀手，严重影响人们的生活和健康。

气动设备在工作时，有大量的压缩空气从阀的排气口排到大气中，压力由 6～8 bar 急剧地变为大气压，使气体体积急剧膨胀，产生涡流，引起气体振动发出强烈的噪声，为降低噪声对人体的损害必须在排气口加装消声器。消声器是能消弱声音传播的强度，而允许气流通过的一种气动元件。

1. 消声器结构及工作原理

消声器的结构和职能符号如图 2—1—6 所示，气流进入消声器后，首先膨胀扩散、减速、碰壁撞击后反射，反射后的气流束相互撞击干涉，进一步降低能量，通过敷设在消声器内壁的吸声材料排向大气，可将低频噪声降低约 20 dB，高频噪声降低约 45 dB，噪声是以 dB（分贝）为单位测量的，常见的消声器主要技术参数见表 2—1—12。

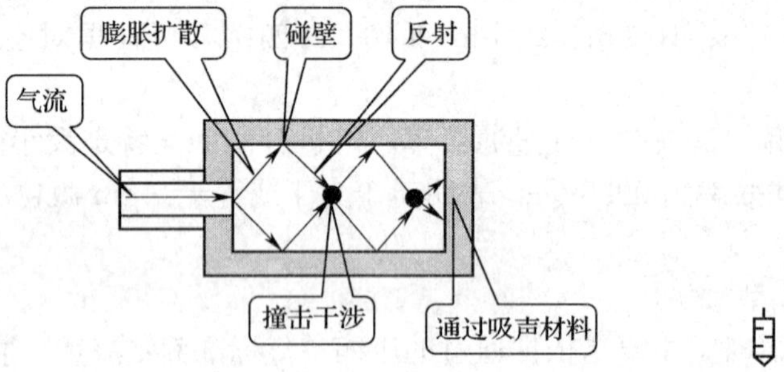

a）　　　b）

图 2—1—6　消声器的结构和职能符号

a）结构　b）职能符号

表 2—1—12　　消声器的主要技术参数（以 FESTO 公司生产的消声器为例）

系列	最高使用压力/bar	环境和介质温度/℃	噪声大小①/dB	备注
烧结金属型 			≤74	适用于微型阀和先导阀的排气消声，吸声材料为烧结金属体，连接体材料为磷青铜
塑料型 	0～10	−10～70	≤84	简单的旋入式安装。吸声材料为 PE（聚乙烯）或 PP（聚丙烯）烧结体，连接体材料为树脂类 PP 或聚醛
压铸金属型 			≤82	壳体为压铸铝合金，吸声材料为聚乙烯。简单的旋入式安装

续表

系列	最高使用压力/bar	环境和介质温度/℃	噪声大小[1]/dB	备注
插入式堵头 	0～10	－10～70	≤68	带插入式轴套，适于与快速接头连接。带插入式套管，采用聚乙烯材料制成
适用电磁阀型 			≤60	适用于紧凑型电磁换向阀排气口。壳体和吸声材料均采用聚乙烯材料制成

①指气体压力为 6 bar，距离消声器 1 m 处测量值。

2．消声器的安装、使用注意事项

(1) 要求消声器结构耐用，孔眼不易堵塞，便于清洗。清洗消声器需用煤油或苯溶剂，不能用三氯乙烯溶剂。

(2) 连接体采用树脂材料时，虽具有一定的强度，但安装力不宜过大，不宜承受横向载荷，以免损坏。

(3) 吸声材料为聚丙烯（PP）或聚乙烯（PE）时，不适于有机溶剂气体的环境中使用。

(4) 在冬季特别是寒冷地区，要注意压缩空气中的水分会造成消声器冻结。

3．消声器选型

在选择消声器时，主要依据接口的尺寸、所要求的噪声大小、最大使用压力及环境和介质的温度等参数进行选择。接口的尺寸依据压缩空气的排气流量选择，可参考消声器产品技术手册进行选取。

任务实施

一、选择驱动冲头的气缸类型

根据图 2—1—1 气动冲床的示意图可知，驱动冲头的气缸向下快速运动对工件产生冲击力，进行冲裁加工，所以气缸向下运行时会遇到工件的阻力，气缸需要一定的推力，而返回时也要将冲头带回，需要一定的拉力。气缸在进行两个方向运动时都需具有一定的力，且向下运动的力大于回程的力，所以选择双作用气缸更适宜，因为伸出时利用无杆腔进气产生大的冲裁力，返回时利用有杆腔进气产生小一些的拉力即可驱动冲头返回。

二、选择气缸的连接方式

由于气缸需固定在冲床的支架上，在工作时承受的是垂直载荷，负载的运动方向与活塞杆轴线一致，应采用后法兰的连接形式将气缸固定在支架上。

三、确定气缸的主要参数

1. 气缸内径的确定

气缸往复运动的工作状态如图 2—1—7 所示。根据图 2—1—7 气缸的负载状态，参考工作任务中的已知条件和表 2—1—5，确定气缸的轴向负载力 F=1 900 N。

根据每分钟冲裁 20 次，最大有效行程 300 mm（往返行程 600 mm），一次往返用时 3 s，气缸的运动速度为

$$v=\frac{600}{3}=200\ \text{mm/s}$$

根据负载的运动状态参考表 2—1—6，预选气缸的负载率 $\beta=0.5$。

理论输出推力表达式参考表 2—1—4，系统所需压缩空气压力 6 bar，则

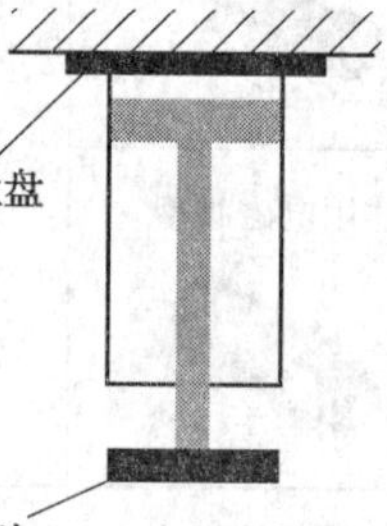

图 2—1—7　气缸运动工作状态示意图

$$F_0=\frac{\pi}{4}\times p\times 0.85\times D^2=\frac{3.14}{4}\times 0.6\times 0.85\times D^2\approx 0.4D^2$$

根据负载率 $\beta=\frac{\text{实际负载力}\ F}{\text{理论输出力}\ F_0}$

得出：　$\beta=\frac{F}{0.4D^2}$

$$D=\sqrt{\frac{1\ 900}{0.4\beta}}\approx 97.5\ \text{mm}$$

参考表 2—1—8 气缸内径圆整值，气缸内径 D 应选取 100 mm。

2. 活塞杆直径确定

由于利用气缸的冲击力做功冲裁工件，因此，应考虑气缸活塞杆的刚度要高，按照 d=（0.3～0.4）D 进行计算较可靠，活塞杆直径 d 取 30～40 mm，参考活塞杆直径圆整表 2—1—8，选择活塞杆直径为 36 mm。

将 D=100 mm、d=36 mm 带入表 2—1—4 理论输出推力和理论输出拉力表达式中：

理论输出推力：$F_0=\frac{\pi D^2 p\times 0.85}{4}=\frac{\pi}{4}\times 100^2\times 0.6\times 0.85\approx 4\ 004$ N

理论输出拉力：$F_0=\frac{\pi}{4}(D^2-d^2)\ p\times 0.85=\frac{\pi}{4}\times(100^2-36^2)\times 0.6\times 0.85\approx 3\ 485$ N

由上式得出理论输出推力 4 004 N、理论输出拉力 3 485 N，均远远大于冲床所需的最大输出力 1 900 N，故气缸推力和拉力均满足工况要求。

3. 气缸的行程确定

结合工况往返 600 mm，单向行程 300 mm，参考表 2—1—9 行程圆整表，选择气缸最大行程为 350 mm。

四、确定气缸是否有特殊要求

由于气缸在工作过程中，运行速度较快，工作频率较高，利用冲击力做功，故此气缸内部不需加装缓冲装置。

五、气缸型号的确定

以 FESTO 公司生产的气缸为例，参见表 2—1—13 FESTO 气缸产品目录。

表 2—1—13　　FESTO 气缸 DNG 系列产品目录

标准型气缸 DNG 系列

缸径/mm	32	40	50	63	80	100
行程	1～2 000 mm					
动作形式	双作用					
最高许可工作压力	12 bar					
环境温度范围	−20～80℃					
材质	端盖：铸铝 缸筒：精密钢管 活塞杆：Cr13 密封环：丁腈橡胶					
特殊设计	HN：脚架连接 FN：法兰连接 SN：旋转法兰					
行程公差	+1.3 mm					
润滑	不需要					
接管口径 G*	1/8	1/4		3/8		1/2

注：G——指管螺纹，英制螺纹。

结合前述内容，参考表 2—1—13，选择气缸的型号为 DNG−100−350−FN，型号说明见表 2—1—14。

表 2—1—14　　DNG−100−350−FN 型气缸技术参数

标准型气缸 DNG 系列

型号	DNG−100−350−FN
工作介质	过滤的压缩空气
动作形式	双作用
设计	活塞式气缸
最高许可工作压力	12 bar
缸径	100 mm
最大行程范围	350 mm
环境温度范围	−20～80℃
特殊设计（FN）	连接固定形式为后法兰连接
材质	端盖：铸铝，缸筒：精密钢管 活塞杆：Cr13，密封环：丁腈橡胶
接管口径 G	1/2
行程公差	+1.3 mm

六、选择分水过滤器及消声器型号

选择分水过滤器和消声器首先要确定压缩空气的处理量，即压缩空气的标准流量，前面选型计算已知气缸活塞直径为 100 mm，气缸以 200 mm/s 速度运行，行程为 300 mm，所需压缩空气的流量：

流量 Q = 活塞运动速度×活塞面积

$$=v\times\frac{\pi D^2}{4}=200\times\frac{\pi}{4}\times100^2=1\ 570\ 000\ \text{mm}^3/\text{s}\approx94\ \text{L/min}$$

根据流量查询气动产品技术手册（以 FESTO 公司产品样本为例），选择型号为 LF－1/8－S 的分水过滤器，滤芯型号为 LFP－1/8－S－5M；型号为 U－1/8 的消声器。

任务评价

项目	内容	评分标准	配分	得分
气缸型号选择	1. 理论输出力 F_0 表达式的确定 2. 实际负载力 F 计算 3. 运动速度计算 4. 负载率 β 选取 5. 缸径 D 计算 6. 缸径 D 选取 7. 活塞杆直径计算 8. 根据工况确定气缸是否有特殊要求 9. 气缸型号的确定	1～5 项每项 9 分 6～8 项每项 7 分 第 9 项 10 分	76	
分水过滤器选择	1. 流量计算 2. 查找手册选择分水过滤器及滤芯型号	每项 8 分	16	
消声器选择	根据流量查找手册，选择消声器	8 分	8	
总　分			100	

思考练习

1. 简述气动执行元件的分类及其工作特点。
2. 单作用气缸的内径 D=63 mm，复位弹簧的最大反力为 150 N，工作压力为 6 bar，求输出力为多少？
3. 分水过滤器、消声器的作用是什么？

知识拓展

一、其他常见的普通气缸

除了前面学习的单作用气缸、双作用气缸、缓冲气缸外，在工业应用中还有许多其他型式的气缸，见表 2—1—15。

表 2—1—15　　　　　　其他常见的普通气缸

图示	名称	说明
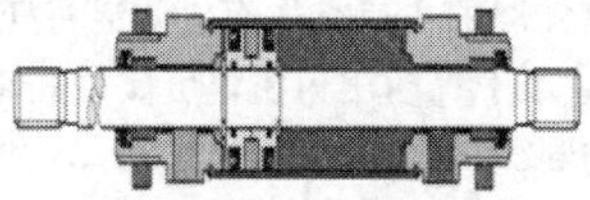	双活塞杆气缸	原理与双作用气缸一样，只是活塞两端气体作用面积相同，因此两个方向的输出力和输出速度一样，常应用于加工机械和包装机械上
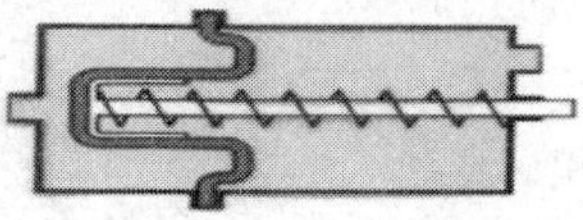	膜片式气缸	依靠膜片在压缩空气作用下的变形，推动活塞杆运动。不需要加注润滑油，工作行程受限制，寿命低
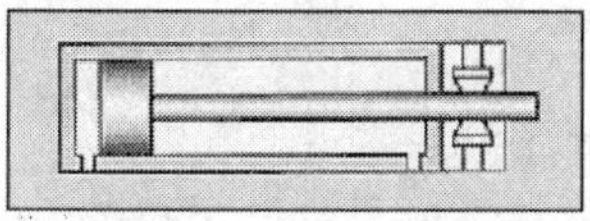	锁紧气缸	通过一个机械锁紧机构可将活塞杆准确地锁紧在任意位置上，一般机械锁紧力大于气缸的最大输出力。适用于因安全原因需要气缸定位可靠的场合
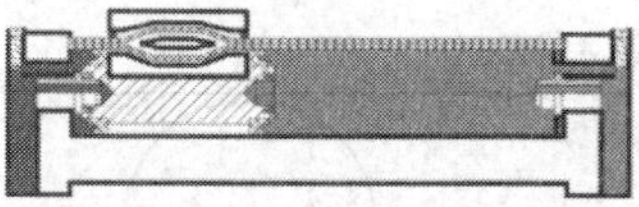	无活塞杆气缸	原理与双作用气缸一样，由于没有活塞杆，节约安装空间，受力好，承载部件与活塞为刚性连接，故可传递较高的扭矩及径向载荷，导向性好，两个方向的作用力和速度相同，适用于工件的推入、移位、机构的打开、关闭、物体的举升、门的控制及物料的输送
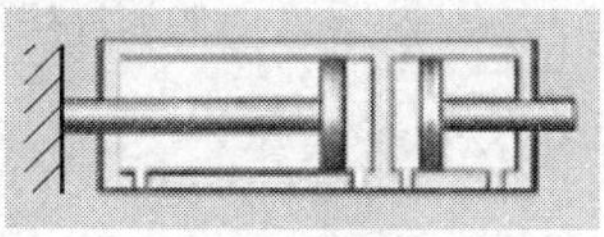	多级气缸	将两个或多个气缸组装在一起，可实现多个准确的输出位置，常用于生产线上产品分选、辊道转接装置、闸门的控制、限位装置的调节等
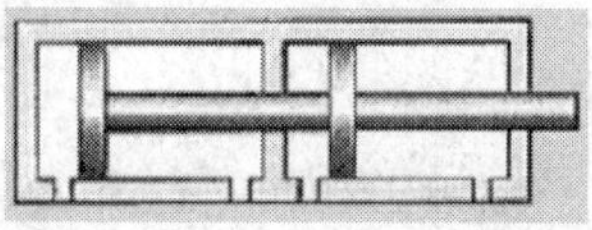	串联气缸	由两个以机械形式串联在一起的双作用气缸组成，用于行程较短、输出力要求较大的场合，或径向空间受限制的专用设备上
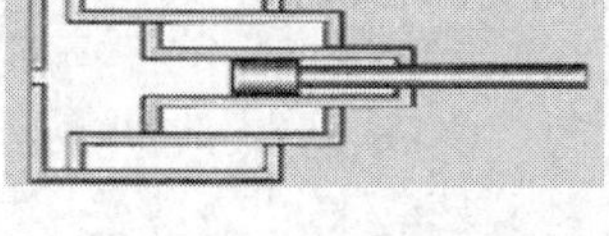	伸缩气缸	由多个互相套在一起的套筒组成，整体长度短，工作行程长；与同缸径的普通气缸相比，伸缩式气缸的输出力小，适用于轴向空间受限制但工作行程要求又较长的场合

续表

图示	名称	说明
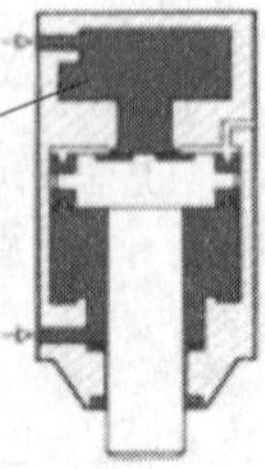	冲击气缸	通过对活塞上腔即蓄能腔的快速充气而迫使活塞杆快速下行，产生冲击。适用于气动压力机，可实现折弯、落料、打印、冲孔、切断、铆接等
	气动手爪	利用杠杆原理将气缸的直线往复运动转化成手爪的开闭，用来抓取工件

二、摆动气缸

利用气体的压力能实现曲线运动。摆动气缸有两种，一种是借助气缸的直线运动通过机械结构转化成曲线运动，另一种是直接实现曲线运动。

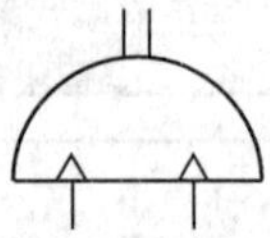

图 2—1—8　摆动气缸的职能符号

摆动气缸用于物体的转位、翻转、分类、夹紧、阀门的开闭以及机器人的手臂动作等。常用的摆动气缸见表 2—1—16。

摆动气缸职能符号如图 2—1—8 所示。

表 2—1—16　　常用的摆动气缸

图示	名称	说明
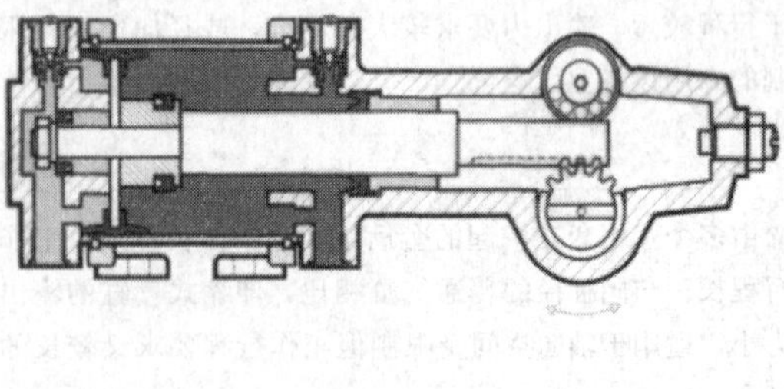	齿轮齿条式摆动气缸	工作原理与双作用气缸一样，只是活塞杆的前端做成齿条形状，在活塞杆伸出时，拨动齿轮产生旋转，则齿轮轴输出回转运动

续表

图示	名称	说明
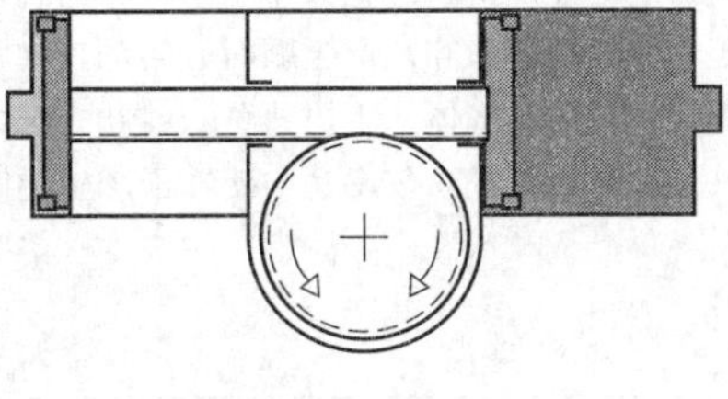	齿轮齿条式 摆动气缸	工作原理与上面相同，由于将齿轮安置在中间位置，受力较上面形式更好
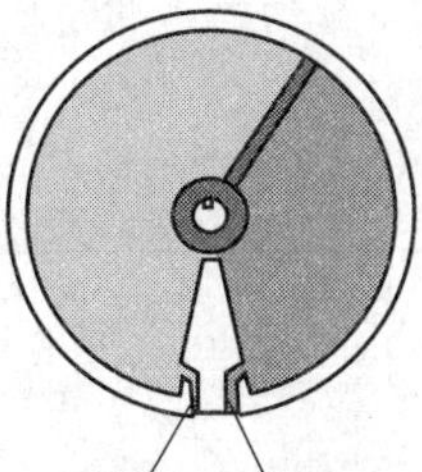 	叶片式 摆动气缸	当压缩空气从左接口进入摆动气缸，作用在叶片左半部，产生顺时针转矩，叶片带动回转轴产生顺时针转动。当压缩空气从右接口进入摆动气缸，作用在叶片右半部，产生逆时针转矩，叶片带动回转轴产生逆时针转动

三、气动马达（气马达）

气马达是利用气体压力能实现连续曲线运动的气动元件，其作用相当于电动机。

气马达和摆动气缸虽然输出的都是曲线运动，但气马达输出的是连续曲线运动，而摆动气缸只是输出曲线运动，因此，两个元件的功效是不一样的。

在工业中常常应用高速、小扭矩叶片式气马达驱动装配工具，如气扳子、气改锥、气砂轮等；应用低速、大扭矩活塞式气马达驱动小型机械，如小型起重机、绞车、绞盘、天车的吊钩和拉管机等。气马达职能符号如图 2—1—9 所示。

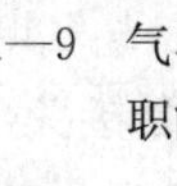

图 2—1—9 气马达的职能符号

常用气马达见表 2—1—17。

表 2—1—17　　常用气马达

图示	名称	说明
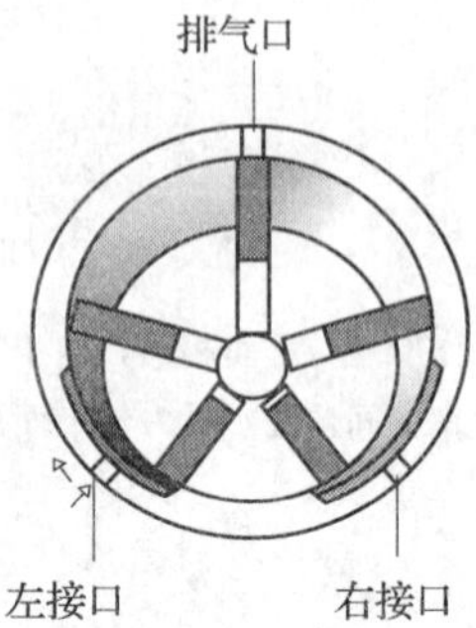	叶片式气马达	压缩空气从左面接口进入气马达，压力作用在封闭容腔内的一对叶片上，产生大小不一、转向相反的两个转矩，转矩差驱动叶片产生顺时针转动，叶片拨着转子顺时针转动，气体从上方排气口排出；反之，压缩空气从右面接口进入气马达，使转子产生逆时针旋转
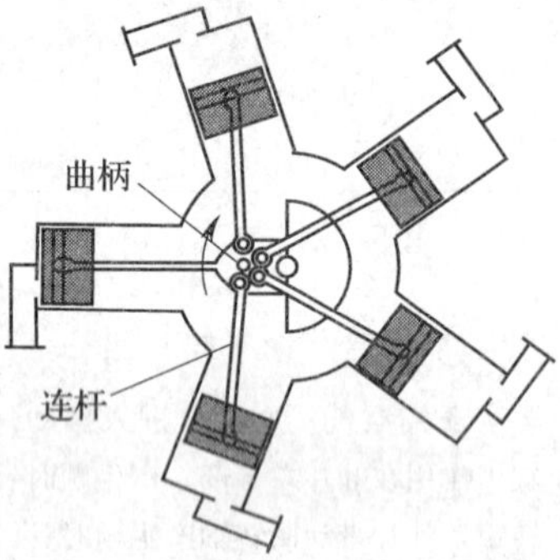	活塞式气马达	按顺时针的顺序先后分别向各气缸通气，使活塞产生直线运动，驱动连杆带动曲柄将直线运动转化成曲柄轴的顺时针转动；如按逆时针的顺序先后分别向各气缸通气，驱动连杆带动曲柄将直线运动转化成曲柄轴的逆时针转动

四、管件与管接头

1. 管件

管件在气动系统设计中容易被忽视，但其设计、施工质量的好坏往往影响整个系统工作状态。如在施工时不注意管件的密封，将会造成压缩空气泄漏，这不但浪费能源，严重时还会使气源压力下降，影响阀、气缸等元件的正常动作。

常用的管件材料分为金属和非金属两种，金属管件多用于车间气源管道和大型气动设备，非金属管件多用于中小型气动系统元件之间的连接，以及需要经常移动的元件之间的连接，如气动工具等。

管件连接大多采用螺纹连接、嵌入式焊接和对接式焊接三种形式。

(1) 螺纹连接：将管件直接拧入接头。

(2) 嵌入式焊接：把钢制法兰焊接在钢管两端，用来跟其他带法兰的钢管或阀门、管件进行连接。

(3) 对接式焊接：用于管件之间的焊接，以减少管件连接的接头。焊接操作应尽可能减小局部发热及其影响，应避免产生气孔和焊渣的夹入，焊缝应均匀。

2. 管接头

管接头是将气动元件和管路连接起来不可缺少的重要元件，是气动系统必备的辅助元件。表 2—1—18 所示为气动系统常用管接头的结构形式和适用场合。

表 2—1—18 常用管接头

接头名称	接头结构	解释
螺纹连接接头	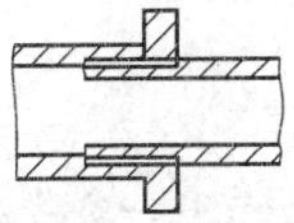	左端的接头为内螺纹，右端的管件为外螺纹
卡环式管接头	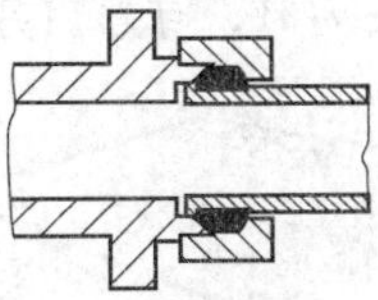	密封效果好，一般用于高压硬管连接，但成本较高
扩口式管接头	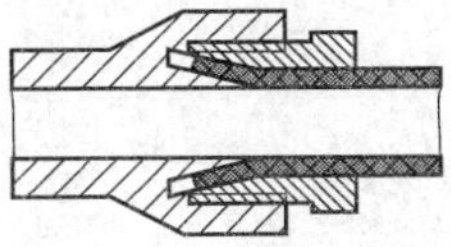	用于连接外径为 4～34 mm 的无缝管或铜管
卡套式管接头	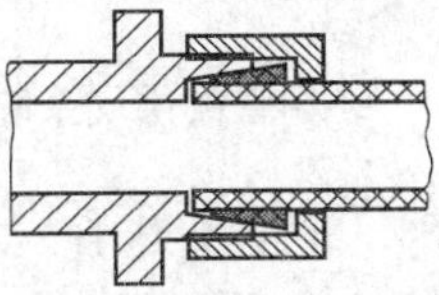	密封效果好，一般用于高压硬管连接，但成本较高
可转动式宝塔管接头	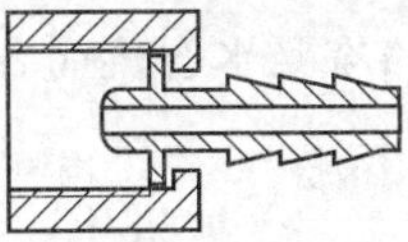	前面接头可在 360°范围内转动，用于连接需转动的软管
不可转动式宝塔管接头	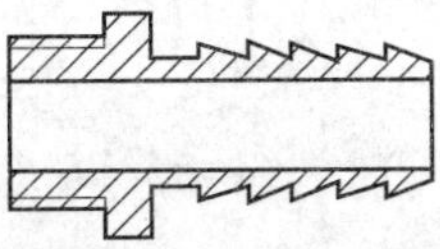	用于连接软管

3. 管网设计

供气管网的设计应从供气压力、供气质量、供气可靠性和经济性的原则考虑。

(1) 按供气压力考虑

按供气压力不同供气方式有 3 种选择。

1) 不同压力的供气管网系统。适用于气动设备有多种压力要求、用气量都比较大的情况，可根据压力的大小、使用设备的位置，设计几种不同压力的管路供气系统。

2) 降压管网供气系统。适用于气动设备有多种压力要求、用气量都不大的情况，通常根据需供气的系统最高压力设计管路，低压处通过采用减压阀降压的方式获取。

3) 管路供气与储气罐供气相结合的管网供气系统。适用于大多数气动设备使用低压压缩空气，少数设备需要高压压缩空气的情况。一般根据对低压空气的要求设计管路供气系统，而气量需求不大的高压空气可采用气瓶供气方式来解决。

(2) 按供气质量考虑

根据气动设备对压缩空气质量的要求不同，可将管路系统设计成一般控制系统和清洁控制系统。如果一般供气系统的用气量不大，为减少投资，可用清洁供气系统代替。如果清洁供气系统的用气量不大，可采用单独设置小型净化干燥装置的方案解决。

（3）按供气的可靠性和经济性考虑

根据供气的可靠性和经济性有两种方案。

1）终端管网供气系统。系统简单，经济性好。一条支路上可安装一个截止阀，也可安装两个截止阀，其中一个截止阀常用，万一不能关闭时，可启用另一个截止阀，如图 2—1—10 所示。

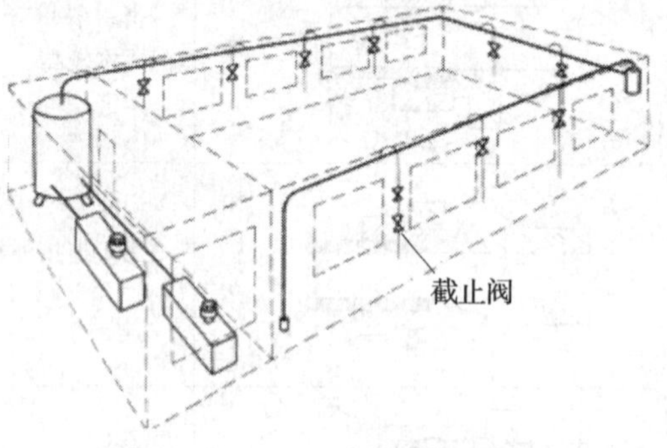

图 2—1—10　终端管网供气系统

2）环状管网供气系统。系统可靠性高，压力损失小，压力较稳定，但投资较高。每条支路及两支路间都设置截止阀，当支路上的某一阀门出现故障需维修时，将环形管路两侧的阀门关闭，整个系统仍可供气，这种系统的冷凝水会流向各个方向，所以需设置较多的排水阀，如图 2—1—11 所示。

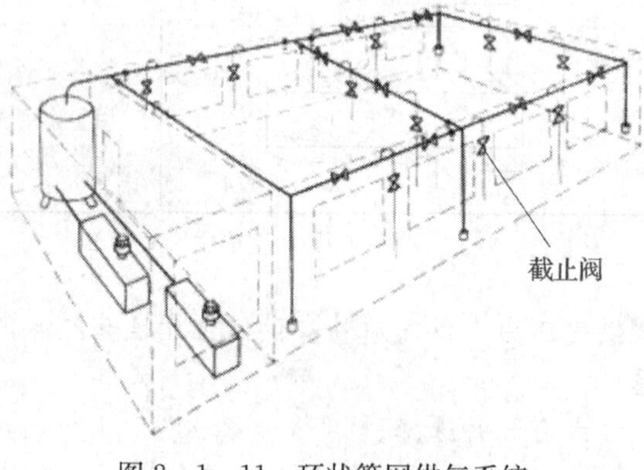

图 2—1—11　环状管网供气系统

4．管路安装注意事项

（1）供气管网结合实际情况尽量与其他管线（水管、煤气罐、暖气管等）统一协调布置。

（2）压缩空气主管路应沿墙或柱子架空铺设，为了便于排出冷凝水，顺压缩空气流动方向主管道应向下倾斜 1°～3°，为了防止长管道产生弯曲，应在适当位置安装管道支撑。

（3）分支管路应从主管路上方出管，并在凹形管路的最低点和主管路末端最低点设置集水罐和排水阀。

任务2 气动控制元件的选用

知识点

◇ 气动方向控制阀的分类；

◇ 气动换向阀的结构、工作原理、职能符号及选用；

◇ 单向阀的结构及工作原理。

技能点

◇ 识读气动回路图中的方向控制元件；

◇ 根据工况正确进行气动换向阀的选型。

任务引入

在任务1中已经学习了如何根据工况进行气缸的选型，本任务是如何使控制冲头的气缸伸出和返回，并能结合工况选择所需要的控制元件进行气动回路的设计。

任务分析

通过前面任务的学习我们已经了解，双作用气缸的伸出取决于压缩空气进入气缸的无杆腔，且有杆腔能排出气体；而气缸的返回取决于压缩空气进入气缸的有杆腔，且无杆腔能排出气体。从中不难看出，只要控制压缩空气的流动方向，就可控制气缸的伸出和返回。

在气动控制系统中改变压缩空气流动方向或控制压缩空气通、断的阀统称为方向控制阀。因此，要想使控制冲头的气缸伸出和返回，就必须选择正确的方向控制阀，并通过管路将它们连接起来形成回路，分别实现对气缸无杆腔和有杆腔气体流动的控制。这就有必要认识气动系统中控制气体流动方向的各种控制阀。

相关知识

在各类气动元件中，方向控制元件的品种规格最为繁多，分类方法不尽相同，一般可按元件内气流的作用方向、操纵方式、通路数及阀芯的位置数等进行分类。

一、气动方向控制阀的分类

按元件内气流的作用方向可分为以下两类。

1. 换向型方向控制阀

控制气流通、断及流向，简称为换向阀，如手动换向阀、气控换向阀、电磁换向阀等。

2. 单向型方向控制阀

只允许气流沿一个方向通过，如普通单向阀、气控单向阀等。

二、换向阀

1. 换向阀的操纵方式

常用的换向阀有人力操纵、机械操纵、气压操纵和电磁操纵四类，其表示方法见表2—1—19。

表2—1—19　　换向阀操纵方式的表示方法

控制形式	符号	名称	说　明
人力操纵	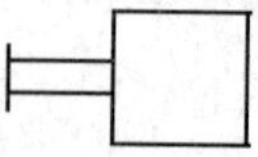	泛指人工操作	依靠手、脚的操纵力使阀芯切换的换向阀称为人力控制换向阀，可分为手动阀和脚踏阀两大类。人力控制与其他控制方式相比，操作灵活，动作速度较慢。因操纵力不宜大，所以阀的通径较小，使用频率较低。在手动气动系统中，一般用来直接操纵气动执行机构；在半自动和自动系统中，多作为信号阀使用
	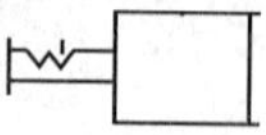	人工操作有定位功能	
	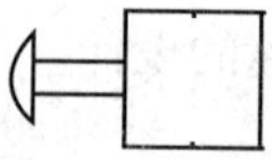	按钮开关	
	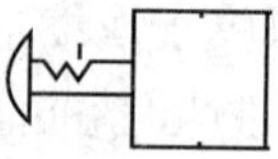	定位按钮开关	
	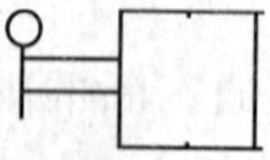	扳把开关	
	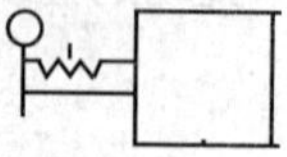	定位扳把开关	
	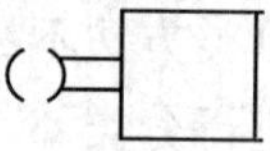	钥匙开关	
	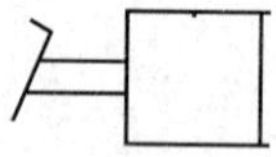	脚踏开关	
	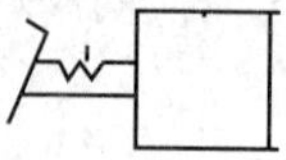	定位脚踏开关	

续表

控制形式	符号	名称	说　明
机械操纵	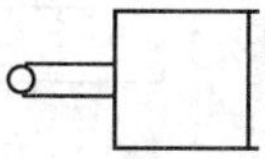	顶杆式	利用凸轮、撞块或其他机械外力换向的阀称为机械控制换向阀，简称为机控阀。这种阀常作为信号阀使用
	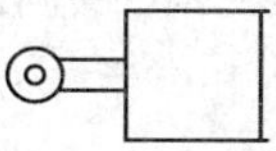	滚轮式	
	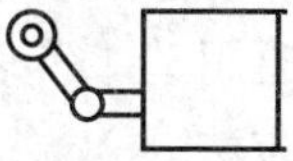	可通过滚轮式	
	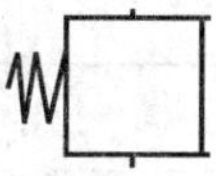	弹簧复位式	
气压操纵	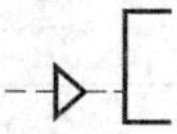	加压式	用气压力驱动阀换向的简称气控阀。气控阀适于在易燃、易爆、潮湿、粉尘大的工作环境中使用。气压控制可分为加压控制、卸压控制、差压控制和先导控制等。加压控制是指输入的控制气压是逐渐上升的，当压力上升到某值时，阀被切换。这种控制方式是气动自动化系统中最常用的控制方式，有单气控和双气控之分。卸压控制是指输入的控制气压逐渐降低至某一数值时阀切换。差压控制是利用阀芯两端受气压作用的有效面积不等，在气压作用下产生作用力的差值使阀切换。先导控制是利用气压力作用在导阀上，推动导阀打开，导通后压缩空气流入主阀一侧驱动主阀切换，此种控制方式常与人力、机械、电气控制相结合形成复合控制方式
	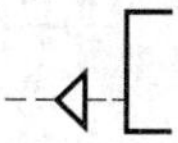	泄压式	
	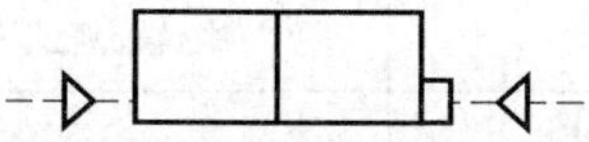	差压式	
	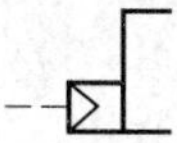	气控先导式	
	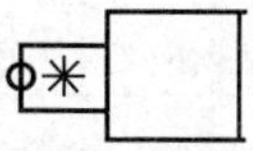	气控接近开关	
电磁操纵	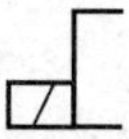	直动式电磁控制	利用电磁线圈通电时，静铁心对动铁心产生电磁吸力，使阀切换以改变气体流动方向的阀称为电磁操纵换向阀，简称电磁阀。这种阀易于实现电、气先导控制，能实现远距离操作，故得到广泛应用
	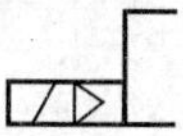	先导式电磁控制	

2. 换向阀工作位置的数量及初始位置

换向阀的切换状态称为“阀的工作位置”，有几个切换状态就称为有几个工作位置，即称为几位阀，例如，有两个工作位置简称二位阀，三个工作位置简称三位阀。

每一个工作位置用一个正方形表示，如二位阀用2个正方形“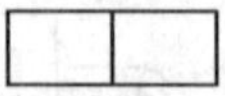”表示，三位阀用3个正方形“”表示。

换向阀的初始位置即未加控制信号时的位置。例如，人力操纵的换向阀的初始位置是指还没有对阀施加外力时阀所处的状态。

3. 换向阀通路接口的数量

这里所指通路接口数量包括阀的输入口、输出口和排气口，不包括控制口。阀的接口可用字母表示，也可用数字表示（符合ISO标准）。两个接口相通用“↑”表示，气流不通用“T”表示。表2—1—20所示为阀工作位置与通路接口的表示方法。

表2—1—20　　　　阀工作位置与通路接口的表示方法

名称	二位换向阀					
	二位二通阀		二位三通阀		二位四通阀	二位五通阀
	常断	常通	常断	常通		
符号	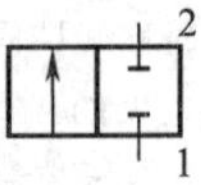	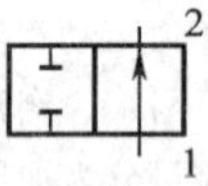	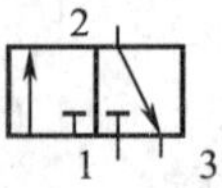	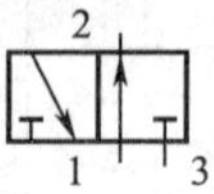	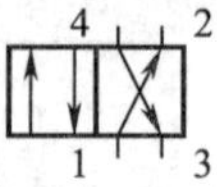	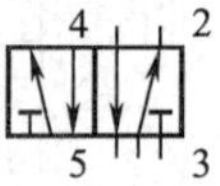
名称	三位四通换向阀					
	中位封闭式（O型）		中位泄压式（Y型）		中位加压式（P型）	
符号	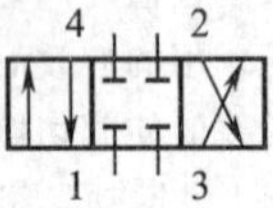		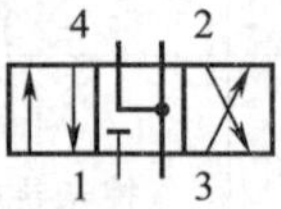		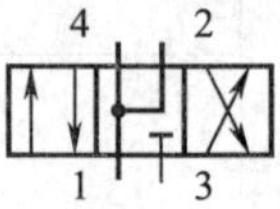	
名称	三位五通换向阀					
	中位封闭式（O型）		中位泄压式（Y型）		中位加压式（P型）	
符号	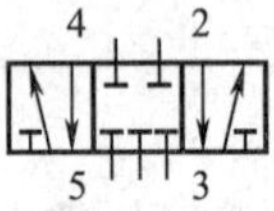		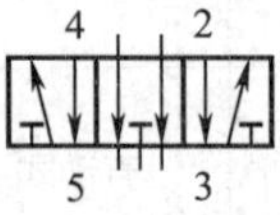		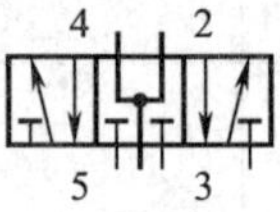	
说明	数字“1”表示输入口，也可用字母“P”表示 数字“2”“4”表示输出口，也可用字母“A”或“B”表示 数字“3”“5”表示排气口，也可用字母“R”或“S”表示					

4. 换向阀结构、工作原理及职能符号

换向阀的结构、工作原理及职能符号见表 2—1—21。

表 2—1—21　　　　常见换向阀的结构、工作原理及职能符号

结构原理图	名称与职能符号	说明
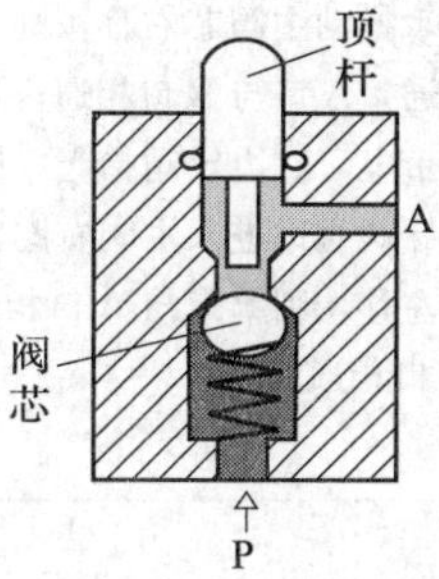	二位二通顶杆 控制换向阀 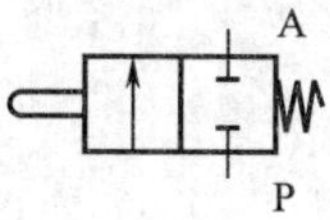	当顶杆不受力时，阀芯在弹簧力的作用下压在阀座上，P 口与 A 口不通。当顶杆受到压力时，顶杆克服作用在阀芯上的弹簧力，使阀芯与阀座分开，P 口与 A 口导通
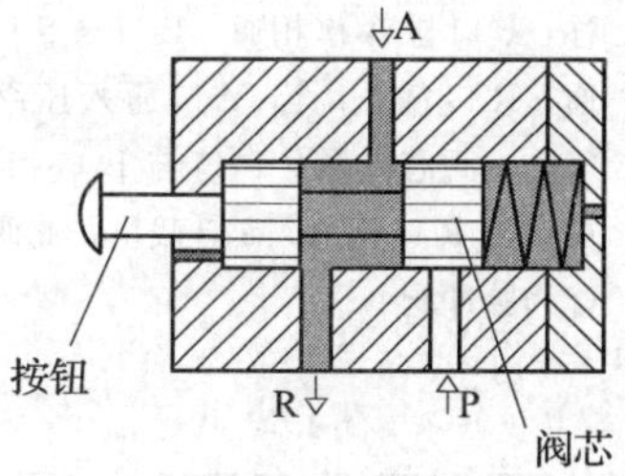	二位三通手动操纵 换向阀 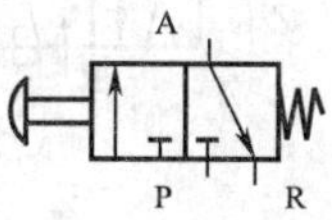	没有操纵按钮时，阀芯在弹簧力的作用下左移，使得 A 口与 R 口相通，P 口截止。当操纵按钮时，在操纵力的作用下克服弹簧力使阀芯右移，使得 P 口与 A 口相通，R 口截止
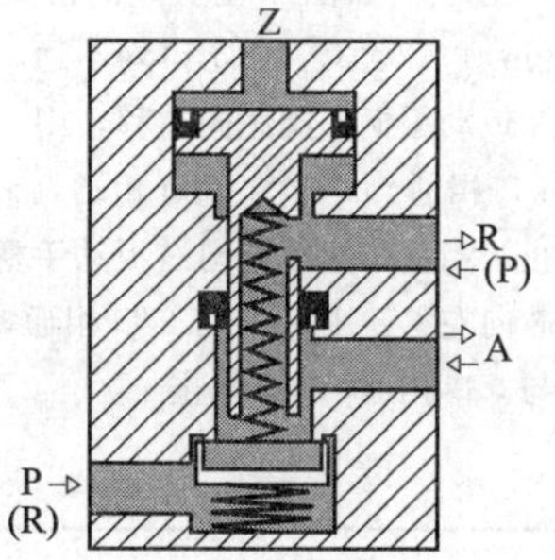	二位三通单气控 换向阀 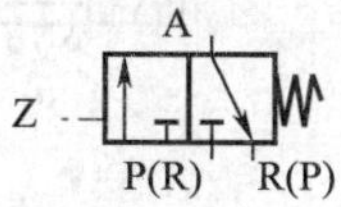	当 Z 口没有压缩空气时，在 P 口空气压力和弹簧力的作用下，阀芯上移，A 口与 R 口相通，P 口截止 当 Z 口有压缩空气时，在压力的作用下，阀芯下移，P 口与 A 口相通，R 口截止 图中 P 口与 R 口可互换
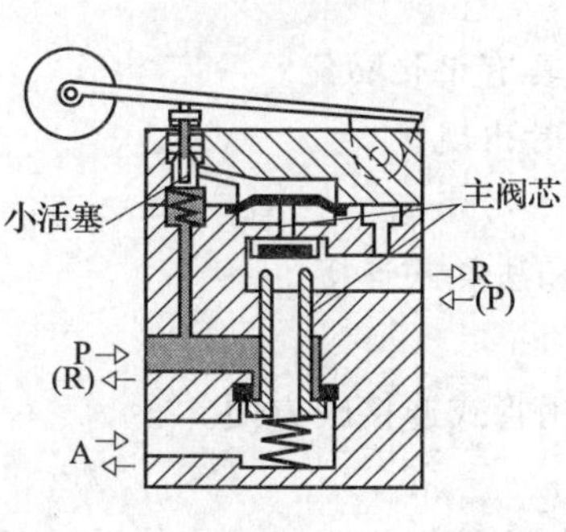	二位三通滚轮 先导式换向阀 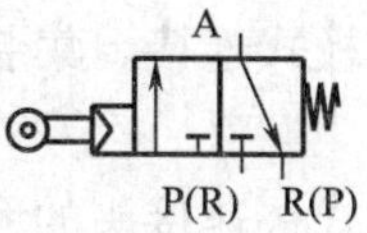	当滚轮受压时，小活塞下移，P 口的压缩空气进入主阀芯的上腔，并推动主阀芯下移，压缩空气从 P 口流入，A 口流出，R 口截止。P 口与 R 口可互换

续表

结构原理图	名称与职能符号	说明
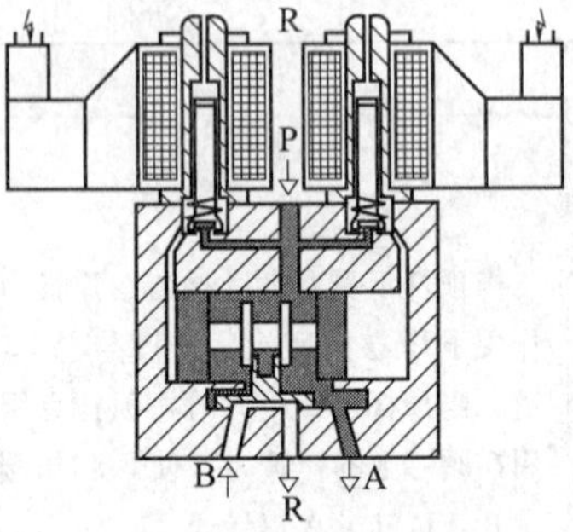	二位四通先导式电磁换向阀 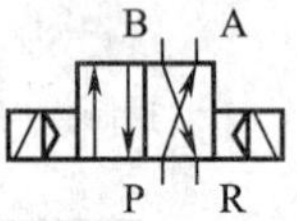	当左边电磁头带电，左边导阀抬起，压缩空气通过导阀阀口进入主阀左腔，推动主阀芯右移，则P口与B口相通，A口与R口相通；当右边电磁头带电，右边导阀抬起，压缩空气通过导阀阀口进入主阀右腔，推动主阀芯左移，则P口与A口相通，B口与R口相通
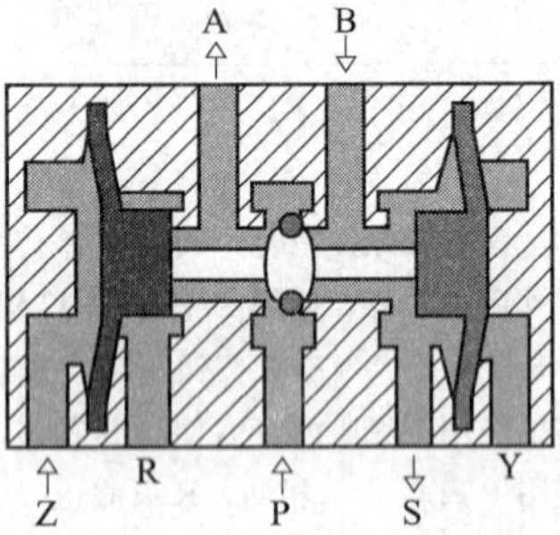	二位五通双气控换向阀 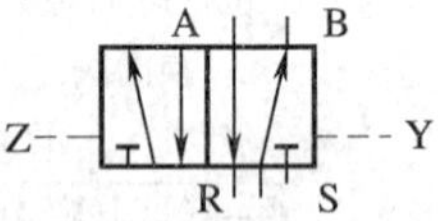	当Z口通入压缩空气，主阀芯右移，P口与A口相通，B口与S口相通，R口截止；当Y口通入压缩空气，主阀芯左移，P口与B口相通，A口与R口相通，S口截止。此阀又称为脉冲阀
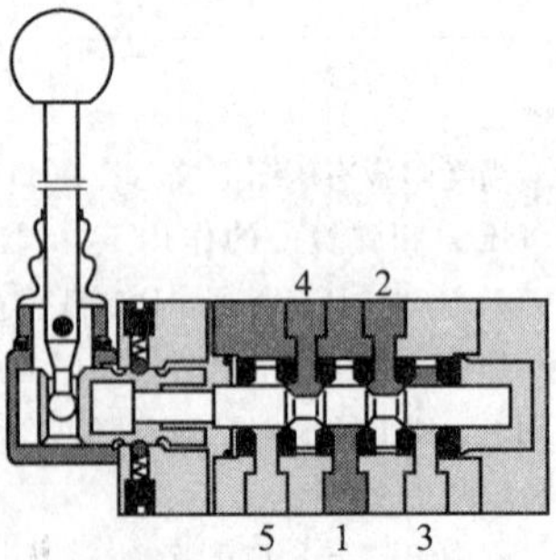	三位五通手动换向阀 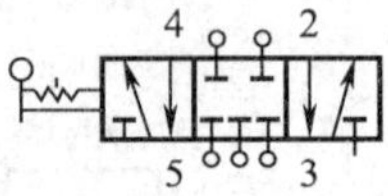	当手柄如图示位置，阀芯处于中位，1、2、3、4、5口均不通，当向左扳动手柄，阀芯向右移，则1口与4口相通，2口与3口相通，5口截止；当从中间位置向右扳动手柄，阀芯向左移，则1口与2口相通，4口与5口相通，3口截止

注意：

- 二位双气控换向阀、二位双电控换向阀对于控制信号具有记忆功能。
- 双气控换向阀、双电控换向阀两端的控制信号不能同时出现。

5. 换向阀连接方式

换向阀的连接方式有管式连接、板式连接、集装式连接和法兰式连接。

（1）管式连接换向阀的特点

对于不太复杂的气路或采用插入式快速接头的系统，采用管式连接较方便。

（2）板式连接换向阀的特点

通过配用专门的连接板，阀体固定在连接板上，管接头与连接板相连，维修装拆时不必拆卸管路，对复杂的气路系统采用板式连接很方便。

(3) 集装式连接换向阀的特点

将多个板式连接的阀安装在集装块上，各阀体的输入口共用一个，各阀的排气口可共用也可单独排气，节省空间，减少接管，便于维修。

(4) 法兰式连接换向阀的特点

主要用于大通径的管道阀上，气动系统中的控制阀极少采用此种连接形式。

6. 换向阀流通能力及选用

换向阀的流通能力通常以换向阀的压力口 P 流向工作口 A 或 B 之间的标准额定流量来衡量，当 P、A、B 口的接管尺寸确定后，换向阀的流通能力即可确定。

选用换向阀要根据以下内容：

(1) 它所要控制的输出气流的数量。

(2) 对下一级控制对象状态的要求。

(3) 对换向阀操纵力的要求。

(4) 对换向阀安装的连接形式要求。

(5) 对执行元件运动速度的要求，即进入气缸的气流流量要求。

三、单向阀

1. 普通单向阀

普通单向阀是保证气流只能向一个方向流动，而不能反向流动的阀。

普通单向阀的结构原理图及职能符号如图 2—1—12 所示。

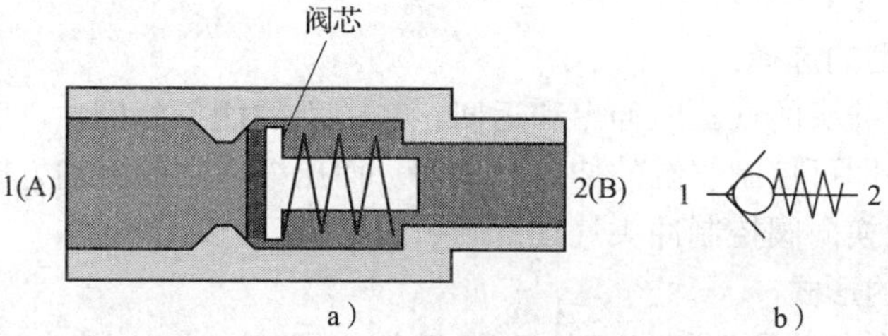

图 2—1—12　普通单向阀的结构原理图及职能符号

当气流从输入口 1（A）流入单向阀，阀芯右移，阀口打开，气流从输出口 2（B）流出；当气流从 2（B）口流入单向阀，阀芯紧紧地压在阀座上，气流截止。

弹簧的作用一方面是增加阀口的密封性，防止低压泄漏；另一方面是在气流反向流动时帮助阀芯迅速关闭。图 2—1—10b 所示为单向阀职能符号。

在大多数场合下，单向阀与节流阀组合构成速度控制阀，即单向节流阀，用于控制执行元件某一方向的运动速度，或在空压机出口管路中安装单向阀，防止气体倒流。

2. 气控单向阀

如图 2—1—13 所示，当气流从输入口 1 流入单向阀，阀板下移，阀口打开，压缩空气从输出口 4 流出；如果此时气流从 4 口流入单向阀，气压将阀板紧紧压在阀座上，气流截止；当气流从气控口 14 流入，气压作用在阀芯上，产生较大的向下作用力，由于作用面积大小的差别，此力可克服阀板向上的气压力，推动阀板下移，阀口打开，气流可以从 1 口流出，即反向导通。弹簧的作用一方面是增加阀口的密封性，防止低压泄漏；另一方面是在控制口没有压缩空气时，气流反向流动时帮助阀板迅速关闭。图 2—1—13d 所示为气控单向阀的职能符号。

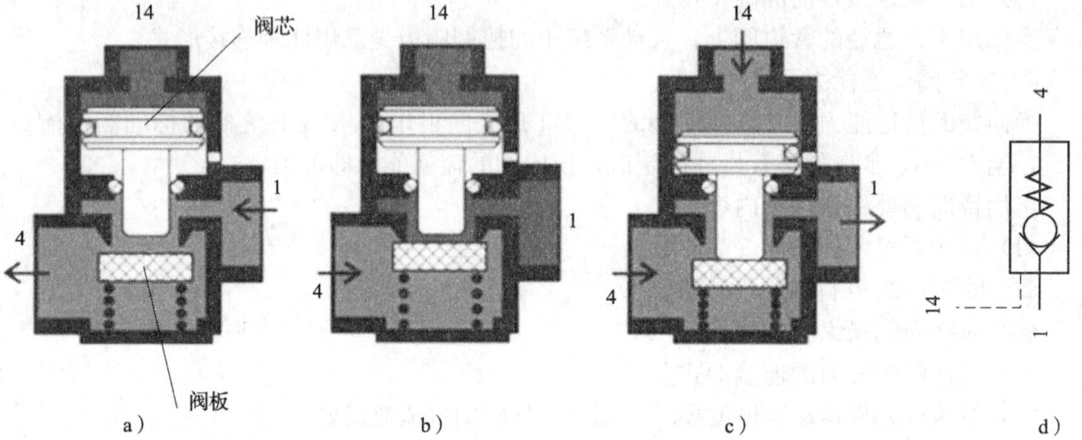

图 2—1—13　气控单向阀的结构原理图及职能符号

任务实施

一、控制元件选型

1. 控制元件类型的选择

工作任务是控制冲头的气缸能伸出和返回，在前面的任务分析中，已经了解只要控制压缩空气的流动方向，即可控制气缸的伸出和返回。而压缩空气的流动方向可以通过换向阀进行控制，因此选择用换向阀控制冲头气缸。

2. 确定换向阀的形式

由于冲头工作状态只是下行冲裁，上行复位，即换向阀控制的下一级冲头气缸只是做上下运动，并没有要求停在行程中间的某一位置，因此选择二位换向阀即可满足要求。

任务 1 中已确定气缸为双作用气缸，因此在选择换向阀的通路数时，可选择四通或五通阀。分析工况，在冲床没有冲裁时，冲头在上方，气缸应处于缩回状态，阀的初始位置应以保证气缸有杆腔进气为好。

为了节省系统的经济成本，如果选择阀的控制形式为手动操纵，则可选择二位五通手动换向阀控制驱动冲头运动的气缸。

由于此系统只控制一个气缸，管路连接简单，选择采用管式连接的手动换向阀。

在本模块任务 1 中，已求出气缸的运动速度为 200 mm/s，活塞直径为 100 mm，则气缸所需流量 Q 为

$$Q=\nu\times\frac{\pi}{4}D^2=200\times\frac{3.14\times100^2}{4}\approx157\ 000\ \text{mm}^3/\text{s}\approx94\ \text{L/min}$$

3. 确定换向阀的型号

由于系统压力为 6 bar，在常温状态下工作，手动操作，结合所需的流通能力不小于 94 L/min，以 FESTO 公司生产的手动换向阀为例，选择阀体型号为 SV－5－M5、驱动头为 T－22－S 型的换向阀。此换向阀的参数见表 2—1—22。

表 2—1—22　　　　**SV－5－M5 型换向阀的主要参数**

	型号	SV－5－M5
	SV	表示此阀为弹簧复位式
	5	表示二位五通
	M5	表示阀的各接口为螺纹连接，尺寸为 M5
	驱动头型式/驱动力	T－22－S/7N（在 6 bar 工作压力下的驱动力）
	工作介质	过滤的压缩空气或真空
	结构	滑阀结构
	标准额定流量（P－A）	100 L/min
	压力范围	－0.95～8 bar
	温度范围	－10～60℃
	材料	阀体：铝 阀芯：铝合金 密封：丁腈橡胶

二、识读系统回路图

如图 2—1—14 所示，操作手动按钮，二位五通换向阀换向，压缩空气从 1 口进入换向阀，从 4 口输出，进入冲头气缸的无杆腔，推动活塞下行，活塞杆伸出进行冲裁；松开按钮，换向阀复位，压缩空气从 1 口进入换向阀，从 2 口输出，进入冲头气缸的有杆腔，推动活塞上行，活塞杆返回。

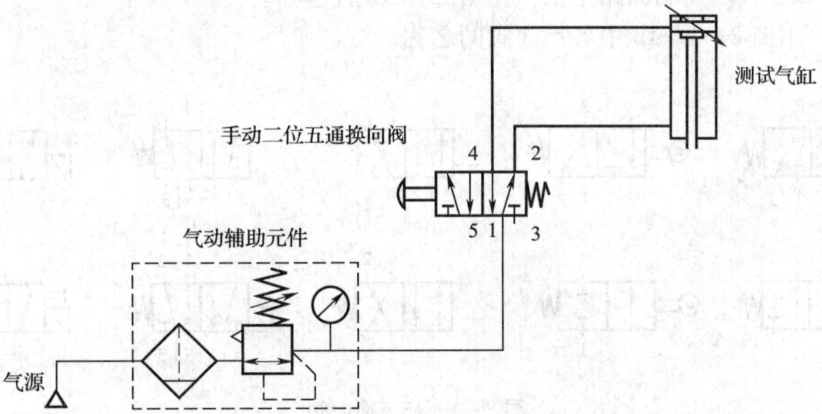

图 2—1—14　冲头气缸控制回路

任务评价

项目	内容	评分标准	配分	得分
换向阀的选型	1. 换向阀位的选择是否正确 2. 通路数的选择是否正确 3. 操纵方式的选择是否经济 4. 连接形式的选择是否经济 5. 流通能力的选择计算是否正确 6. 换向阀型号选择是否正确	每项 10 分	60	
系统图绘制	1. 双作用气缸绘制是否正确 2. 二位五通手动操作换向阀绘制是否正确 3. 分水过滤器绘制是否正确 4. 管路连接是否正确	每项 10 分	40	
总　分			100	

思考练习

1. 方向控制阀可分为哪几类？
2. 换向阀的职能符号如何表示？
3. 换向阀的驱动方式有哪些？
4. 什么叫差压控制？
5. 三位换向阀和二位换向阀在控制执行元件时的区别是什么？
6. 单向阀的工作原理是什么？
7. 采用气控换向阀、电磁换向阀控制冲头气缸的优点是什么？
8. 使用气控单向阀锁紧执行元件时需选择的换向阀应具有什么形式的中位机能？
9. 为什么在气动控制回路中很少使用二位二通换向阀？
10. 试写出图 2—1—15 中各换向阀的名称。

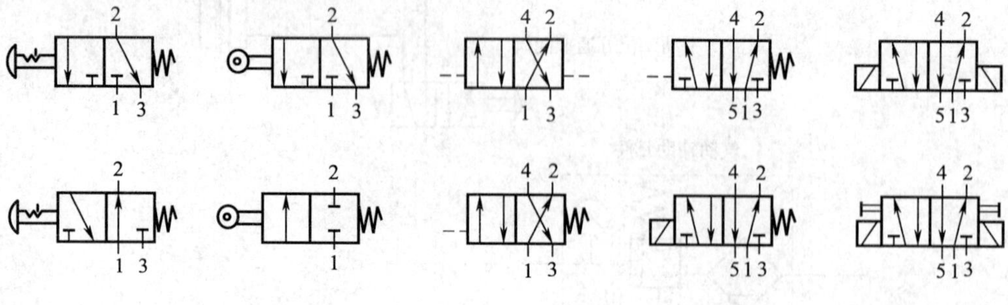

图 2—1—15　换向阀

课题二　气动控制基本回路的设计与装调

任务 1　速度控制回路的设计与装调

知识点

◇ 流量控制元件的分类与职能符号；

◇ 流量控制元件的结构及工作原理；

◇ 气动系统速度控制的三种方法。

技能点

◇ 能识读气动系统图中的流量元件；

◇ 设计气动系统速度控制回路图；

◇ 能正确安装、调整流量控制元件。

任务引入

成品沙发寿命测试机如图 2—2—1 所示，气缸驱动压头模仿人坐沙发的动作，上下往复运动来测试沙发中弹簧的使用寿命。要求启动开关后，压头往复运动一次，且运动的速度可调整，试设计、安装气动系统控制回路。

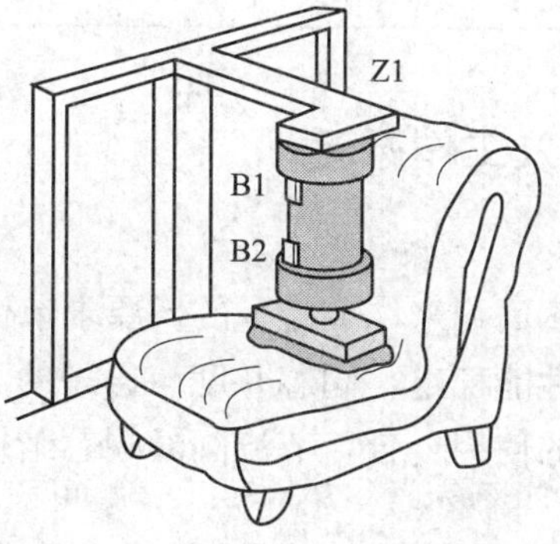

图 2—2—1　成品沙发寿命测试机

任务分析

在气动系统中，通过控制单位时间内流入气缸或流出气缸的气体体积即可控制气缸运行的速度。而单位时间内气体体积的变化量（流入或流出）又称为流量，因此，控制执行元件运动速度的元件称为流量控制元件。

本任务要求了解和掌握流量控制元件的类型、特点及职能符号。此外，是采用控制流入气缸的气体体积（即流量）控制其速度，还是采用控制流出气缸的流量控制其速度，回路的形式如何设计，它们各自的特点是什么，这些都是完成本任务需要学习的内容。

相关知识

流量控制元件在工业应用中，不仅可以控制气缸运动的快慢，还可以控制气流信号延迟的时间，调节气缸缓冲能力的强弱等。在许多气动系统中流量控制元件是经常用到的一个元件。

一、流量控制元件分类与职能符号

流量控制元件分类与职能符号见表 2—2—1。

表 2—2—1　　流量控制元件分类与职能符号

分类		职能符号	说明
节流阀	固定节流阀	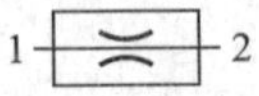	通过将局部通流面积变小，来减少流量的阀
	可调节流阀		依靠改变阀的流通面积来调节流量。要求节流阀流量的调节范围要宽、调节精确、性能稳定、阀芯开度与通过的流量成正比
单向节流阀			由单向阀和节流阀并联而成的流量控制阀
带消声器的排气节流阀			安装在换向阀排气口，控制排入大气的流量。排气节流阀常带有消声器，因此称为带消声器的排气节流阀

二、流量控制元件结构及工作原理

1. 节流阀

节流阀是依靠改变阀的通流面积来调节流量的。要求节流阀流量的调节范围要宽，能进行微小流量调节，调节精确，性能稳定，阀芯开度与通过的流量成正比。

为了使节流阀适用于不同的使用场合，节流阀的阀芯结构有多种，表 2—2—2 所示为三种典型节流阀阀芯结构。

表 2—2—2　　典型节流阀阀芯结构

名称	结构	特　点
截止式	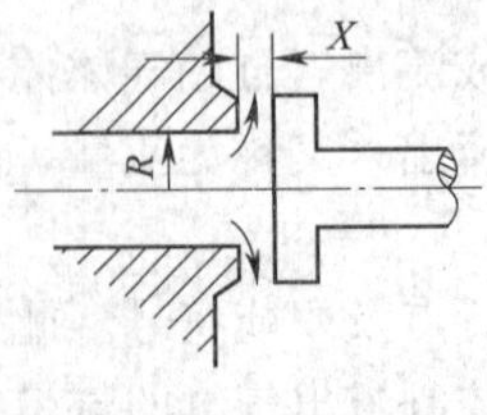	截止式结构适用于大流量节流阀，X 方向有微小的变化，流量就会有很大的改变，局部阻力系数较大，所以不适于精密调节

续表

名称	结构	特　点
球阀式	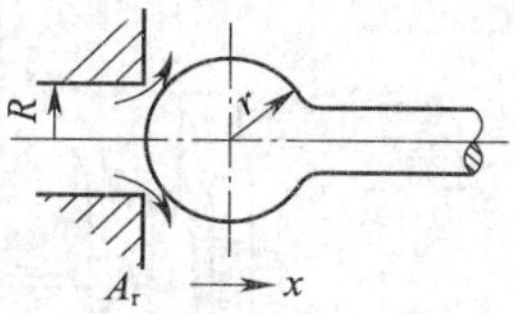	球阀式结构控制的流量适中，局部阻力系数较截止式节流阀小，不适于精密调节
针阀式	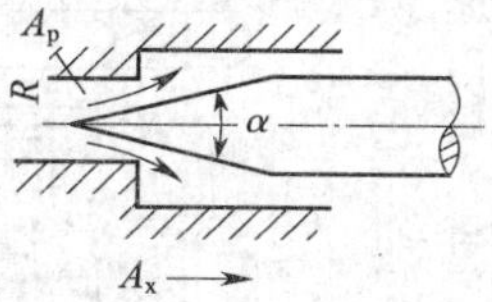	针阀式结构的节流阀应用较为普遍，局部阻力系数较小，能实现精确的小流量控制，在比较宽的范围内阀芯开度与流量成线性关系

注意：节流阀在安装时没有方向性，即安装在回路中正、反向都能节流。

2. 单向节流阀

（1）单向节流阀结构。单向节流阀是由单向阀和节流阀并联而成的流量控制阀，常用于控制气缸的运动速度，故也常称为速度控制阀。图 2—2—2 所示为单向节流阀结构原理图及职能符号。

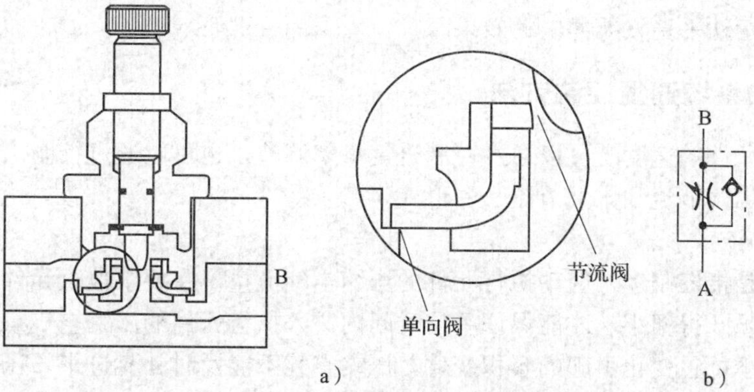

图 2—2—2　单向节流阀结构原理图及职能符号

（2）单向节流阀工作原理。如图 2—2—2a 所示，当压缩空气从 A 向 B 流动时，气流从节流口通过，单向阀口在气压力的作用下关闭，这时阀只起节流作用。当压缩空气从 B 向 A 流动时，在气压力的作用下单向阀口打开，气流从单向阀口通过，节流阀口在气压力的作用下关闭。

图 2—2—2b 所示为单向节流阀符号，它仅对一个方向上的气流起节流作用，旁路的单向阀关闭；在相反方向上气流可以通过开启的单向阀自由流过。因此，在使用单向节流阀时应注意安装的方向性，采用此阀控制气缸的速度时，应尽可能直接安装在气缸的进气口或出气口附近。

3. 带消声器的排气节流阀

图 2—2—3 所示为带消声器的排气节流阀，通常将接口安装在换向阀的排气口上，控制排入大气的流量，以改变气缸的运动速度。排气节流阀常带有消声器，可将排气噪声降低 20 dB

以上。这种节流阀在不清洁的环境中，能防止通过排气孔污染气路中的元件。一般用于换向阀与气缸之间不能安装速度控制阀的场合。

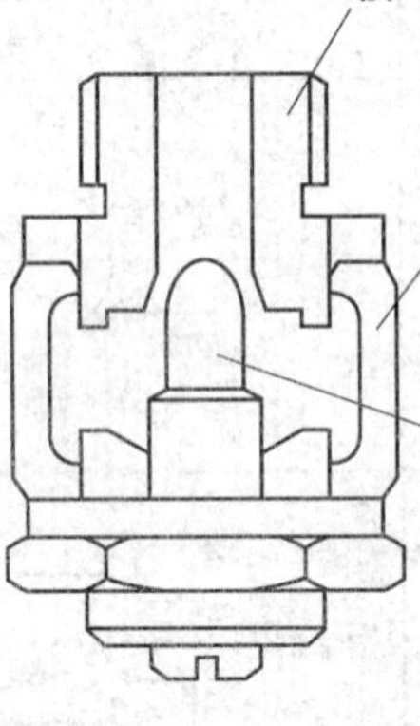

图 2—2—3　带消声器的排气节流阀

4. 节流阀的选择与使用注意事项

（1）根据气动装置或气动执行元件的进气口、出气口的通径来选择。

（2）根据流量调节范围及使用条件来选择。由于受空气的压缩性及气体阻力的影响，一般气缸的运动速度不得低于 30 mm/s。在气缸速度控制中，若能注意以下各点，则在多数场合可以达到比较满意的结果。

1）彻底防止管路中的气体泄漏，包括各元件接管处的泄漏，如接管螺纹的密封不严、软管的弯曲半径过小、元件的质量欠佳等因素都会引起泄漏。

2）要注意减小气缸的摩擦力，为此，应选用高质量的气缸，使用中要保持良好的润滑状态。要注意正确、合理地安装气缸，超长行程的气缸应安装导向支架。

3）控制气动执行元件的速度有进气节流和出气节流两种方式，但多采用后者。用出气节流的方法调控速度更稳定和可靠。

4）加在气动执行元件上的载荷必须稳定。若载荷在行程中途有变化或变化不定，其速度控制相当困难，甚至不可能。在不能消除载荷变化的情况下，可借助液压传动，如气—液阻尼缸以达到运动平稳、无冲击的效果。

三、气动系统速度控制方法

气动执行元件的速度既可以通过控制进气量来调节，也可以通过控制出气量来调节，分为进气节流、出气节流和排气节流三种形式。

1. 进气节流

进气节流是指控制进入气动执行元件的压缩空气流量。在要求执行元件低速运行的系统中，节流口必须开得很小，才能保证单位时间内进入执行元件的压缩空气量少，因此，执行元件运行中由于位置变化引起的容积变化，压缩空气不能及时补充进来，压力降低，容易发生爬行现象，即“走走停停”现象。当负载力与执行元件运动方向一致即拉力负载（也称为负负载）情况下，采用进气节流无法控制执行元件速度。

2. 出气节流

出气节流是指控制气动执行元件运行过程中排气腔气体的流出量。由于节流口的作用，气体不能及时排出，执行元件运行中背腔始终具有一定的压力，执行元件在一定阻力作用下运行，有利于当负载有微小波动时其速度保持稳定，并且在拉力负载作用下仍能控制其运行的速度，是气动系统优选的调速方法。

3. 排气节流

排气节流是指控制气动执行元件运行过程中从换向阀排气口排出的气体流量。此种方式只适用于换向阀与执行元件之间连接管路较短的情况。

以气缸为例介绍三种速度控制回路，单、双作用气缸速度控制方法见表 2—2—3。

表 2—2—3　　单、双作用气缸速度控制方法

单作用气缸		
进气节流	出气节流	排气节流
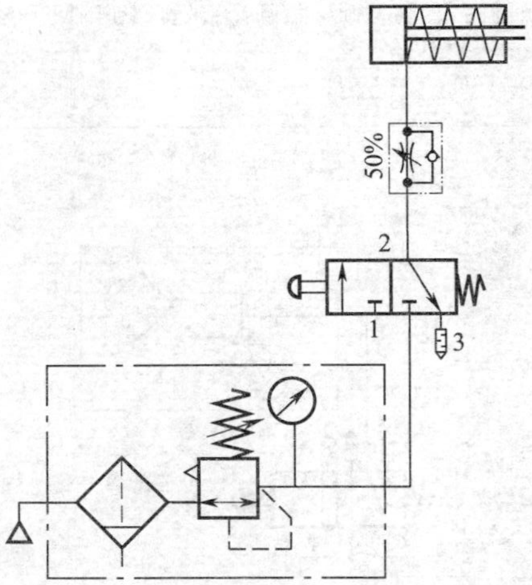	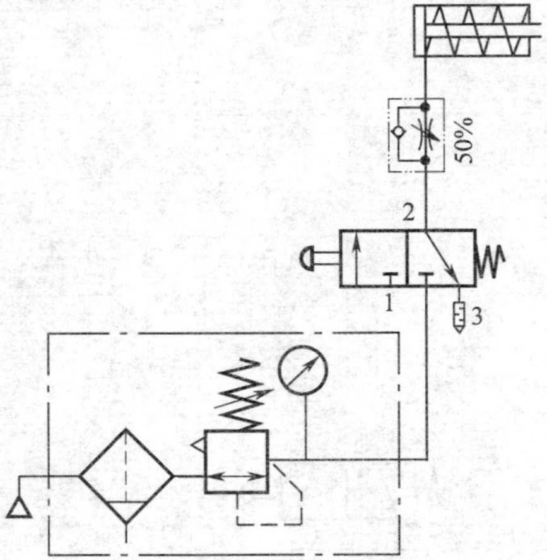	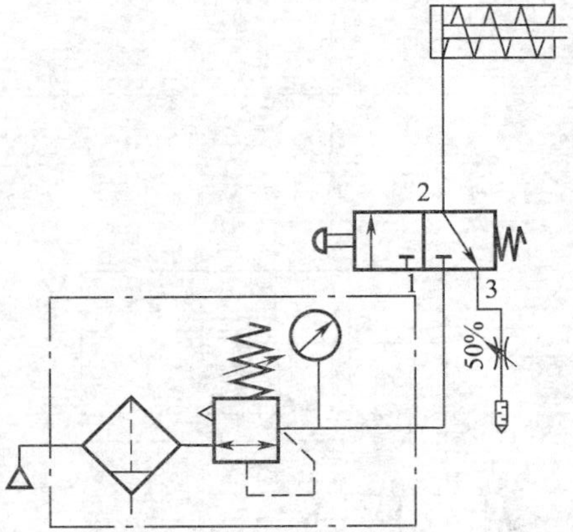
二位三通手动换向阀换向后，气体经换向阀 2 口输出，通过单向节流阀进入气缸，当压力上升至能克服弹簧力和阻力时，活塞杆伸出，调节节流阀，可控制气缸伸出的速度；当二位三通手动换向阀复位，气缸中的气体经单向阀从换向阀排气口 3 排出。这种调速方法很难控制气缸的速度达到稳定	二位三通手动换向阀换向后，单向阀开启，向气缸的无活塞杆腔快速充气，当压力上升至能克服弹簧力和阻力时，活塞杆伸出；当二位三通手动换向阀复位，气缸中的气体经节流阀从换向阀排气口 3 排出，调节节流阀可控制气缸活塞杆的返回速度。这种调速方法活塞运行稳定，是最常用的调速方式	二位三通手动换向阀换向后，气体经换向阀 2 口输出并向气缸的无活塞杆腔快速充气，当压力上升至能克服弹簧力和阻力时活塞杆伸出；当二位三通手动换向阀复位，气缸中的气体经换向阀排气口 3 从节流阀排出，调节节流阀可控制气缸活塞杆的返回速度。这种调速方法适用于换向阀与气缸之间的管路较短的系统

续表

双作用气缸		
进气节流	出气节流	排气节流
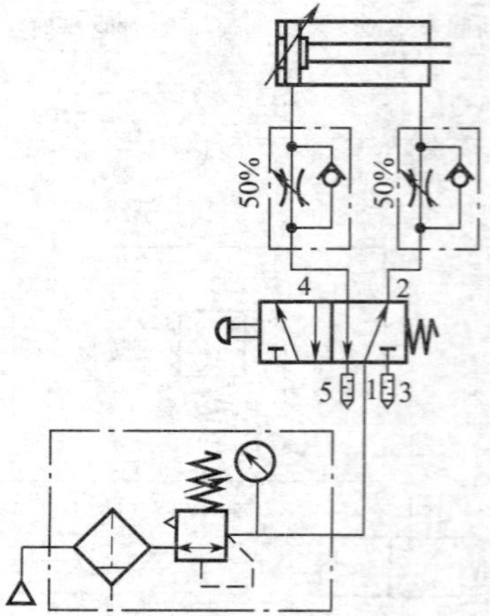	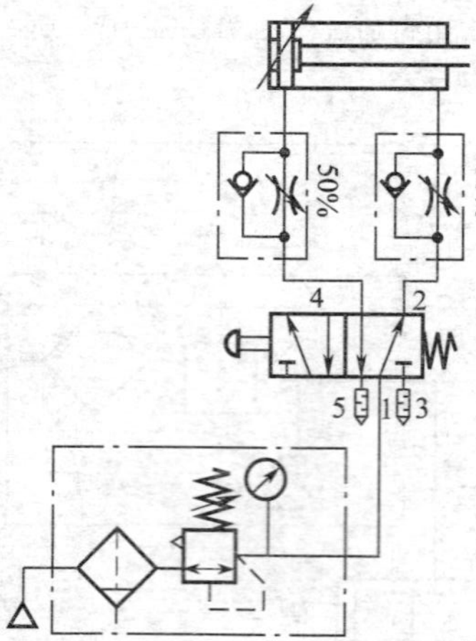	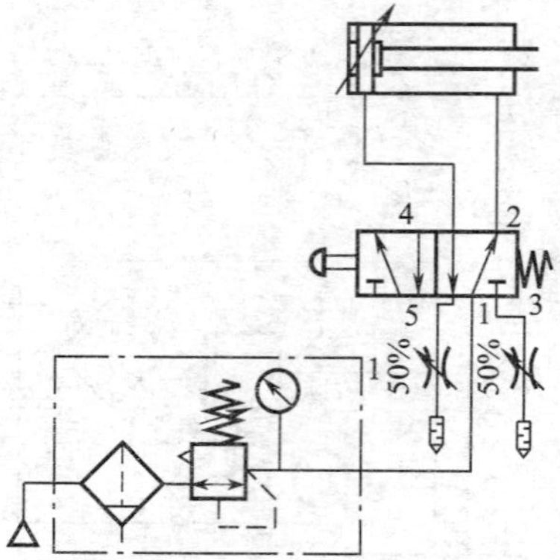
手动换向阀换向后，进气侧单向阀关闭，排气侧单向阀开启。由于进气流量小，进气腔压力上升缓慢，而排气腔排气迅速，排气腔压力很低。主要靠压缩空气的膨胀使活塞前进，故这种调速方法很难控制气缸的速度达到稳定	手动换向阀换向后，气缸进气侧的单向阀开启，向气缸的无活塞杆腔快速充气，有杆腔的气体只能经排气侧的节流阀排气。调节节流阀的开度，便可改变气缸的运动速度。这种调速方法活塞运行稳定，是最常用的调速方式	手动换向阀换向后，气缸进气侧的单向阀开启，向气缸的无活塞杆腔快速充气，有杆腔的气体只能经换向阀的排气口排气。调节节流阀的开度，便可改变气缸的运动速度。这种调速方法适用于换向阀与气缸之间的管路较短的系统

任务实施

一、设计气动系统速度控制回路图

1. 设计思路

由于压头的运动是模仿人坐沙发的动作，气缸两个方向的运动速度都需进行控制，采用出气节流的方式控制速度更稳定。如果选择控制压头的气缸为双作用气缸，控制此气缸的阀应选择具有两个输出口的换向阀与气缸的进、出气口连接；另外控制压头的气缸只需完成向下和向上运动，选择两位换向阀即能满足此要求；启动按钮开关后，压头往复运动一次，选择手动控制阀即可满足此要求。综合考虑选择二位五通手动换向阀来控制气缸即可满足压头向下和向上运动。对于气缸运动速度的控制可参考表 2—2—3。设计方案如图 2—2—4 所示。

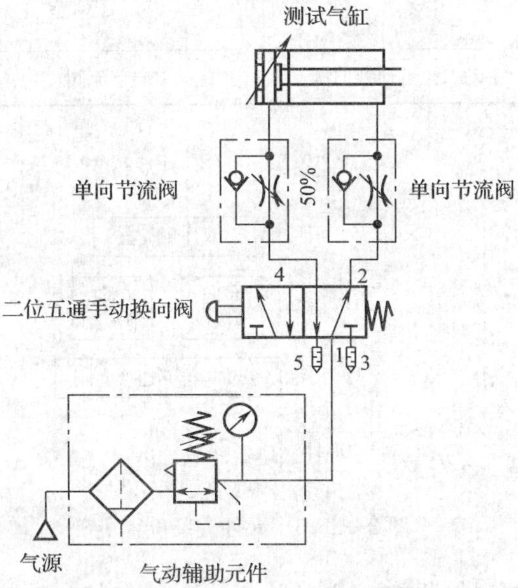

图 2—2—4 沙发测试气缸调速控制回路

2. 回路图及系统工作原理

如图 2—2—4 所示，启动二位五通手动换向阀，阀芯右移，压缩空气经过气动辅助元件处理后，通过管路进入换向阀输入口 1，从输出口 4 输出，经过图中左面的单向阀，进入气缸无杆腔，推动活塞右行，气缸有杆腔气体从气缸右面的接口排出，进入图中右面的单向节流阀，此时单向阀截止，气流只能从右面的节流阀进入二位五通手动换向阀 2 口，从换向阀的排气口 3 排向大气，调节右面节流阀开口的大小，即可控制气缸背腔的排气量，从而达到控制活塞杆伸出的速度。

松开换向阀的手动按钮，弹簧力使阀芯复位，压缩空气从换向阀的输入口 1 进入，从输出口 2 输出，经单向阀进入气缸的有杆腔，作用在活塞上，推动活塞左行，无活塞杆腔气体进入图中左面的单向节流阀，此时单向阀截止，气流只能从左面的节流阀进入二位五通手动换向阀 4 口，经排气口 5 排向大气，调节左面节流阀开口的大小，即可控制活塞杆返回的速度。

二、装调速度控制回路

1. 实验器材

除实验台和气管外还需下列气动元件，见表 2—2—4。

表 2—2—4　　气动元件

气动二联件	手动二位五通换向阀	单向节流阀	带缓冲双作用气缸

2. 元件安装位置

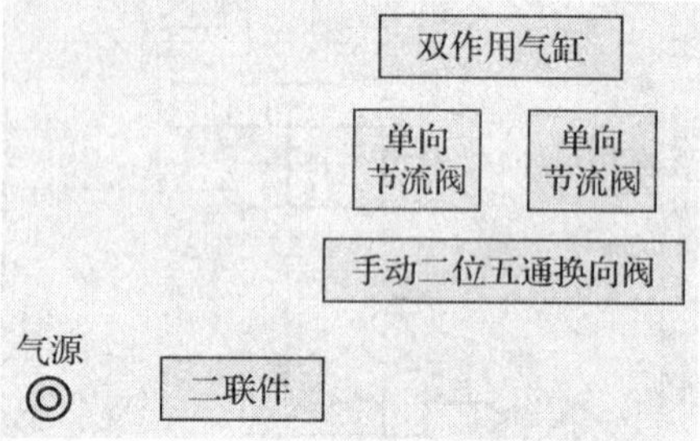

图 2—2—5　元件安装位置

3. 安装调试操作注意事项（表 2—2—5）

表 2—2—5　　安装调试操作注意事项

序号	说　明	示意图
1	将元件对正型材槽，用力推向型材板，确认安装可靠后松手	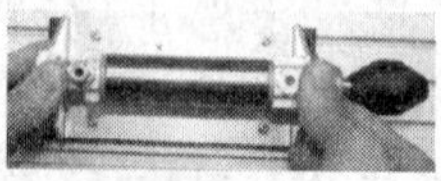
2	应确保分配器和快速接头可靠地锁定，用手推塑料软管即可将其插入到快速接头内，管路连接应可靠到位，当通入压缩空气时，塑料软管不能从快速接头上脱掉，出现“抽打现象”（注意保护眼睛）	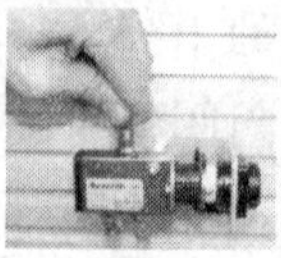

续表

序号	说　明	示意图
3	拆卸管路时，要在关闭气源后再插拔管路，用一只手按住快速接头的卡环，另一只手紧紧地握住管子的末端，然后拔下管子	
4	不要试图接触任何运动的部件，如运动中的活塞杆	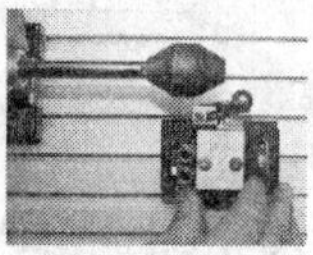
5	注意实验压力的调节（控制在 6 bar）	
6	注意单向节流阀的安装方向，应采用出气节流的方式	
7	实验结束后，整理工作现场	

任务评价

项目	内容	评分标准	配分	得分
设计气动系统控制回路	1. 执行元件选择是否正确 2. 速度元件选择是否正确 3. 速度控制方式选择是否合理 4. 回路图绘制是否正确	每项 9 分	36	
准备工作	1. 元器件选择是否正确、合理 2. 系统布局是否合理	正确选择元器件 1～8 分 合理布局系统 1～8 分	16	
安装	1. 元器件连接是否正确 2. 接头连接是否可靠	每项 1～8 分	16	
启动调整	1. 气缸是否能实现往复运动 2. 气缸伸出和返回速度调节是否合理	每项 1～8 分	16	

续表

项目	内容	评分标准	配分	得分
安全文明生产考核	安全操作	不符合安全操作规定者，酌情扣1～8分	8	
	实验后现场整理	不符合要求，酌情扣1～8分	8	
总　分			100	

思考练习

1. 简述单向节流阀的工作原理。
2. 哪些元件可以调节气缸的速度?
3. 采用气缸排气口节流和换向阀排气口节流控制气缸运动速度有什么区别?
4. 采用进气节流方式控制执行元件速度能否获得稳定的速度? 为什么?
5. 对于与运动速度一致的负载情况，采用哪种节流方式更好?
6. 试分析图 2—2—6 中 1V2、1V3 分别调整气缸活塞杆哪个方向的速度?

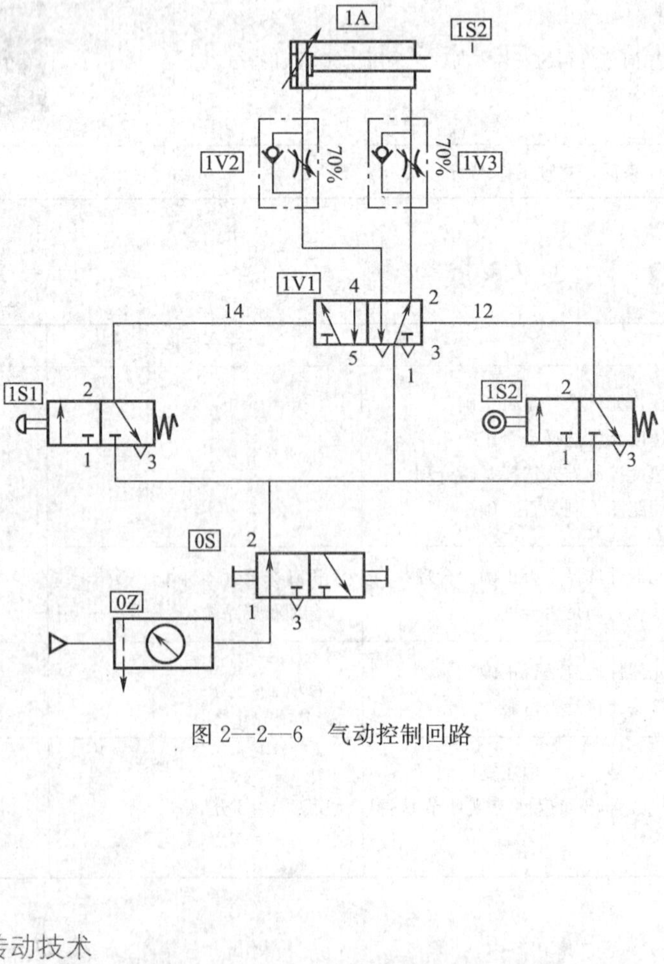

图 2—2—6　气动控制回路

任务2 压力控制回路的设计与装调

知识点

◇ 压力控制阀的作用、分类及职能符号；

◇ 压力控制阀的结构及工作原理；

◇ 时间控制元件的结构、工作原理及职能符号；

◇ 时间控制回路与压力控制回路。

技能点

◇ 能识读气动回路中的压力控制阀与时间控制阀；

◇ 能正确选择并安装压力控制阀与时间控制阀；

◇ 能调整压力控制阀与时间控制阀。

任务引入

图2—2—7所示为皮带压花机工作示意图。工作要求是：启动开关后，驱动装置带动压头下行，在皮带上压花，在没有行程开关的情况下，当压头运动到最低点时，为了保证加工质量，压头需停留5 s，才能慢慢返回，对皮质不同、薄厚不同的皮带所需的冲击力不同，试设计皮带压花机的控制系统并在实验台上进行系统的装调。

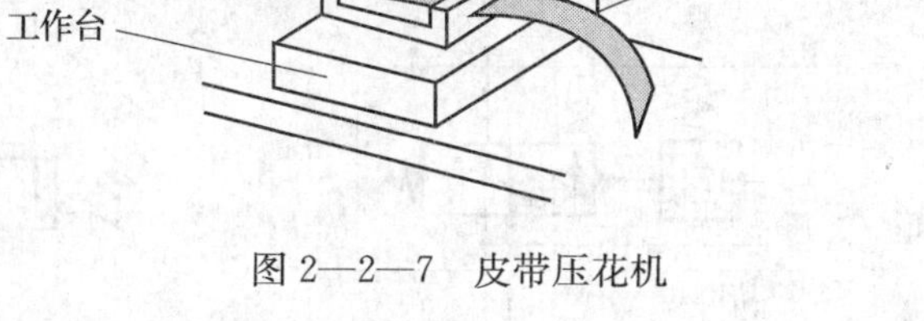

图2—2—7 皮带压花机

任务分析

1. 工作任务是在皮带上压花，由于皮带材质较软，所需冲压力不需要很大。另外，考虑到加工的过程不能对产品产生污染，选择气缸驱动压头最为合理。

2. 此设备要能加工薄厚不同、皮质不同的皮带，所需的冲击力大小不同，需要通过调整压缩空气的压力来保证，系统需具有压力控制元件。

3. 在不便于安装行程开关的情况下，当压头运动到最低点时，停留 5 s 才能返回，需具有通过感知压力的变化产生控制信号的元件（即顺序阀）和时间控制元件。

4. 要求压头慢慢地返回，气缸活塞杆返回的速度要进行调节。

结合上述任务分析可知，要想完成此工作任务，必须了解气动压力控制元件和时间控制元件。

相关知识

一、压力控制元件

控制和调节压缩空气压力的元件称为压力控制元件。因为气动系统输出力（F）的大小取决于系统的压力（p）和气体压力所作用的面积（A）的乘积，因此，系统压力的高低直接影响到输出力的大小。压力控制元件有减压阀（调压阀）、溢流阀（安全阀）、顺序阀。其职能符号见表 2—2—6。

表 2—2—6　　　　压力控制元件的职能符号

减压阀	直动式减压阀	先导式减压阀
职能符号	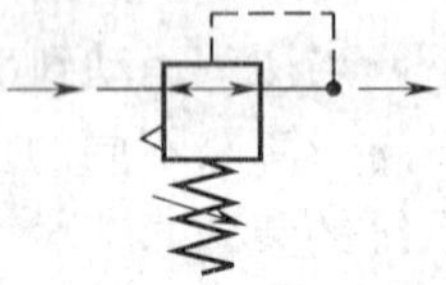	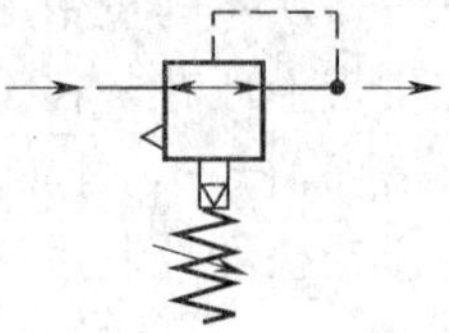
溢流阀	直动式溢流阀	先导式溢流阀
职能符号	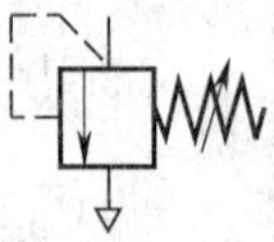	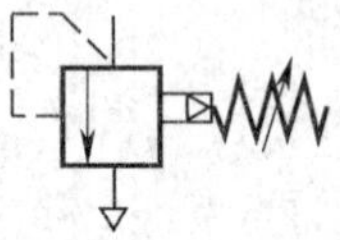
顺序阀 职能符号	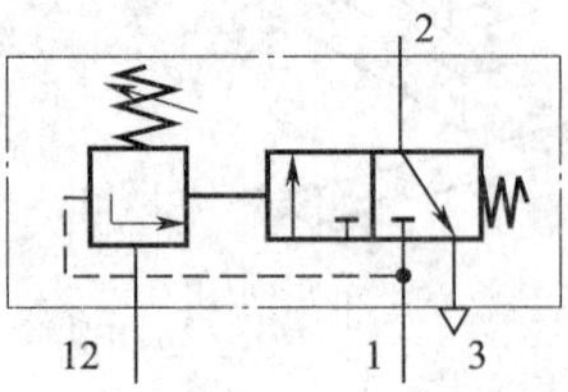 或 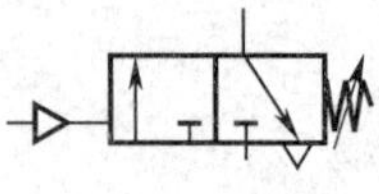	

1. 溢流阀（安全阀）

在气动系统中，溢流阀和安全阀在结构和功能方面是相似的，有时不加以区别。

溢流阀的作用是当系统中的工作压力超过调定值时，把多余的压缩空气排入大气，以保持进口压力的调定值。实际上溢流阀是一种用于保持回路工作压力恒定的压力控制阀；而安全阀是一种防止过载、保证安全的压力控制阀。

溢流阀有直动式和先导式两种结构。直动式一般适用于管路通径较小的系统，先导式一般适用于管路通径较大或需要远距离控制的系统。

（1）直动式溢流阀结构。图 2—2—8 所示为直动式溢流阀结构，它由阀芯、阀体、调压弹簧和调压手轮组成。

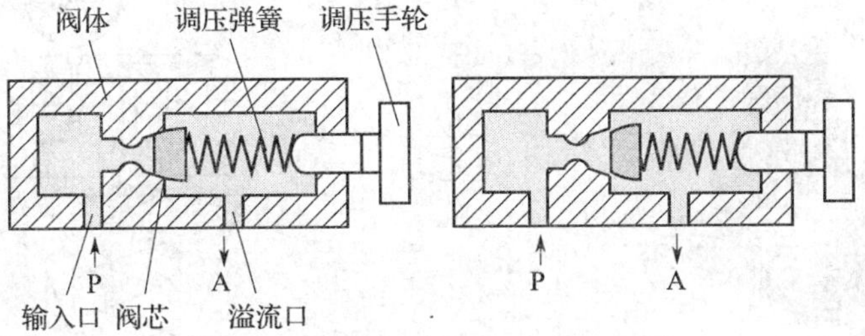

图 2—2—8　直动式溢流阀

（2）直动式溢流阀工作原理。阀的输入口与控制系统连接。当系统中的气体压力与作用面积相乘结果低于溢流阀弹簧调定压力时，两者作用力之差形成阀座和阀芯之间的密封力，作用在阀芯上的弹簧力将阀芯压紧在阀座上。随着系统气压增加，即在阀芯左面产生的向右气体压力逐渐升高，当系统中的气体压力上升到某一值时，阀的密封力变为零，若压力继续上升到阀芯的开启压力 p 时，阀芯开始右移并打开，压缩空气从溢流口急速喷出。阀芯开启后，若系统中的压力继续上升到阀的全开压力 p' 时，则阀芯全部开启，从溢流口输出额定流量的压缩空气，此后系统中的压力逐渐降低，当低于系统工作压力的调定值时，阀芯左移阀口关闭，并保持密封。

（3）溢流阀使用原则

1）根据系统的最高使用压力和排放流量来选择溢流阀的型式、规格。

2）为保持气动回路工作压力稳定，要求阀门动作灵敏，开闭压差小，宜选用微启式溢流阀。

3）应注意安全操作规程，特别是用于空压机、储气罐上的安全阀，出厂时都有铅封印记，未经许可，严禁擅自调整弹簧位置。

4）溢流阀除了保证气动回路中具有一定的工作压力以外，还可用于高低压转换回路、缓冲回路等系统中。例如，对封闭的气动回路进行高压—低压转换时，如从高压转换成低压，必须排出多余的压缩空气。此时，需要借助减压阀和溢流阀组合来实现，减压阀将高压降为低压，溢流阀排出多余气体。

2. 减压阀

空压机输出压缩空气的压力通常都高于气动元件和气动系统所需要的工作压力，需要减压阀来降低压力，所以每一个气动系统都需要使用减压阀。

（1）减压阀的作用。降低压缩空气的压力，以适于每台气动设备的需要，并使气体压力保持稳定，即减压和稳压。

（2）减压阀工作原理

1）直动式减压阀工作原理。直动式减压阀的外形及结构原理图如图 2—2—9 所示，当通过旋转调压手轮压缩调压弹簧，在弹簧力的作用下，节流口打开，从入口进入的压缩空气经节流口减压后，从出口流出，通过旋转调压手轮，可改变调压弹簧的压缩量，从而控制节流口的开口大小，达到控制出口压力的目的。节流口越大，阻力越小，出口压力越高；节流口越小，阻力越大，出口压力越低。

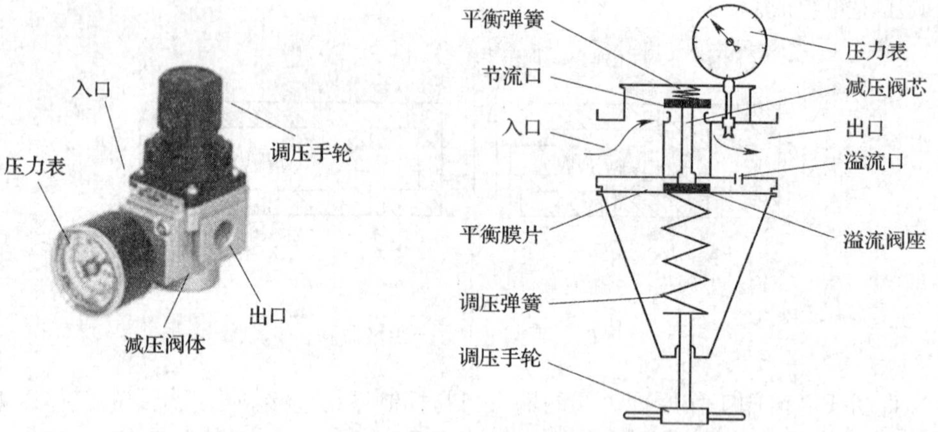

图 2—2—9　直动式减压阀外形及结构原理图

当出口压力受负载的影响发生变化时，如负载变大、出口压力增高、作用在平衡膜片上向下的作用力增大等，平衡被打破，平衡膜片下移，减压阀芯在平衡弹簧的作用下下移，节流口关小，出口压力减小，即恢复设定压力，达到稳压的目的；若出口压力继续升高，膜片下移量大，节流口关闭，减压阀芯与溢流阀座脱开，气体从溢流口流出，压力下降，平衡膜片逐渐上移，找到新的平衡位置。

当负载变小、出口压力降低、作用在平衡膜片上向下的作用力变小，平衡被打破，膜片上移，减压阀芯上移，节流口开大，出口压力增高，即恢复设定压力，达到稳压的目的。从中不难看出，无论负载变大还是变小，减压阀总是具有将出口压力稳定在调定压力附近的功能。直动式减压阀适用于小流量、低压系统。

2）先导式减压阀工作原理。当减压阀应用在大流量或高压系统中，减压阀的接管口径很大或输出压力较高，则阀体、平衡膜片等元件的结构也很大，调压弹簧很硬，若用调压弹簧直接调压，不仅调节费力，当输出流量变化较大时，输出口压力的波动也较大。因此，一般宜用先导式减压阀。

先导式减压阀是由导阀加主阀组合在一起构成的，图 2—2—10 所示为内部先导式精密减压阀结构原理图。

若在直动式减压阀中采用喷嘴—挡板放大器，即构成了精密型减压阀，包括挡板、节流口和喷嘴。如图 2—2—10 所示，当减压阀的输出

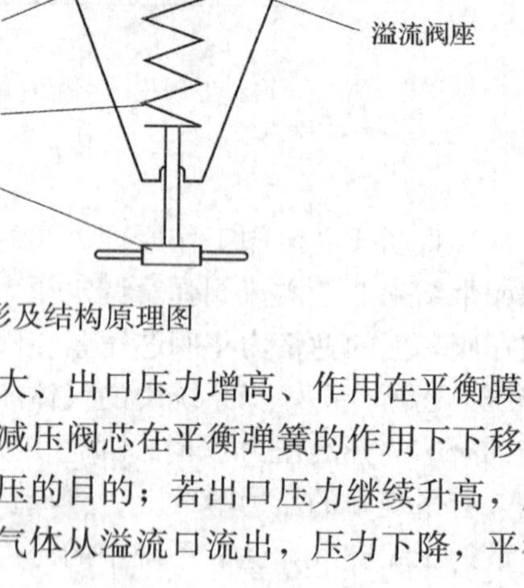

图 2—2—10　内部先导式精密减压阀结构原理图

1—节流口　2—膜片上腔气室　3—喷嘴　4—调压弹簧　5—挡板　6—挡板下腔气室　7—平衡膜片　8—减压阀阀芯

压力 p_2 变化时，例如压力下降，则膜片（挡板 5）在调压弹簧作用下靠近喷嘴，引起放大器腔室中背压升高，背压作用在平衡膜片 7 上，使阀芯开启，流通面积增加，输出压力 p_2 上升，直至接近原来的调定值。由于在减压阀的弹簧和阀芯之间增加了一个具有高放大倍数的喷嘴—挡板放大器，因而精密减压阀的稳压精度高。

3. 顺序阀

顺序阀是依靠回路中压力变化来控制其他元件顺序动作的一种压力控制阀。若将单向阀和顺序阀组合成一体，则称为单向顺序阀。单向顺序阀通常应用于不便安装机控阀的场合。

（1）顺序阀结构。如图 2—2—11 所示，顺序阀由阀体、主阀芯、先导阀芯、调压弹簧和调压手轮等元件组成。图中标号为 12 的接口是控制口，标号为 1 的接口是输入口（压力口），标号为 2 的接口是输出口，标号为 3 的接口是排气口。

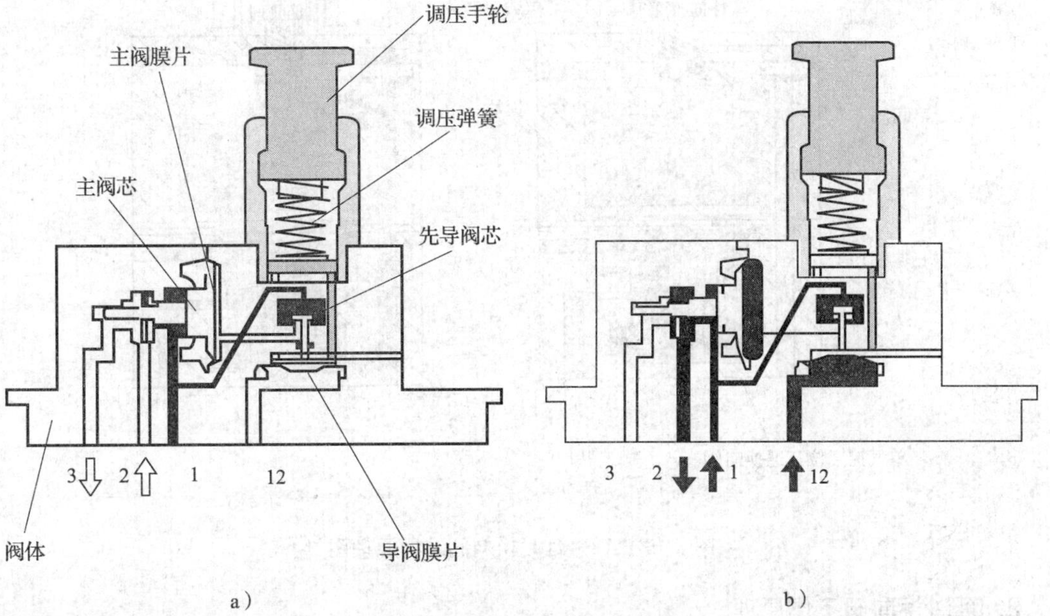

图 2—2—11　顺序阀结构原理图

（2）顺序阀工作原理。从图 2—2—11a 可见，当控制口压力较低，不能克服弹簧力时，先导阀阀口关闭，主阀芯的右腔没有压缩空气，输出口与排气口相通，没有输出信号，它所控制的下一级元件无法动作。从图 2—2—11b 可见，当控制口压力较高，能够克服调定弹簧力时，先导阀芯将上移，阀口打开，从压力口 1 进入的压缩空气经先导阀口进入主阀芯右腔，在气压力的作用下，主阀芯左移，压力口 1 与输出口 2 相通，压缩空气从压力口 1 经主阀输出口 2 输出，它所控制的下一级元件在此压力的作用下将产生动作。从以上的分析可见，控制主阀芯开启的压力是间接地靠调压弹簧的预压缩量来控制的。

顺序阀的启闭特性指开启压力、全开压力、关闭压力。

开启压力指阀芯开启瞬时的进口压力。

全开压力指阀芯完全处于开启状态时的进口压力。

关闭压力指阀关闭瞬时的进口压力。

二、时间控制元件

在利用气动执行元件驱动机械机构时，往往对其动作会有时间要求。例如，由气动执行机构驱动的小型合模机构，要求两个模子合在一起保压一定的时间后再打开，这就要求控制模子的气动系统也能具有时间控制的功能。因此，气动时间控制元件应运而生，常用的气动时间元件为延时换向阀。

1．延时换向阀结构

如图 2—2—12 所示，延时换向阀由单气控二位三通换向阀、单向阀、节流阀及气容等组成。

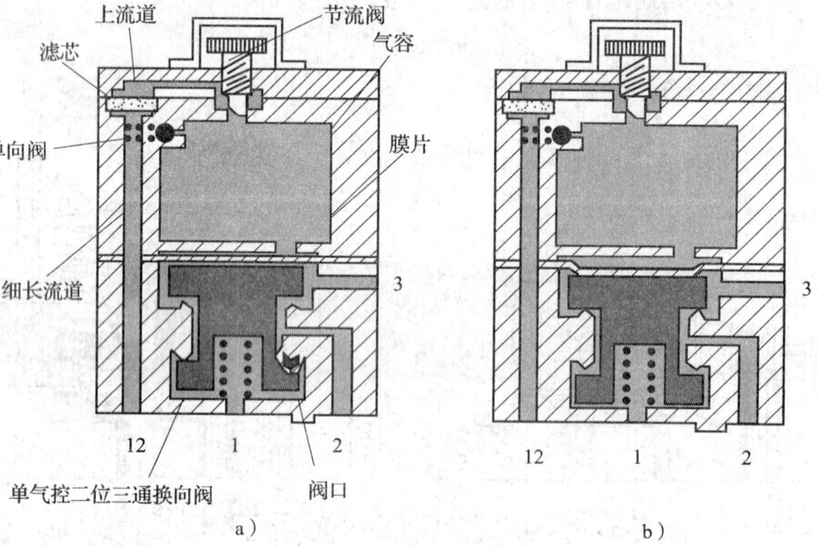

图 2—2—12　延时换向阀结构原理图

2．延时换向阀工作原理

如图 2—2—12a 所示，当控制口 12 没有压缩空气时，单气控二位三通换向阀的阀芯在弹簧力的作用下紧紧地顶在阀座上，阀口闭合，口 1 与口 2 不通，口 2 与口 3 相通；如图 2—2—12b 所示，当控制口 12 有压缩空气时，气体经阀内的细长流道，通过滤芯过滤后进入上流道，经过节流阀进入气容内，作用在膜片上，由于节流口很小，压力逐渐升高，经过一定时间后，作用在膜片上的力能克服单气控二位三通换向阀阀芯下端的弹簧力和气压力时，阀芯下移，阀口开启，口 1 与口 2 导通，口 3 截止，压缩空气从口 2 输出；当控制口 12 的压缩空气排出时，气容内的带压气体将单向阀顶开，经单向阀阀口快速排出，阀芯在弹簧力和气压力的作用下快速复位，切断口 1 和口 2 的通路。

注意：延时换向阀延时的时间长短与节流口的大小、气容的大小及控制口压力的高低有关。

3．延时换向阀职能符号

由于单气控二位三通换向阀常态位有常通和常断之分，因此，延时换向阀又可拓展为延时接通信号型和延时切断信号型两种，如图 2—2—13 所示。

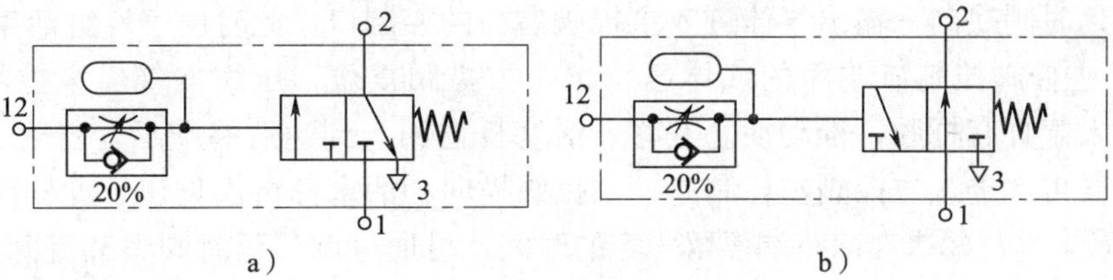

图 2—2—13　延时换向阀符号

a）延时接通信号型　b）延时切断信号型

三、压力控制回路与时间控制回路

1. 压力控制回路

如图 2—2—14 所示，启动手动阀，压缩空气进入主控阀左侧控制口，主控阀换向，压缩空气进入无杆腔，活塞杆伸出，当活塞杆运动到前终端，气缸无杆腔压力上升，达到顺序阀开启压力后，顺序阀输出口排出的压缩空气进入主控阀右侧的控制口，主控阀复位，气缸有杆腔进入压缩空气，无杆腔排气，活塞杆返回。

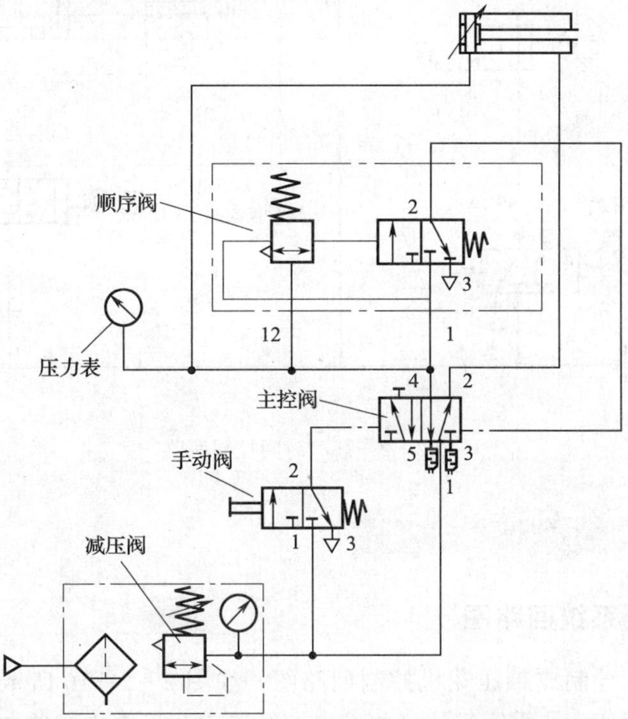

图 2—2—14　采用顺序阀的压力控制回路

2. 时间控制回路

如图 2—2—15 所示，启动扳把开关，压缩空气进入主控阀的左控制口，推动阀芯换向，压缩空气经主控阀口 4 输出，通过单向阀进入无杆腔，推动活塞右行，活塞杆伸出；到达前终端将行程开关 S2 压下，气体经 S2 的输出口输出，进入延时换向阀控制口 12，经过延时一定时间，延时阀换向，输出气体进入主控阀右面的控制口，此时由于气缸活塞杆已离开行程开关 S1，主控阀控制口左面的气体已排出，主控阀复位，压缩空气经主控阀口 2 输出，经单向阀进入气缸有杆腔，推动活塞左移，活塞杆返回；到达后终端后，行程开关 S1 被压下，压缩空气再次进入主控阀左控制口，主控阀换向，活塞杆再次伸出。此回路可实现气缸自动往复循环，并且每次在前终端停留一定的时间，可通过调节延时阀中节流阀开度的大小，控制停留时间的长短。

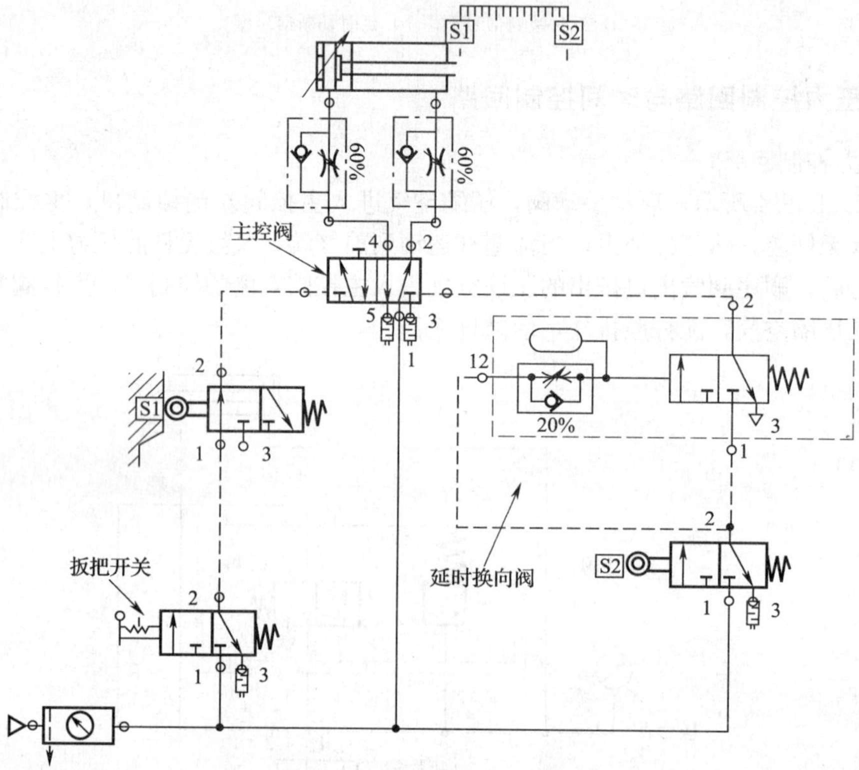

图 2—2—15 时间控制回路

任务实施

一、绘制控制系统回路图

结合任务分析，绘制皮带压花机控制回路图，如图 2—2—16 所示。当操作手动阀后，压缩空气推动主阀换向，压缩空气从口 4 输出，经单向节流阀中的单向阀进入气缸无杆腔，推动活塞右移，活塞杆伸出，当气缸活塞运动到前终端不再移动时，从压力表可以观测到系统压力迅速上升，达到顺序阀调定值时顺序阀开启，压缩空气经口 2 输出，进入延时阀控制口 12，延时 5 s，延时阀输出口 2 的压缩空气进入主控阀右控制口，推动主控阀复位，压缩空气从主控阀口 2 输出进入气缸有杆腔，背腔气体经单向节流阀的节流口流入主控阀口 4 从排气口 5 排向大气，推动活塞左行，活塞杆返回，调节节流口的大小可控制活塞杆返回的速度。

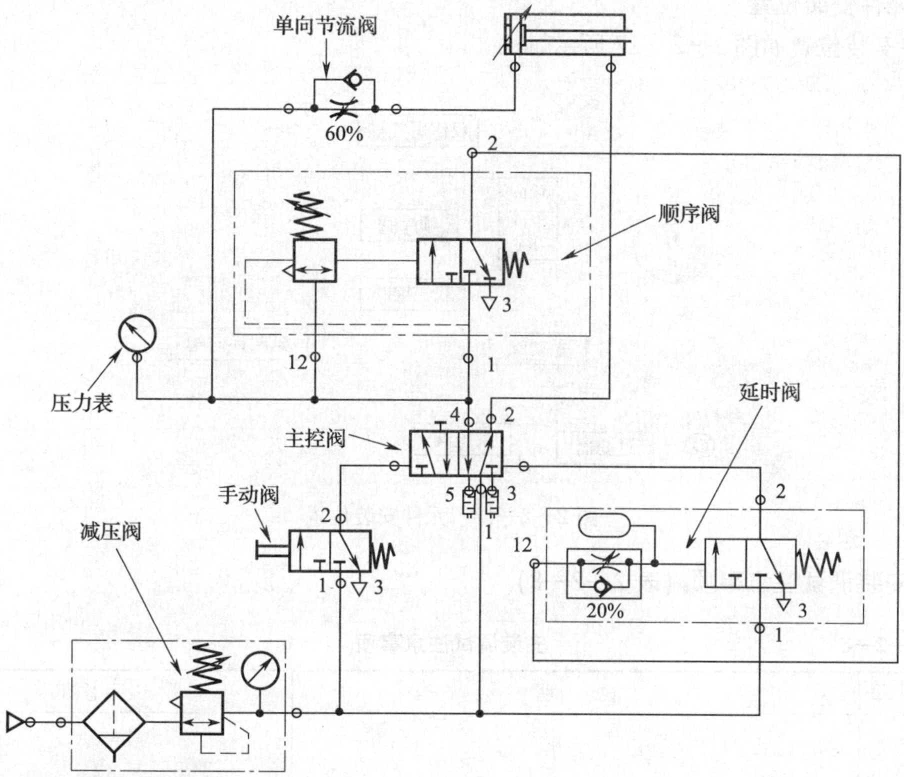

图 2—2—16　皮带压花机控制回路

二、装调控制回路

1. 实验器材（表 2—2—7）

表 2—2—7　　　　实验器材

分水过滤器	减压阀	手动二位三通换向阀	双气控二位五通换向阀
	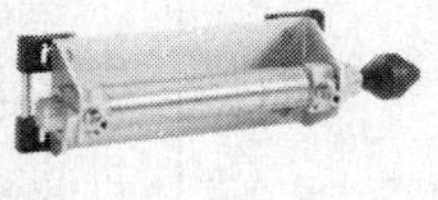		
顺序阀	双作用气缸	单向节流阀	延时换向阀

2. 元件安装位置

元件安装位置如图 2—2—17 所示。

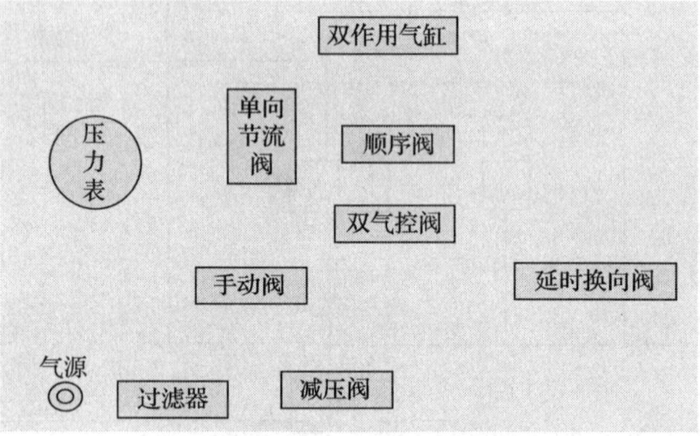

图 2—2—17　元件安装位置

3. 安装调试注意事项（表 2—2—8）

表 2—2—8　　　　**安装调试注意事项**

序号	说　明	示意图
1	结合皮带的皮质和薄厚的不同，调整减压阀的压力大小。皮质硬或较厚的皮带在压花时，减压阀的出口压力调整得高一些；皮质软或较薄的皮带在压花时，减压阀出口压力调整得低一些	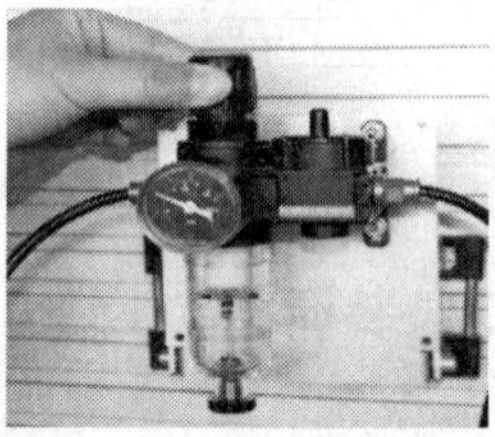
2	顺序阀压力的调整：将顺序阀调压弹簧调整到最紧的位置，当气缸运动到前终端时，慢慢地松开调压手轮，直到气缸开始返回，停止调整，用锁母锁紧	
3	延时阀时间的调整通过手表计时，达到 5 s 开始动作时停止调节，用锁母锁紧	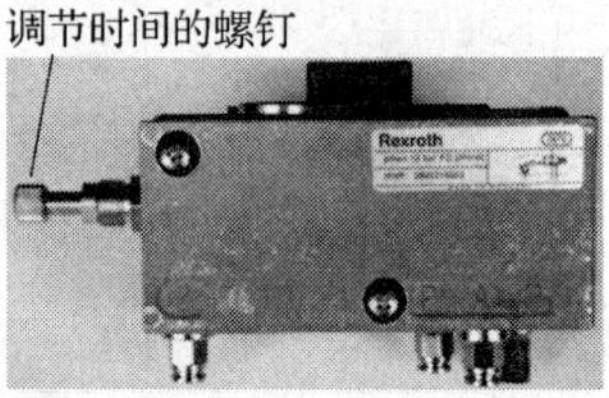

续表

序号	说　明	示意图
4	注意单向节流阀安装的方向，采用出气节流调速方式	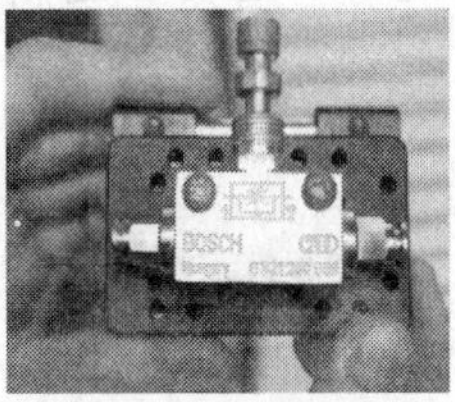
5	其他要注意的内容与任务1相同	

任务评价

项目	内容	评分标准	配分	得分
绘制气动系统控制回路	1. 速度控制方式选择是否合理 2. 时间控制元件选择是否合理 3. 压力控制元件选择是否正确 4. 回路图绘制是否正确	每项9分	36	
准备工作	1. 元器件选择是否正确、合理 2. 系统布局是否合理	正确选择元器件1～8分 合理布局系统1～8分	16	
安装	1. 元器件连接是否正确 2. 接头连接是否可靠	每项1～8分	16	
启动调整	1. 气缸是否运动到终端延时5 s返回 2. 气缸伸出和返回速度调节是否合理	每项1～8分	16	
安全文明生产考核	安全操作	不符合安全操作规定者，酌情扣1～8分	8	
	实验后现场整理	不符合要求，酌情扣1～8分	8	
总　分			100	

思考练习

1. 溢流阀与减压阀有哪些不同？为什么气动系统广泛地使用减压阀？
2. 简述减压阀的工作原理。
3. 简述溢流阀的工作原理。
4. 简述顺序阀的工作原理。
5. 对于精密的位置控制能否使用气动顺序阀？

6. 影响气动延时阀延时时间的因素是什么？
7. 利用气动延时阀能否获得准确的时间控制效果？
8. 能否自己动手制作气动延时阀？

任务3　方向控制回路的设计与装调

知识点

◇ 直接控制回路与间接控制回路；
◇ 典型方向控制回路。

技能点

◇ 识读气动回路图；
◇ 识别气动元件；
◇ 安装方向控制回路。

任务引入

如图2—2—18所示，在生产线物料转运工位，手动操作控制开关后，单作用推料缸能自动往复推料，直到将控制开关复位，推料缸停止在初始位置，为保证平稳推料，推料缸伸出速度要可以控制。试设计气动回路图并完成系统的安装调试。

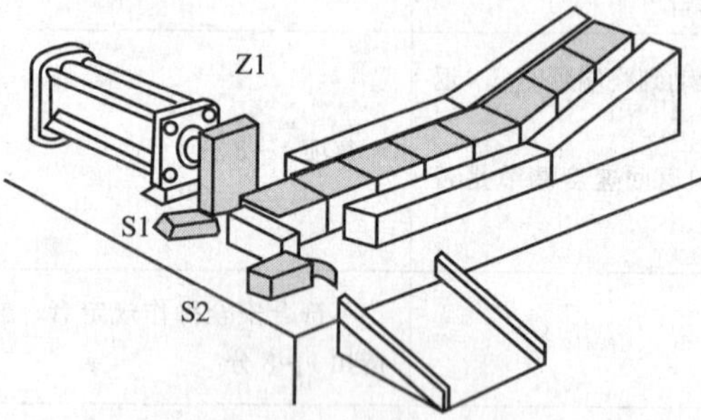

图2—2—18　生产线上物料转运装置

任务分析

从任务要求来看，推料缸是单作用气缸，只有一个接口的压缩空气需要控制，选择二位三通换向阀控制推料缸即可。推料缸要实现自动往复循环，必须借助气缸前后终端安装的行程开关，当气缸运动到终端，将行程开关压下，行程开关将输出的气信号反馈给换向阀，控制换向阀换向或复位，因此，选择双气控二位三通换向阀作为气缸的主控制阀。为了保证气缸平稳伸出，要利用单向节流阀对气缸的速度进行控制，由于是单作用气缸，只能采用进气节流的方式控制气缸伸出的速度。

相关知识

一、基本方向控制回路

1. 直接控制回路（图 2—2—19）

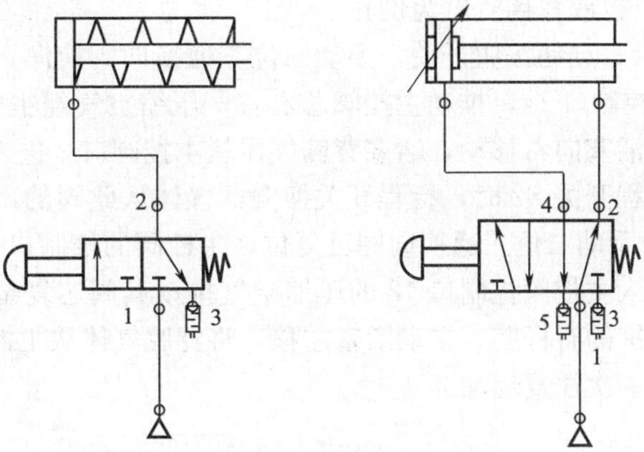

图 2—2—19　直接控制回路

a）单作用气缸直接控制回路　b）双作用气缸直接控制回路

直接控制回路指回路中的手动换向阀直接控制执行元件。

2. 间接控制回路（图 2—2—20）

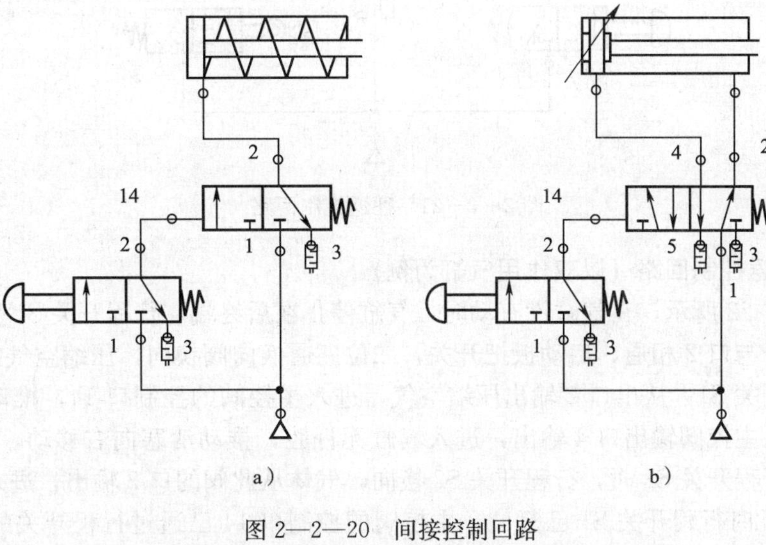

图 2—2—20　间接控制回路

a）单作用气缸间接控制回路　b）双作用气缸间接控制回路

间接控制回路指回路中的手动换向阀间接控制执行元件。

3. 两种控制回路比较

（1）直接控制回路。系统简单、成本低、操作容易，但不适于操作大通径的阀。

（2）间接控制回路。利用小通径的换向阀控制大通径的换向阀，操作更容易；能实现远程操作，即按钮可安装在远离气缸的位置上，此种控制方式也适用于工作现场存在危险的工况，是系统回路设计中常常采用的控制方式。

二、典型方向控制回路设计

1. 往返控制回路（以双作用气缸为例）

如图 2—2—21 所示，点动按钮开关，手动二位三通换向阀换向，压缩空气从此阀的口 2 输出，进入主控阀的控制口 14，推动主控阀芯右移，压缩空气经主控阀口 1 从口 4 输出，进入气缸无杆腔，推动活塞向右移动，活塞背腔气体从主控阀口 2 进入，口 3 排出，活塞杆伸出；当活塞杆压下行程开关 S2 时，行程开关换向，气体从此阀的口 2 输出，进入主控阀的控制口 12，由于此时手动二位三通换向阀已复位，主控阀的控制口 14 已通过手动换向阀的口 2 与大气相通，进入主控阀控制口 12 的压缩空气推动其阀芯复位，压缩空气从主控阀输出口 2 输出，进入气缸的有杆腔，推动活塞左移，将背腔气体从主控阀口 4 进入，口 5 排出，活塞杆返回，实现一次往复运动。

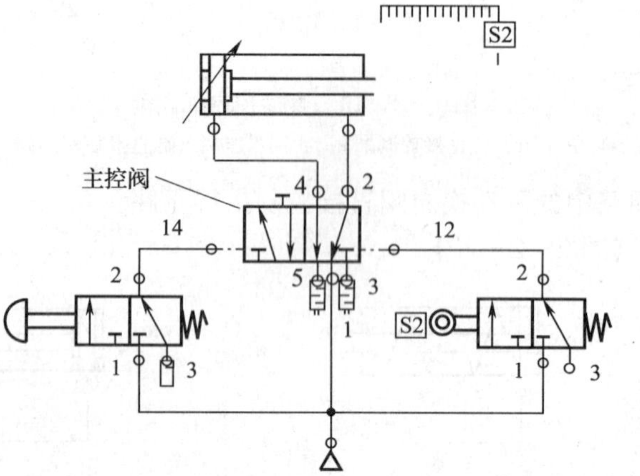

图 2—2—21　往返控制回路

2. 自动往返控制回路（以双作用气缸为例）

如图 2—2—22 所示，在气缸没有动时，气缸停止在后终端，行程开关 S1 受压，处于换向状态，即口 1 与口 2 相通，启动扳把开关，二位三通换向阀换向，压缩空气从此阀的口 2 输出进入行程开关 S1，从出口 2 输出压缩空气，进入主控阀的控制口 14，推动主控阀芯右移，压缩空气从主控阀输出口 4 输出，进入气缸无杆腔，推动活塞向右移动，活塞杆伸出；当活塞杆压下行程开关 S2 时，行程开关 S2 换向，气体从此阀的口 2 输出，进入主控阀的控制口 12，由于此时行程开关 S1 已复位，主控阀的控制口 14 已通过行程开关的口 2 与大气相通，进入主控阀口 12 的压缩空气推动主控阀阀芯复位，压缩空气从主控阀输出口 2 输出，进入气缸的有杆腔，推动活塞左移，活塞杆返回；到达后终端时，再一次压下行程开关 S1，由于扳把开关具有定位功能，始终保持换向状态，压缩空气再一次进入主控阀的控制口 14，活塞杆再次伸出，气缸实现自动往复运动。

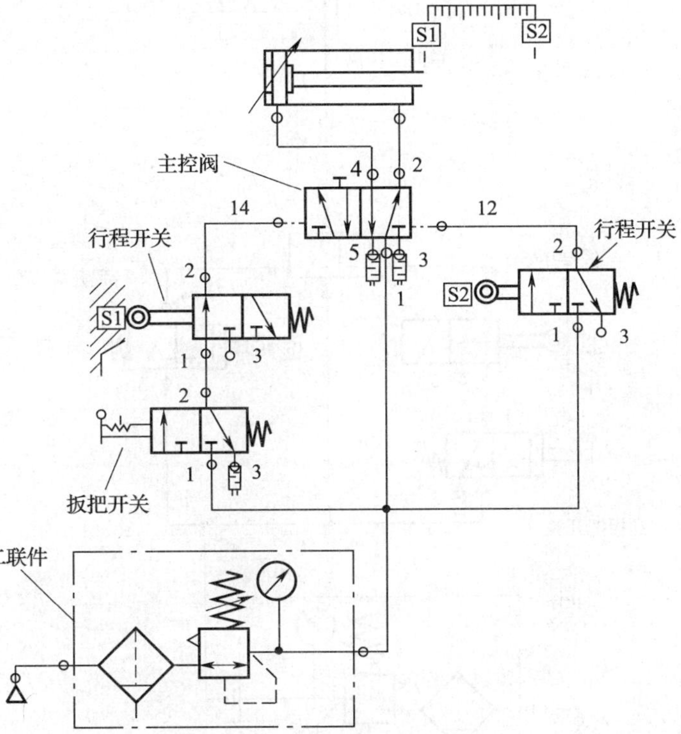

图 2—2—22　自动往返控制回路

任务实施

一、绘制控制系统回路图

如图 2—2—23 所示，在生产线上的推料缸没有启动时，推料缸活塞杆处于缩回状态，行程开关 S1 受压时，处于换向状态，即输入口 1 与输出口 2 相通，操作扳把开关，手动二位三通换向阀换向，压缩空气从此阀的口 2 输出，进入行程开关 S1，从出口 2 输出压缩空气，进入主控阀的左控制口，推动主控阀芯右移，压缩空气从主控阀输出口 2 输出，经过节流阀进入气缸无活塞杆腔，推动活塞向右移动，活塞杆伸出，调节节流阀开口的大小即可控制活塞杆伸出的速度；当活塞杆压下行程开关 S2 时，行程开关 S2 换向，气体从此阀的口 2 输出，进入主控阀的右控制口，由于此时行程开关 S1 已复位，主控阀的左控制口已通过行程开关的口 2 与大气相通，进入主控阀右控制口的压缩空气推动主控阀阀芯复位，主控阀的输出口 2 与排气口 3 相通，气缸无杆腔的气体经单向阀进入主控阀 2 口通过排气口 3 排向大气，在弹簧力的作用下活塞左移，活塞杆返回；到达后终端时，再一次压下行程开关 S1，由于扳把开关具有定位功能，始终保持换向状态，压缩空气再一次进入主控阀的左控制口，活塞杆再次伸出，气缸实现自动往复运动。

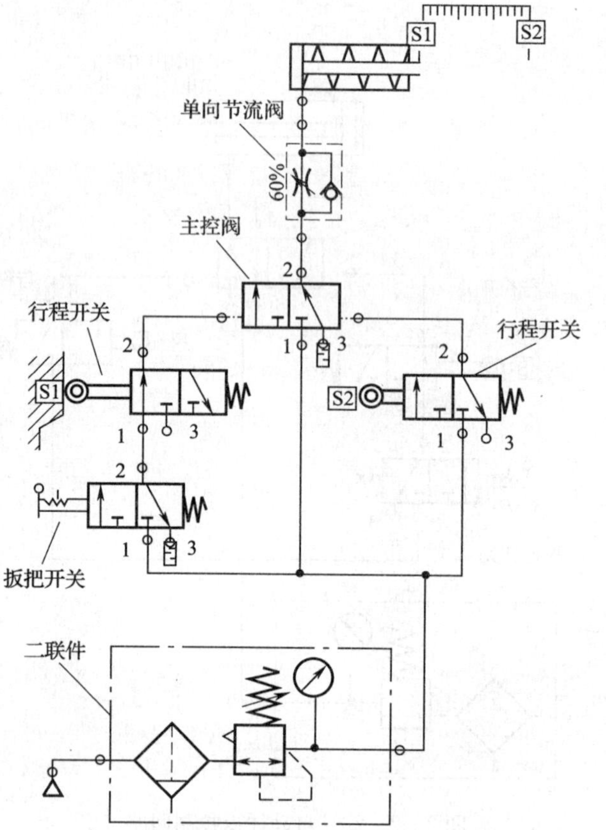

图 2—2—23　生产线上自动往复推料缸控制回路

二、装调控制回路

1. 实验器材（表 2—2—9）

表 2—2—9　　**实验器材**

实验台	二联件	软管	扳把开关
		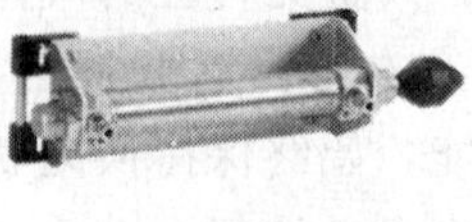	
主控阀	单向节流阀	单作用气缸	行程开关

2. 建议安装位置

元件安装在实验底板上的位置如图 2—2—24 所示。

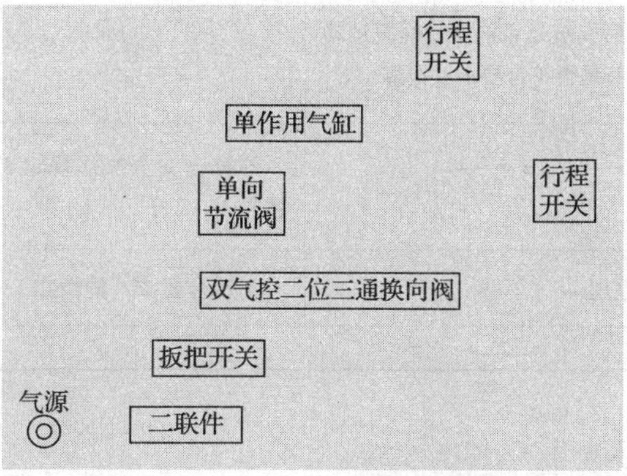

图 2—2—24　建议安装位置

3. 安装调试注意事项

除前面的实验要注意的问题外，本任务的实施过程中还要注意两个行程开关 S1、S2 的安装方向，即气缸在运行中与行程开关接触要顺着滚轮压下，如图 2—2—25 所示。图 2—2—26 所示的行程开关安装形式不正确，会造成行程开关过早损坏。

图 2—2—25　行程开关安装正确

图 2—2—26　行程开关安装不正确

任务评价

项目	内容	评分标准	配分	得分
绘制气动系统控制回路	1. 启动开关选择是否正确 2. 行程开关画法是否正确 3. 主控阀选择是否正确 4. 回路图绘制是否正确	每项 9 分	36	
准备工作	1. 元器件选择是否正确、合理 2. 系统布局是否合理	正确选择元器件 1～8 分 合理布局系统 1～8 分	16	
安装	1. 元器件连接是否正确 2. 接头连接是否可靠 3. 行程开关安装是否正确	每项 1～8 分	24	

续表

项目	内容	评分标准	配分	得分
启动调整	1. 启动开关后气缸是否能实现往复运动 2. 节流阀调节是否符合要求并可靠	每项 1～7 分	14	
安全文明生产考核	安全操作	不符合安全操作规定者，酌情扣 1～5 分	5	
	实验后现场整理	不符合要求，酌情扣 1～5 分	5	
总　分			100	

思考练习

1. 如图 2—2—27 所示，一个弯角装置用两个同样的按钮阀控制一个成形器快速地向前运动，通过气缸的向前运动，将一块平板弯角，如果两个按钮中的一个被松开，则双作用气缸慢慢地返回到初始位置。试设计满足上述要求的气动控制回路。

2. 利用二位五通双气控换向阀，在 6 bar 工作压力作用下，控制一个双作用气缸伸出和返回，且两个方向的速度均可调，选择其他必备的气动元件，构成气动回路，能实现：按下按钮，气缸伸出，到位后自动退回。试设计满足上述要求的气动控制回路。

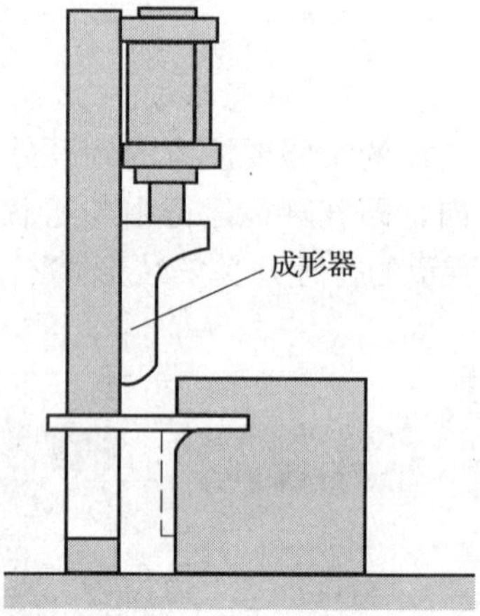

图 2—2—27　弯角装置

任务 4　逻辑控制回路的设计与装调

知识点

◇ 逻辑元件；

◇ 快速排气阀；

◇ 典型逻辑回路。

技能点

◇ 识读回路图中的逻辑元件；

◇ 识读逻辑回路图；

◇ 正确选择、安装逻辑元件。

任务引入

图 2—2—28 所示为钢板压弯机，工件可通过驱动装置实现自动上料，要求压弯机的压头由气缸控制并具有如下功能：

1. 启动点动按钮，压头快速伸出，运动到下终端，压头在工件上停留 5 s，将金属板（工件）冲压成 V 形，然后压头自动缓慢返回到上终端初始位置，自动开始下一次的冲压工作。

2. 当点动停止按钮，压头应返回到初始位置停止运动。

试设计钢板压弯机气动控制系统，并装调此系统。

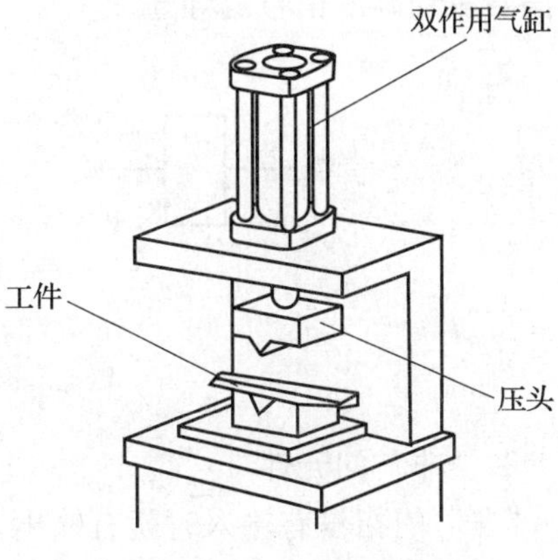

图 2—2—28　钢板压弯机

任务分析

1. 鉴于钢板压弯机是利用压头高速运动的冲击力在钢板上进行成形加工，此类设备工作频率高、速度快，为了避免伤及人手，控制系统应考虑采用双手操作的逻辑控制回路。

2. 由于进行冲压加工，压头在向下运动时速度快，输出力要大，因此，采用双作用气缸控制压头比采用单作用气缸控制压头更合理。

3. 该机械要求压头在终端停留 5 s，因此需要有气动时间控制元件。

4. 该机械要求压头快速伸出、慢速返回，因此，双作用气缸伸出时进气腔不能节流、排气腔的气体要快速排出，气缸返回时要进行速度控制。此控制系统应在气缸伸出的背腔采用快速排气阀，返回时采用出气节流的方式进行调速。

5. 由于是自动循环，控制系统需借助行程开关来检测气缸的运动位置，采用点动按钮操作，需利用气动自锁回路将启动信号保持下来。

相关知识

在利用气动执行元件驱动机构动作的机械设备中，系统的动作要考虑许多相关联的因素，例如，动作的初始条件、安全因素、机械设备中各驱动装置的动作是否存在干扰等，驱动装置的动作往往受很多类似的条件制约，这些条件也叫控制信号，执行元件能否运动，取决于这些信号是否满足其启动所需具备的条件，因此，在气动系统中不可避免地要对各种控制信号进行综合和加工，找出所需的控制信号，去控制执行元件动作。信号的综合和加工就是进行逻辑运算，凡是具有此功能的气动元件称为气动逻辑元件，由此类元件组成的回路称为逻辑控制回路。

一、逻辑元件

1. “是”门元件

“是”门指没有输入时就没有输出，有输入时就有输出，相当于单气控二位三通常断型换向阀，如图 2—2—29 所示，X 为输入，S 为输出。此元件常用于信号的放大，即利用低压信号驱动高压信号的导通。

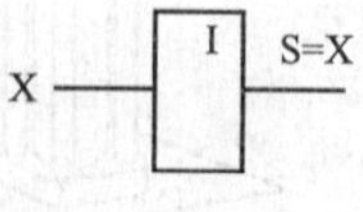

a）

X	S
0	0
1	1

b）

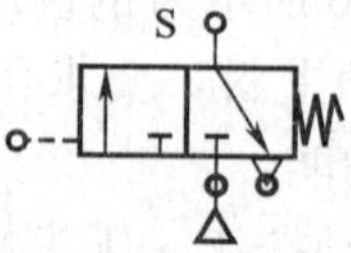

c）

图 2—2—29 “是”门元件

a）逻辑符号 b）真值表 c）元件职能符号

2．“非”门元件

“非”门指没有输入时就有输出，有输入时就没有输出，相当于单气控二位三通常通型换向阀，如图 2—2—30 所示，X 为输入，S 为输出。

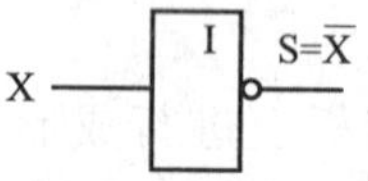

a）

X	S
0	1
1	0

b）

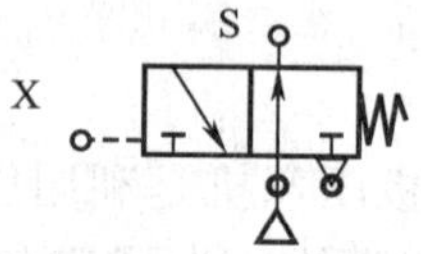

c）

图 2—2—30 “非”门元件

a）逻辑符号 b）真值表 c）元件职能符号

3．“或”门元件

“或”门元件又称梭阀，是两个输入 X 或 Y 只要一个有输入信号时，就有输出信号，如图 2—2—31 所示，X、Y 为输入，S 为输出。

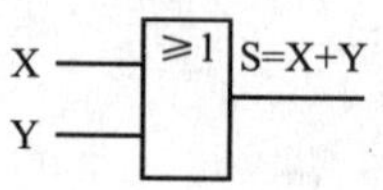

a）

X	Y	S
0	0	0
1	0	1
0	1	1
1	1	1

b）

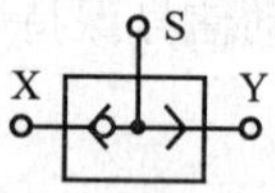

c）

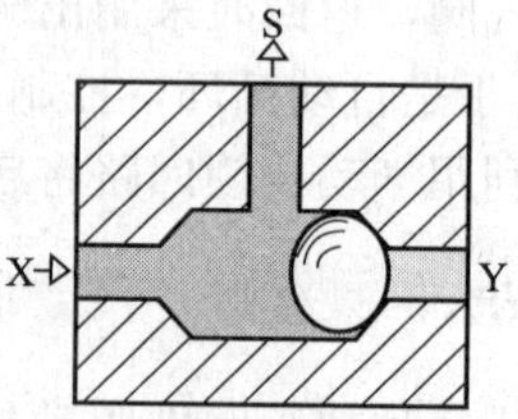

d）

图 2—2—31 “或”门元件

a）逻辑符号 b）真值表 c）元件职能符号 d）元件结构原理图

4．“与”门元件

“与”门元件又称双压阀，是两个输入 X 和 Y 同时存在输入信号时，才有输出信号，如图 2—2—32 所示，X、Y 为输入，S 为输出，也可以将两个“是”门元件串联在一起。

5．“或非”门元件

没有输入信号时，才有输出信号，其逻辑功能恰与“或”门相反，如图 2—2—33 所示。

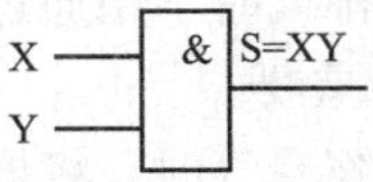

a）

X	Y	S
0	0	0
1	0	0
0	1	0
1	1	1

b）

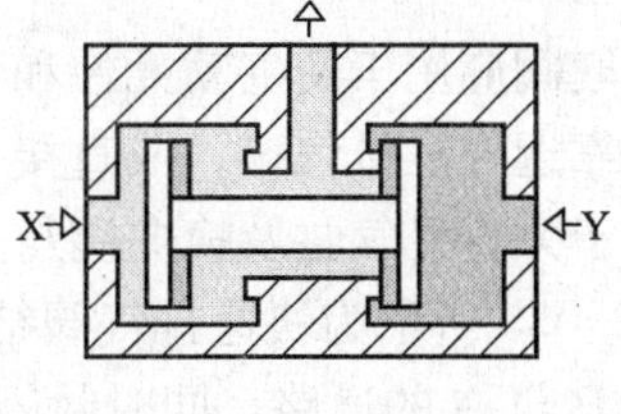

c）

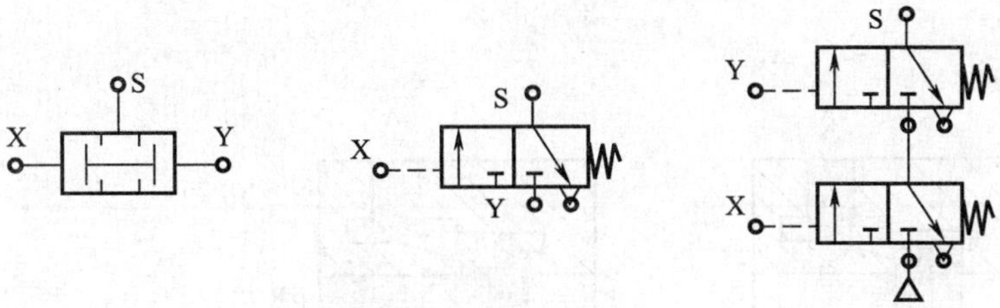

d）

图 2—2—32　“与”门元件

a）逻辑符号　b）真值表　c）元件结构原理图　d）元件职能符号

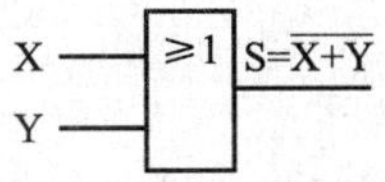

a）

X	Y	S
0	0	1
1	0	0
0	1	0
1	1	0

b）

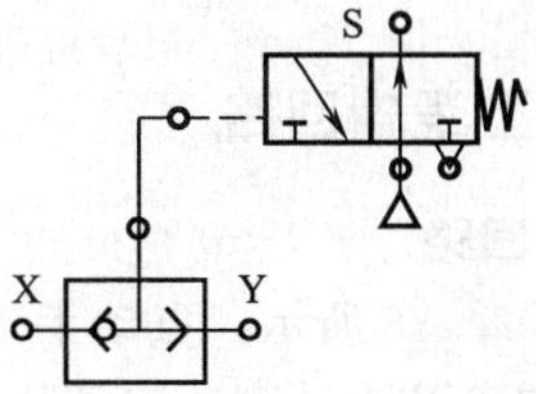

c）

图 2—2—33　“或非”门元件

a）逻辑符号　b）真值表　c）元件职能符号

6.“与非”门元件

当所有输入信号都存在时，没有输出信号，其逻辑功能和“与”门相反，如图 2—2—34 所示。

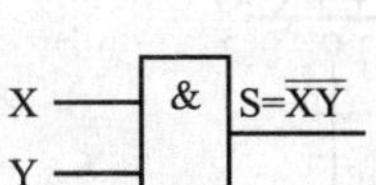

a）

X	Y	S
0	0	1
1	0	1
0	1	1
1	1	0

b）

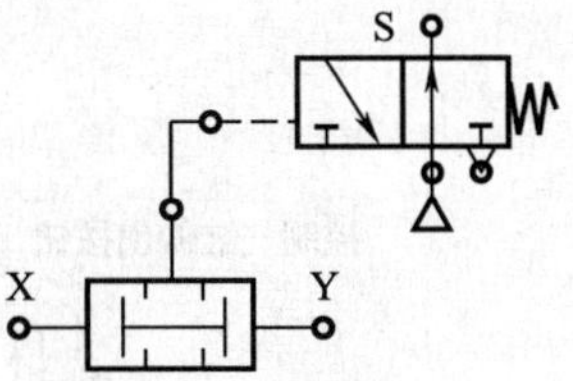

c）

图 2—2—34　“与非”门元件

a）逻辑符号　b）真值表　c）元件职能符号

二、快速排气阀

快速排气阀应用于使气动元件和装置快速排气的场合，例如，把它装在换向阀和气缸之间（应尽量靠近气缸排气口，或直接拧在气缸排气口），使气缸排气时不用通过换向阀而直接排出。对于大直径气缸及换向阀与缸之间管路较长的系统尤为重要。

图 2—2—35 所示为快速排气阀结构原理图，当口 P 进入压缩空气时，将橡胶阀芯迅速右推，开启 P 与 A 的通路，同时封闭排气口 R，当口 A 进气，口 P 与排气口相通时，橡胶阀芯迅速左移，封闭口 P，打开口 R，使口 A 气流通过口 R 排出，由于口 R 面积较大，气体可实现快速排出。

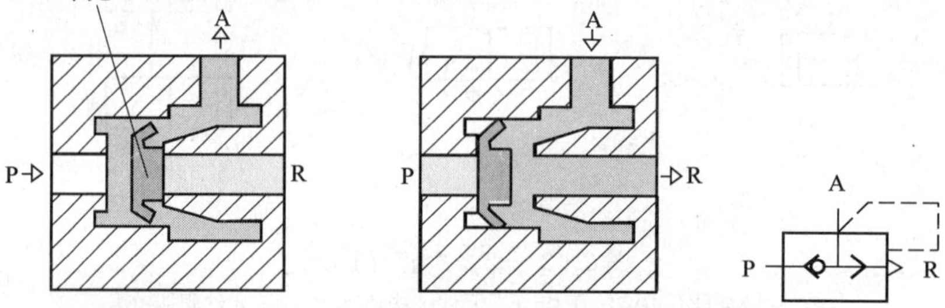

图 2—2—35 快速排气阀结构原理图

三、典型逻辑回路

1. 自锁回路

如图 2—2—36 所示，点动手动二位三通换向阀（控制气缸伸出按钮），气体从换向阀口 1 进入、口 2 流出，到达梭阀的进气口 1，进入二位三通常通换向阀（控制气缸返回按钮）

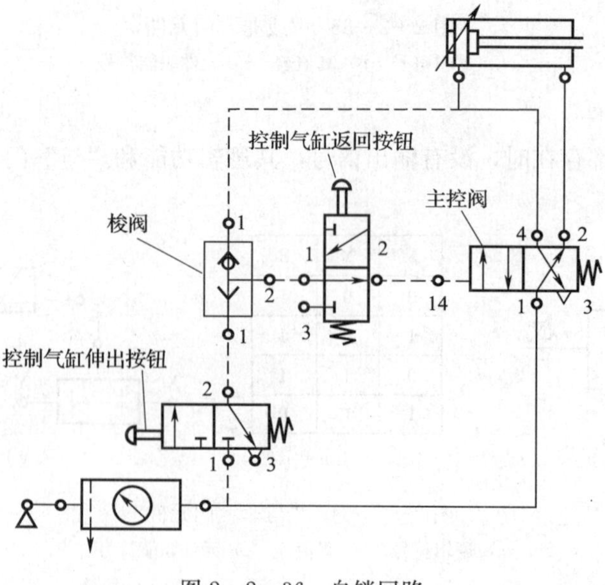

图 2—2—36 自锁回路

入口 1，从其出口 2 输出，进入主控阀（单气控二位四通换向阀）控制口 14，推动主控阀换向，压缩空气从主控阀口 1 输入、口 4 输出，一部分进入气缸无杆腔，推动气缸活塞右行，背腔气体从有杆腔经主控阀口 2 从排气口 3 排出；另一部分气体返回梭阀口 1，以保证始终有气体输入到二位四通换向阀的控制口 14，使其一直处于换向的位置，则主控阀口 4 一直有压缩空气输出，即实现气缸活塞杆始终向右运行，并停在前终端保持不动；直到启动控制气缸返回按钮，则主控阀控制口 14 的气体排出，主控阀复位，输出口 2 输出的压缩空气进入气缸有杆腔，气缸活塞杆返回。图 2—2—36 中虚线部分表示控制回路，实线部分表示主控回路。

2. 双手操作回路

如图 2—2—37 所示，只有双手同时按动两个启动按钮，双压阀口 S 才有气体输出，进入主控阀（单气控二位四通换向阀）的控制口 14，推动此阀换向，压缩空气经主控阀输出口 4 进入气缸无杆腔，作用在活塞的左腔，有杆腔气体经主控阀口 2 可从排气口 3 排向大气，活塞右行，活塞杆伸出；只要松开一个按钮，双压阀口 S 就没有输出，主控阀在弹簧力的作用下复位，压缩空气经主控阀输出口 2 进入气缸有杆腔，作用在活塞的右腔，无杆腔气体经口 4 从主控阀口 3 排向大气，活塞左行，活塞杆返回。图 2—2—37 中虚线部分表示控制回路，实线部分表示主控回路。

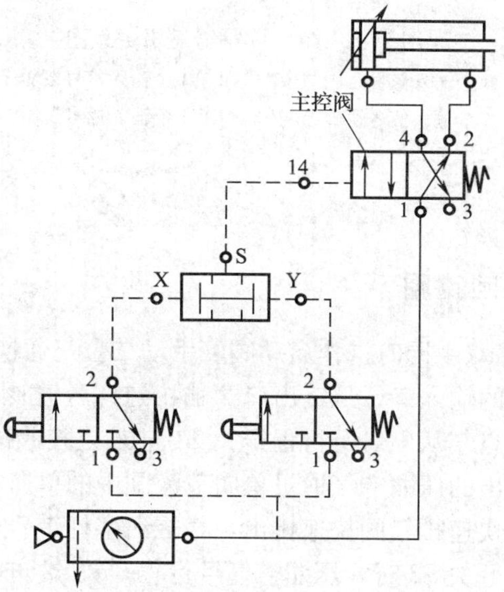

图 2—2—37　双手操作回路

3. 多信号“或”“与”逻辑回路

如果遇到 3 个或 4 个，甚至 n 个输入信号，要求解满足什么逻辑关系时才有输出信号，多信号逻辑关系图如图 2—2—38 所示。

因此，当有 n 个输入信号时，需借助 $n-1$ 个逻辑元件实现逻辑“或”“与”功能。

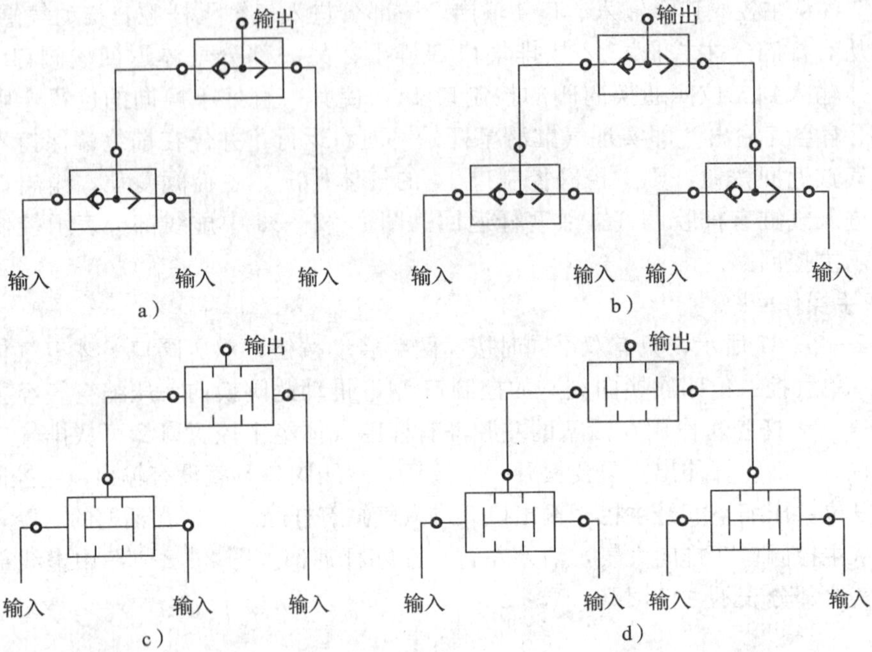

图 2—2—38　多信号逻辑关系图

a）3 个输入信号逻辑“或”　b）4 个输入信号逻辑“或”

c）3 个输入信号逻辑“与”　d）4 个输入信号逻辑“与”

任务实施

一、绘制控制系统回路图

如图 2—2—39 所示，双手同时操作启动阀（手动二位三通换向阀）1 与 2，压缩空气经启动阀和双压阀进入梭阀的输入口，从输出口 2 输出进入停止阀，到达换向阀 1 的控制口，导致换向阀 1 换向，压缩空气从出口经行程开关 S1 进入主控阀的左边控制口，推动主控阀换向，主控阀输出口 4 输出的压缩空气通过单向节流阀中的单向阀进入气缸的上腔，推动活塞向下运动；下腔气体经快速排气阀快速排出，气缸活塞杆带着压头快速向下运动，当压头行进到下终端，压下行程开关 S2 时，压缩空气经行程开关 S2 进入主控阀右面的控制口，由于行程开关 S1 已抬起，主控阀左边控制口内的压缩空气已经通过行程开关 S1 的排气口 3 排出，因此主控阀可以复位，经主控阀口 2 输出的压缩空气经快速排气阀进入气缸的下腔，推动活塞上行，活塞上腔气体经单向节流阀中的节流阀，进入主控阀口 4 从排气口 5 排出，活塞杆返回，调节节流口的大小可控制活塞杆返回的速度；当点动停止阀时，换向阀 1 控制口的气体排出并复位，切断了主控阀左边控制口的进气通路，同时点动停止阀，使换向阀 2 的控制信号消失，换向阀 2 复位，压缩空气经换向阀 2 和梭阀 2 进入主控阀右面的控制口，使主控阀强制复位，气缸活塞杆立即返回。此控制系统涉及三条逻辑回路，一条回路是双手操作的逻辑“与”回路，第二条回路是启动信号经过梭阀 1、停止阀和换向阀 1 的组合形成对启动信号的“自锁”回路，第三条回路是点动停止阀通过梭阀 2 形成的强制活塞杆返回的逻辑“或”回路。

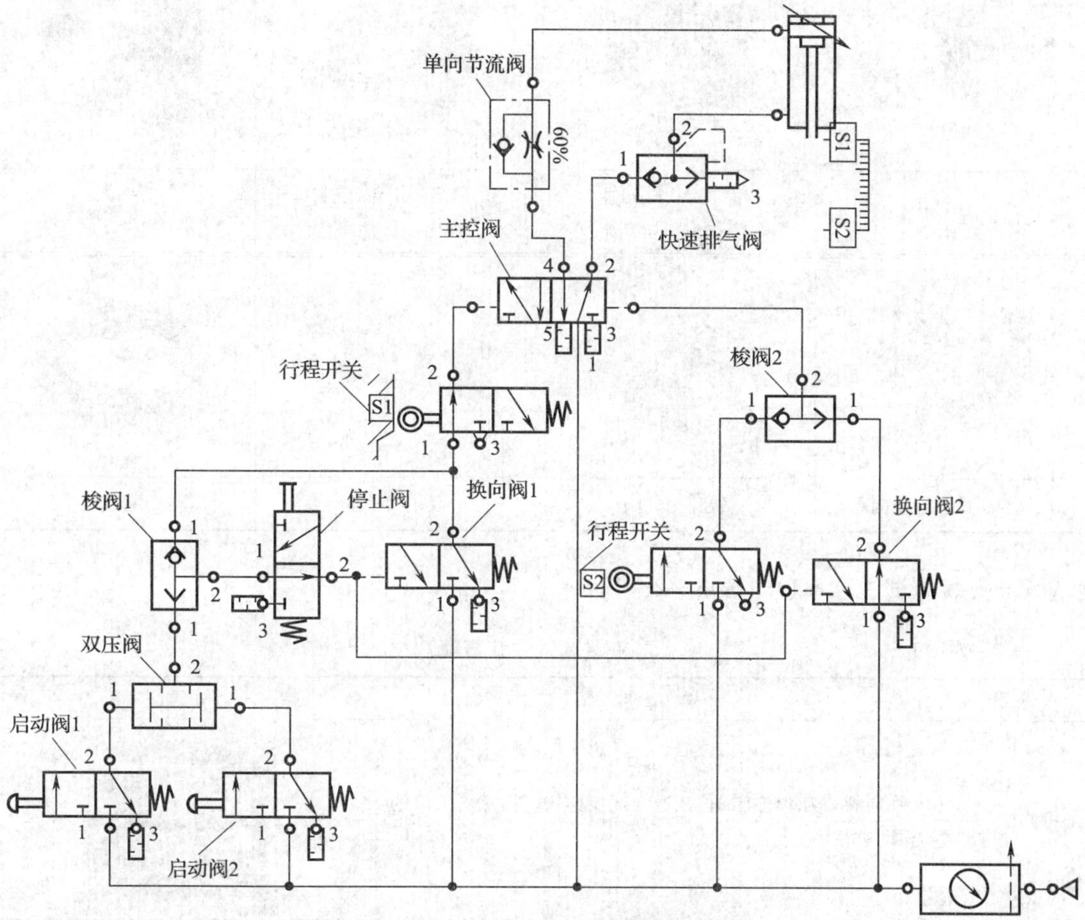

图 2—2—39　压弯机气动系统回路图

二、装调逻辑控制回路

1. 实验器材（表 2—2—10）

表 2—2—10　　　　　　　　　实验器材

二联件	启动阀（常断）	双压阀	梭阀

续表

停止阀（常通）	单气控二位三通换向阀（常断）	单气控二位三通换向阀（常通）	单向节流阀

双气控二位五通换向阀	快速排气阀	双作用气缸	软管

2．安装调试注意事项（表2—2—11）

表2—2—11　　安装调试注意事项

序号	说　明	示意图
1	换向阀2为单气控二位三通常通换向阀，注意输入口的连接	
2	停止阀为二位三通常通手动换向阀，注意输入口的连接	
3	连接快速排气阀时，注意连接的位置和接口	
4	注意单向节流阀安装的方向	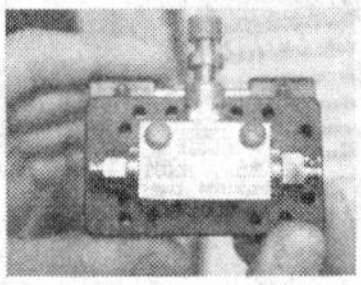

续表

序号	说　明	示意图
5	注意行程开关的安装方向	
6	其他要注意的内容与任务 1 相同	

任务评价

项目	内容	评分标准	配分	得分
绘制气动系统控制回路	系统控制回路图中 1. 启动开关选择是否正确 2. 行程开关画法是否正确 3. 主控阀选择是否正确 4. 快速排气阀位置是否正确 5. 逻辑元件选择是否正确 6. 回路图绘制是否正确	每项 5 分	30	
准备工作	1. 元器件选择是否正确、合理 2. 系统布局是否合理	正确选择元器件 1～15 分 合理布局系统 1～5 分	20	
安装	1. 元器件连接是否正确 2. 接头连接是否可靠 3. 行程开关安装是否正确 4. 常通阀连接是否正确 5. 节流阀安装是否正确 6. 快速排气阀连接是否正确	每项 4 分	24	
启动调整	1. 启动开关后气缸是否能实现往复运动 2. 启动停止开关气缸是否停止在初始位置 3. 气缸是否快速伸出、慢速返回，速度调节是否可靠	每项 5 分	15	
安全文明生产考核	安全操作	不符合安全操作规定者，酌情扣 1～6 分	6	
	实验后现场整理	不符合要求，酌情扣 1～5 分	5	
总　分			100	

思考练习

1. 逻辑“或”和逻辑“与”元件能否在低压系统（压力小于1 bar）中使用？为什么？

2. 逻辑“同或”“异或”回路如何表达？

3. 哪些因素会影响快速排气阀的效果？

4. 设计一个用于烫衣机（图2—2—40）的控制系统。烫衣机的上烫衣板由双作用气缸的活塞杆驱动。因此，控制系统应该设计成当气缸的活塞杆带动上烫衣板向下运动并压紧时，防止操作者的手被夹住。烫衣板在一个可调节的时间内压在一起，然后自动打开。应满足下列条件：两个手动按钮（S1和S2）被安装在控制盒的左侧和右侧，一定要双手操纵按钮。当两个按钮在0.5 s之内被同时按下时，才能发出启动信号。此外，操作者必须按住两个按钮，一直到上烫衣板处于最低位置为止。然后，可以松开两个按钮。当两个按钮中的一个较早地松开时，烫衣机应该立刻重新打开。

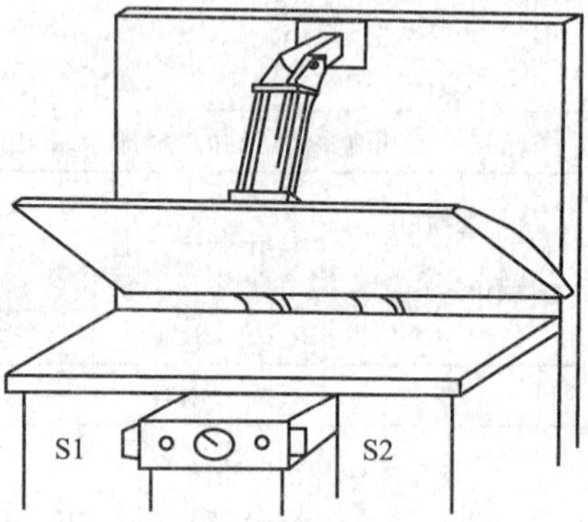

图2—2—40　烫衣机示意图

5. 有一个三角形售货台，在三个角上各有一个按钮开关，有一个单作用气缸，至少按动两个开关，气缸伸出送出一杯饮料，否则气缸返回或不动。试设计其控制系统。

课题三　双缸控制回路的设计与装调

任务1　不带障碍信号的双缸控制回路的设计与装调

知识点

◇ 绘图标准；

◇ 位移一步进图的画法；

◇ 不带障碍信号的双缸控制回路。

技能点

◇ 结合位移一步进图识读气动回路图；

◇ 不带障碍信号的双缸控制回路安装调试。

任务引入

图2—3—1所示为自动打印机工作示意图，工作要求是：启动开关后，首先推料，夹紧缸将塑料板（工件）从料仓中平稳地分离，并夹紧后利用冲头打印标记，然后两个气

缸同时返回，要求此设备能加工薄厚不同的塑料板。试设计满足上述功能的气动控制系统回路图。

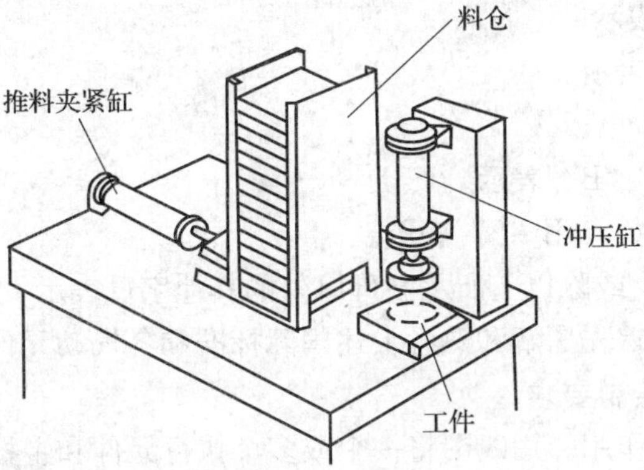

图 2—3—1 自动打印机

任务分析

1. 工作任务是推动、夹紧和打印塑料板，两个驱动装置所需的输出力不是很大，打印机一般速度要求都较快，在选择加工方式时还要兼顾到加工过程是否会对产品产生污染，综合以上因素选择气缸驱动是最为合理的。

2. 根据工况，两个气缸的动作是有一定顺序的，其顺序为：

推料缸伸出—打印缸伸出—推料缸、打印缸同时返回。要完成气缸的顺序控制，需借助行程开关。

(1) 此设备应能加工薄厚不同的塑料板，所需的驱动力、夹紧力和打印力不同，需要通过调整压缩空气的压力来保证，因此，系统的工作压力要能方便地调整，需使用减压阀。

(2) 推料夹紧缸将塑料板（工件）从料仓中平稳地分离出来并夹紧，推料缸伸出的速度应可以调节，需使用速度控制元件。

要想完成此工作任务，必须了解气动系统的动作顺序，整个运动过程分多少节拍，绘制位移—步进图，按照标准的规定设计控制回路。

相关知识

一、气动回路图和位移—步进图的绘制要求

1. 气动回路图绘制要求

气动回路图应按国际标准《流体传动系统和元件—图形符号和回路图 第 2 部分：回路图》（ISO 1219—2：1995）要求绘制。规定如下：

气动元件在系统回路图中一律用职能符号表示，图面的布置原则上应按以下的次序从下到上和从左到右。

(1) 能源：位于左下方。

(2) 控制元件：按控制信号传导的顺序从下往上、从左往右，主控阀居中。

(3) 执行元件：位于上部，按数量从左向右排列。

元件应采用以下字母代号清楚地标注。

(1) 压缩机用“P”表示。

(2) 原动机用“M”表示。

(3) 阀用“V”表示。

(4) 执行元件用“A”“B”表示。

(5) 传感器、行程开关等用“S”表示。

(6) 其他元件用“Z”或除以上所示字母以外的其他字母表示。

识读气动回路图时，首先了解和熟悉上述国际标准和各气动元件的功效。

2. 位移—步进图的绘制要求

(1) 位移—步进图的作用。用线图将一个或多个执行元件和主控元件的动作顺序及关系在两个坐标轴上表示出来，即在坐标系下用直观的线图，将执行元件的动作与控制元件换向状态之间的关系表示出来。

(2) 位移—步进图中表示符号的说明（表 2—3—1）

表 2—3—1　　符号说明

符号	说明	符号	说明
	开		选择开关
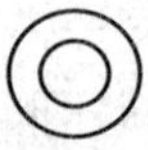	关		转换开关
	开/关		行程开关在最终位置启动
	按钮		行程开关通过较长路径后启动
	自动	t　2s	定时器时间设置为 2 s
	急停开关	p　6×10^5 Pa	压力开关压力设置为 6×10^5 Pa
1	气缸前终端	a	二位阀初始位置/三位阀换向位置
0	气缸后终端/三位阀初始位置	b	二位阀换向位置/三位阀换向位置

(3) 位移—步进图画法。位移—步进图如图 2—3—2 所示。

1) 在一个坐标轴上（纵坐标）描述位移，在另外一个坐标轴上（横坐标）描述步骤。

2) 在位移—步进图中，现有的执行元件和主控元件依次排列，绘制在表格的左边，如图 2—3—2 所示中气缸 A、换向阀 V。

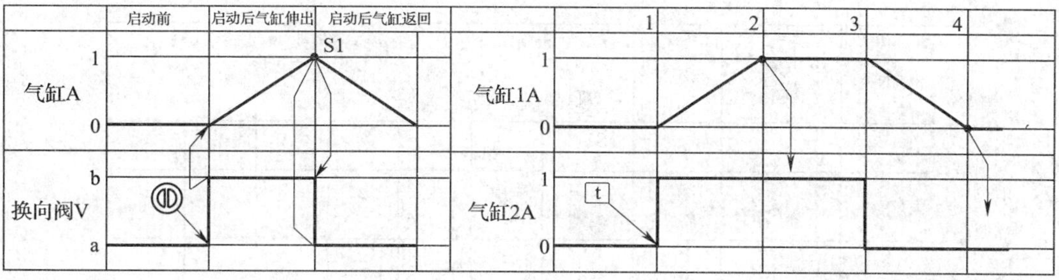

a）　　　　b）

图 2—3—2　位移—步进图

3) 当执行元件处于缩回状态时用数字“0”表示，处于伸出状态时用数字“1”表示；换向阀换向时用“b”表示，复位时用“a”表示。当阀为三位阀时，画出 3 个状态，中位用“o”表示。

4) 执行元件的运动用一条斜线表示，静止状态用一条横线表示；当控制元件的状态发生变化时，用垂直线表示。

5) 执行元件与主控元件和信号元件之间的关系用细信号线表示。箭头代表作用方向。

6) 手动操纵的信号元件、机械操纵的信号元件用表 2—3—1 中符号来表示，与压力有关或与时间有关的信号元件用一个特殊的方框来表示。

(4) 气动回路图。结合图 2—3—2a 绘制的气动回路如图 2—3—3 所示。

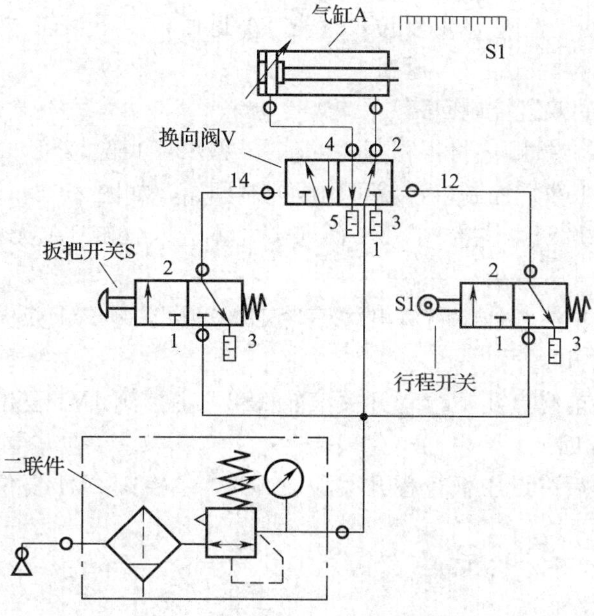

图 2—3—3　双作用气缸往复运动控制回路

二、不带障碍信号的双缸控制回路设计

1. 位移—步进图

图 2—3—4 所示为两个气缸顺序动作的完整位移—步进图。

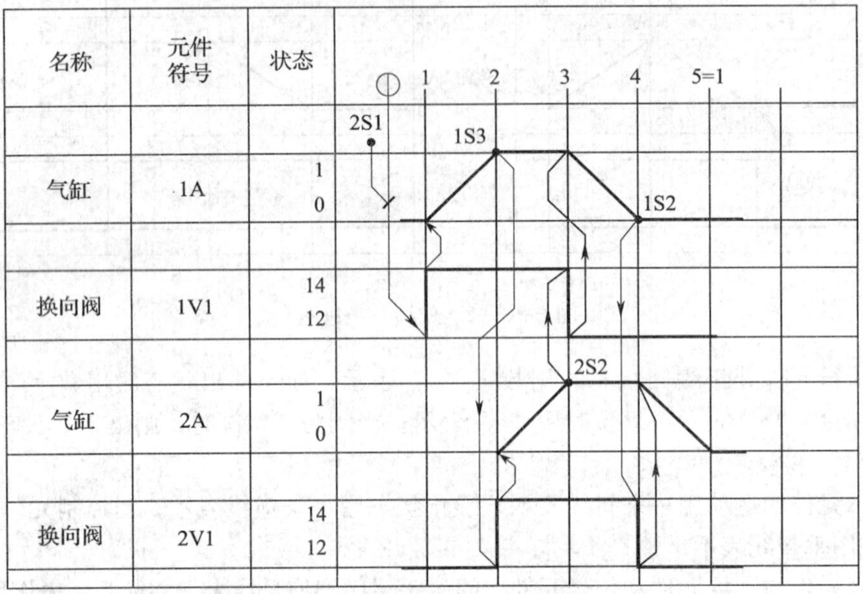

图 2—3—4　不带障碍信号的双缸控制回路位移—步进图

通过启动按钮 2S1 使主控阀 1V1 换向，第一个气缸 1A 伸出，在行程的终点，滚轮式换向阀 1S3（行程开关）被压下，使主控阀 2V1 换向，第二个气缸 2A 伸出，压下滚轮式换向阀 2S2（行程开关），使主控阀 1V1 复位，气缸 1A 返回，压下滚轮式换向阀 1S2（行程开关），使主控阀 2V1 复位，气缸 2A 返回。

2. 不带障碍信号的双缸控制回路

在已知控制顺序后，按顺序将行程开关的信号（1S2、1S3、2S2）直接送到控制下一步动作的主控阀（1V1、1V2）控制口，就可构成控制回路，如图 2—3—5 所示。

（1）启动按钮开关 2S1，主控阀 1V1 换向，气体进入气缸 1A 无杆腔，活塞杆慢速伸出。

（2）气缸 1A 到达前终点压下行程开关滚轮 1S3，主控阀 2V1 换向，气体进入气缸 2A 无杆腔，活塞杆慢速伸出。

（3）气缸 2A 到达前终点压下行程开关滚轮 2S2，主控阀 1V1 复位，气体进入气缸 1A 有杆腔，活塞杆慢速返回。

（4）气缸 1A 到达后终点压下行程开关滚轮 1S2，主控阀 2V1 复位，气体进入气缸 2A 有杆腔，活塞杆慢速返回。

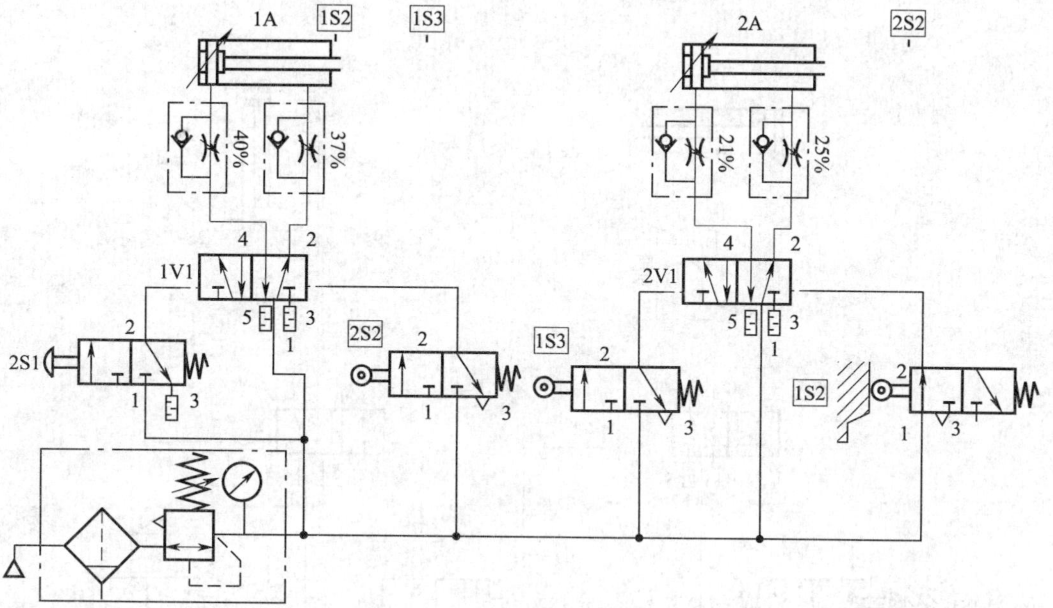

图 2—3—5　不带障碍信号的双缸控制回路

任务实施

一、绘制控制回路图

1. 绘制位移—步进图

完成工作任务需借助 2 个气缸，推料夹紧缸用 A 表示，冲压缸用 B 表示，启动信号用 q 表示，推料夹紧缸 A 伸出压下行程开关 1S2 发出信号，冲压缸 B 冲压后压下行程开关 2S2 发出信号，冲压缸 B 与推料夹紧缸返回压下行程开关 2S1、1S1 发出信号，框图中每一次动作称为一个节拍，用 1、2、3…表示，则图 2—3—6 所示为自动打印机位移—步进图。

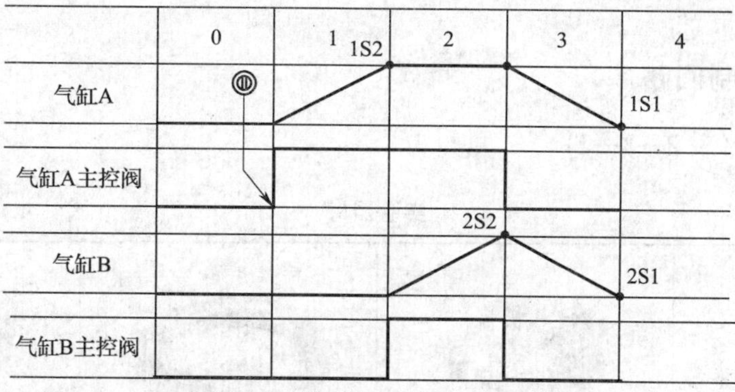

图 2—3—6　自动打印机位移—步进图

2. 绘制气动回路图

自动打印机气动控制回路图如图 2—3—7 所示。

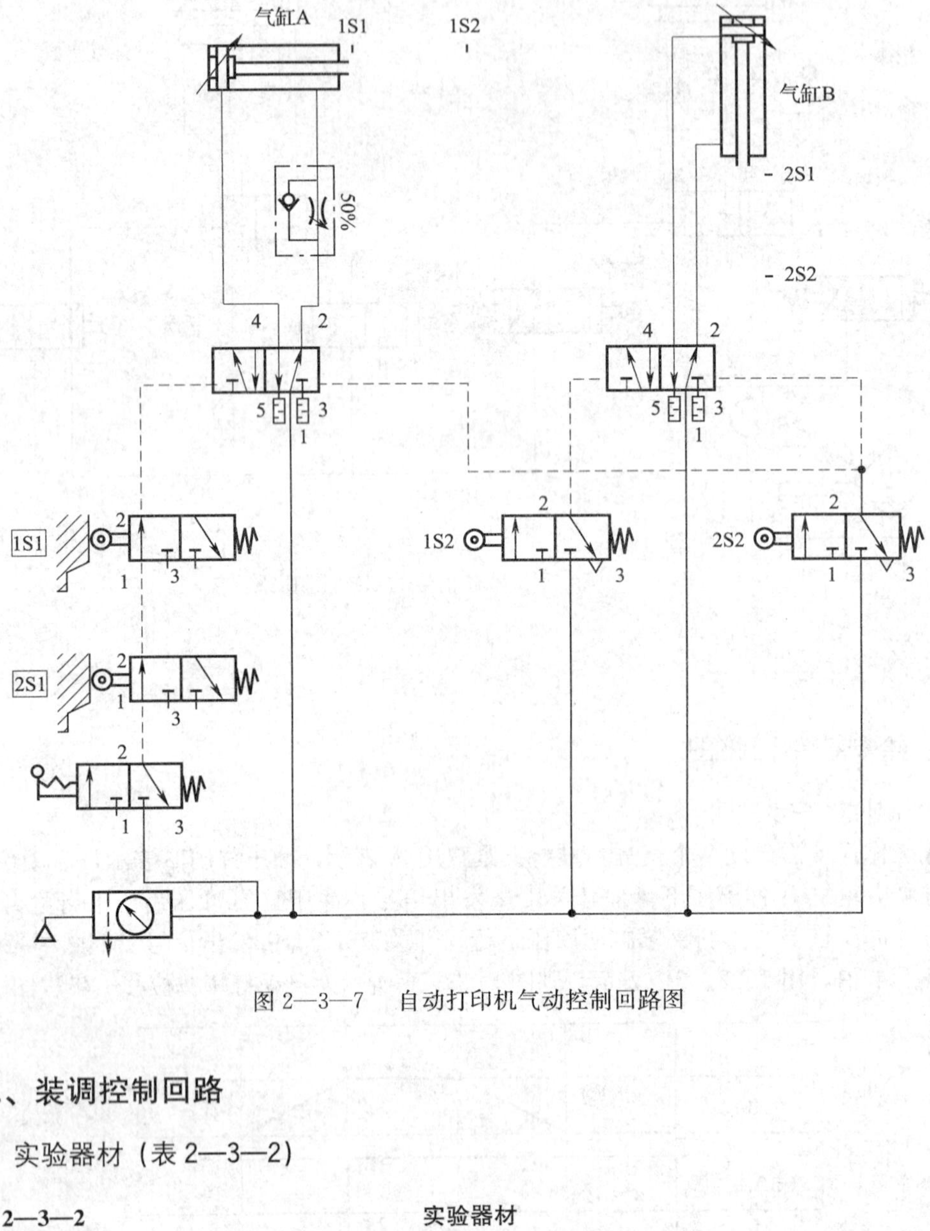

图 2—3—7　自动打印机气动控制回路图

二、装调控制回路

1. 实验器材（表 2—3—2）

表 2—3—2　　　　　　　　　　　　实验器材

行程开关	二位五通双气控换向阀	软管	单向节流阀

续表

二联件	启动阀（常断）	双作用气缸	实验台

2．安装调试注意事项

安装调试过程中要注意的问题与其他任务相同，这里不再赘述。

任务评价

项目	内容	评分标准	配分	得分
绘制气动系统控制回路	1．位移—步进图绘制是否正确 2．气动回路图绘制是否正确	每项 12 分	24	
准备工作	1．元器件选择是否正确、合理 2．系统布局是否合理	正确选择元器件 1～6 分 合理布局系统 1～6 分	12	
安装	1．元器件连接是否正确 2．接头连接是否可靠 3．行程开关安装是否正确 4．节流阀安装是否正确	每项 6 分	24	
启动调整	1．启动手动定位开关后是否能实现气缸 A 伸出后气缸 B 伸出、气缸 A 与 B 同时返回的往复运动 2．手动定位开关复位后气缸是否停止在初始位置 3．气缸 A 是否慢速伸出，快速返回，气缸 B 是否快速伸出和返回	每项 10 分	30	
安全文明生产考核	安全操作	不符合安全操作规定者，酌情扣 1～5 分	5	
	实验后现场整理	不符合要求，酌情扣 1～5 分	5	
总　分			100	

思考练习

1．什么是位移—步进图？

2．试画出“气缸 A 出—气缸 B 出—气缸 A 延时 5 s 后返回—气缸 B 返回”的位移—步进图，并设计控制回路。

任务2　带障碍信号的双缸控制回路的设计与装调

知识点

◇ 气动系统障碍信号；

◇ 障碍信号的消除方法；

◇ 带障碍信号的气动控制回路。

技能点

◇ 根据控制顺序简图判别系统是否存在障碍信号；

◇ 带障碍信号双缸系统安装调试。

任务引入

在自动生产线上，常常遇到物料在传递运输的过程中，运动的方向、高度发生变化。如图2—3—8所示，当工件从传送带Ⅰ传递到升降平台上时，启动控制信号后，平台在气缸A的带动下上升，到达传送带Ⅱ的高度停止，利用气缸B驱动的推头将平台上的工件推到传送带Ⅱ上后，推头在气缸B的带动下返回后，升降平台在气缸A的带动下返回。试绘制位移—步进图，设计控制回路并在实验台上进行装调。

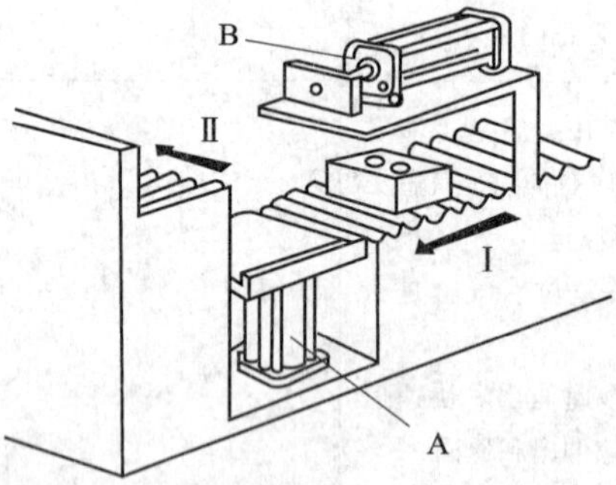

图2—3—8　自动生产线物料转运示意图

任务分析

1. 工作任务是，平台在气缸A的带动下上升，到达传送带Ⅱ的高度停止，利用气缸B驱动的推头将平台上的工件推到传送带Ⅱ上后，推头在气缸B的带动下返回后，升降平台在气缸A的带动下返回。

2. 根据工况，两个气缸的动作如下：

气缸A伸出—气缸B伸出—气缸B返回—气缸A返回，并往复循环。

3. 整个运动过程分4个节拍，在一个主控阀的两端会同时作用控制信号，主控阀换向受阻。可通过学习相关知识中的内容解决这个问题。

相关知识

一、障碍信号的概念

一般障碍信号出现在使用脉冲式换向阀作为主控元件的场合。当主控阀的一个控制口有信号时，另一个控制口由于存在着反向信号的作用，妨碍了控制信号的正常工作，使主控阀不能换向，顺序动作控制就会出现障碍，这种妨碍控制信号正常工作的信号称为障碍信号。因此，必须采用一定的方法将不需要的信号及时消除。

二、消除障碍信号的方法

如图 2—3—9 所示为出三种消除控制障碍信号的方法。

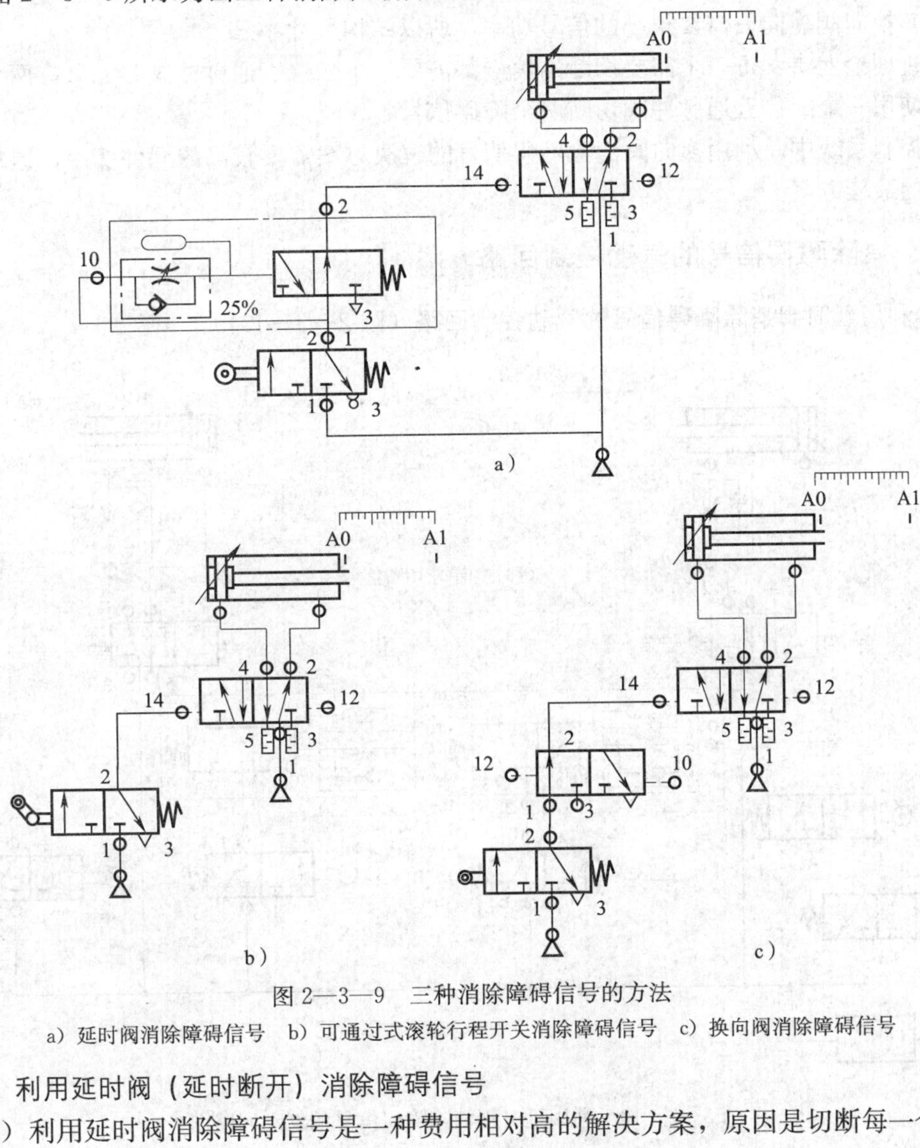

图 2—3—9　三种消除障碍信号的方法

a）延时阀消除障碍信号　b）可通过式滚轮行程开关消除障碍信号　c）换向阀消除障碍信号

1. 利用延时阀（延时断开）消除障碍信号

（1）利用延时阀消除障碍信号是一种费用相对高的解决方案，原因是切断每一个信号都需要附加一个延时阀。

（2）只能在行程开关压下一段时间后信号被切断，如果行程开关松开或被重新压下，通过延时阀给出第二个脉冲信号。

2．利用可通过式滚轮行程开关消除障碍信号

（1）可通过式滚轮行程开关安装在终点附近的位置上，信号输出不能在终点位置发出，会出现顺序动作偏差。

（2）不能用于短行程气缸，因为用于可通过式滚轮行程开关的安装范围太小。

（3）当气缸的工作速度较快时，终点开关被快速跃过，信号持续时间太短。

（4）当可通过滚轮机械发生故障时，会出现危险，并在两个方向上输出信号。

由于这些缺点，该方法很少使用，只在很简单的控制系统中使用。

3．利用换向阀消除障碍信号

（1）换向阀换向只需要很小的信号功率，所以结构尺寸小。

（2）理论上讲，每一个需要切断的信号都需要一个二位三通脉冲阀。如果有两个障碍信号，可使用一个二位五通脉冲阀切断两个障碍信号。

在控制系统中，利用换向阀消除障碍信号的解决方案需要较高的元件费用，但却是 3 种方案中的最佳方案。

三、消除障碍信号的气动控制回路

1．利用延时阀消除障碍信号的气动控制回路（图 2—3—10）

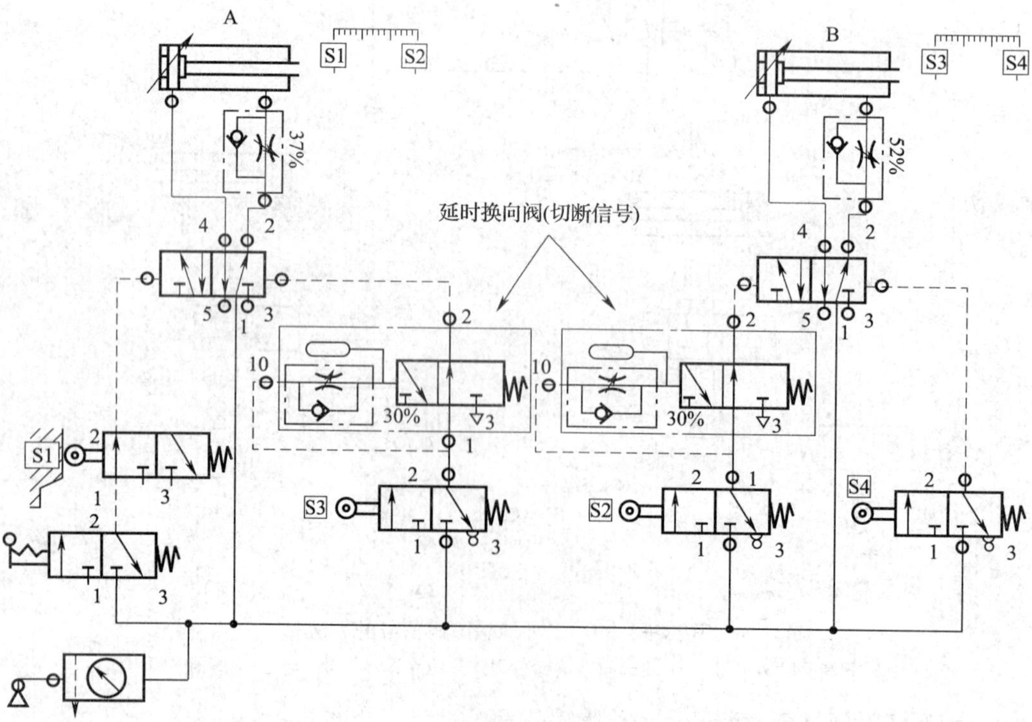

图 2—3—10 利用延时阀消除障碍信号的气动回路图

2．利用可通过式行程开关消除障碍信号的气动控制回路

采用可通过式行程开关（图 2—3—11），使气缸在伸出和返回的过程中，行程开关只发出一次控制信号，即在其中一个方向上气缸通过行程开关时不会发出控制信号。例如，外力从左向右移动作用在行程开关 S2 上，有控制信号输出，外力从右向左移动作用在行程开关 S2 上，没有控制信号输出。

当运动顺序为 A_1 伸出→B_1 伸出→B_0 返回→A_0 返回时，利用可通过式行程开关消除障碍信号的回路图如图 2—3—12 所示。

图 2—3—11　可通过式行程开关

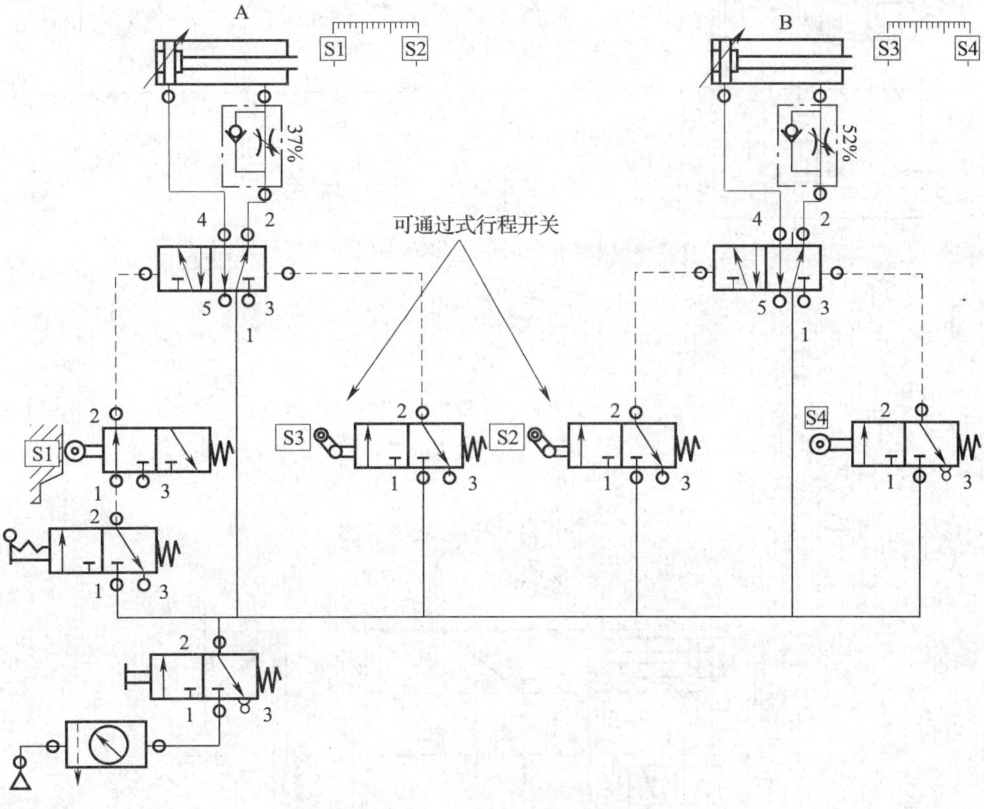

图 2—3—12　利用可通过式行程开关消除障碍信号的气动回路图

3．利用脉冲换向阀消除障碍信号的气动控制回路

利用脉冲换向阀消除障碍信号的气动回路图，如图 2—3—13 所示。

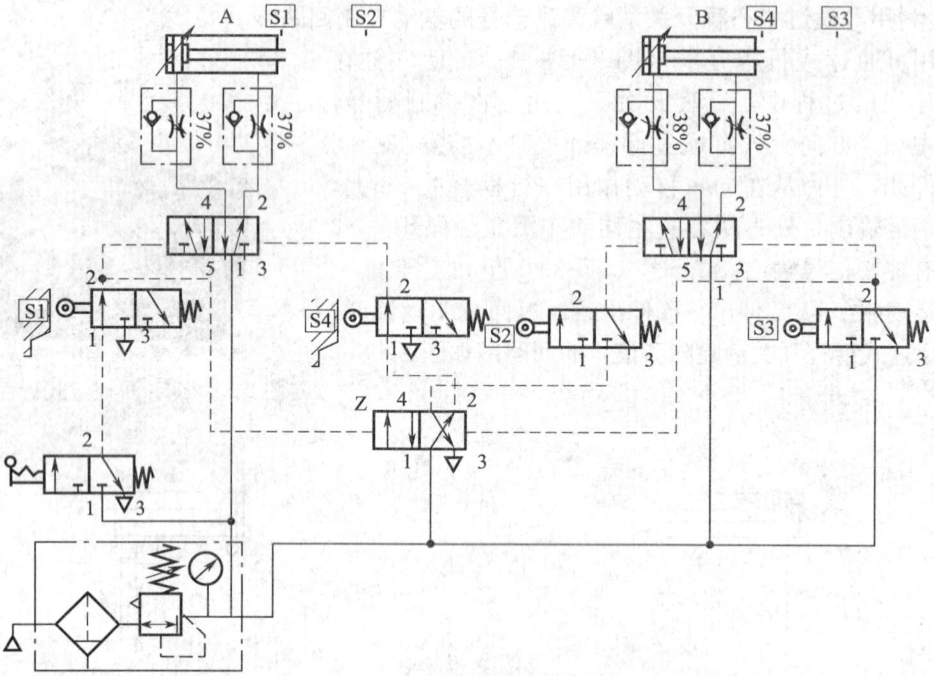

图 2—3—13　利用脉冲换向阀消除障碍信号的气动回路图

任务实施

一、气动系统设计

1. 绘制位移—步进图（图 2—3—14）

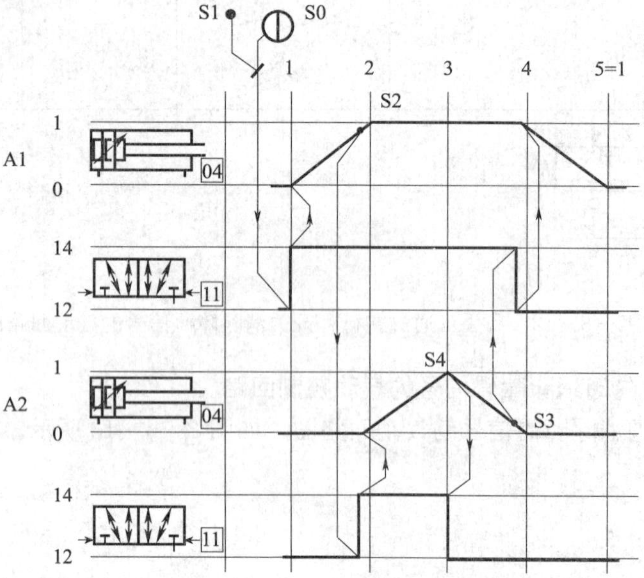

图 2—3—14　自动生产线物料转运位移—步进图

2. 绘制气动回路图（图 2—3—15）

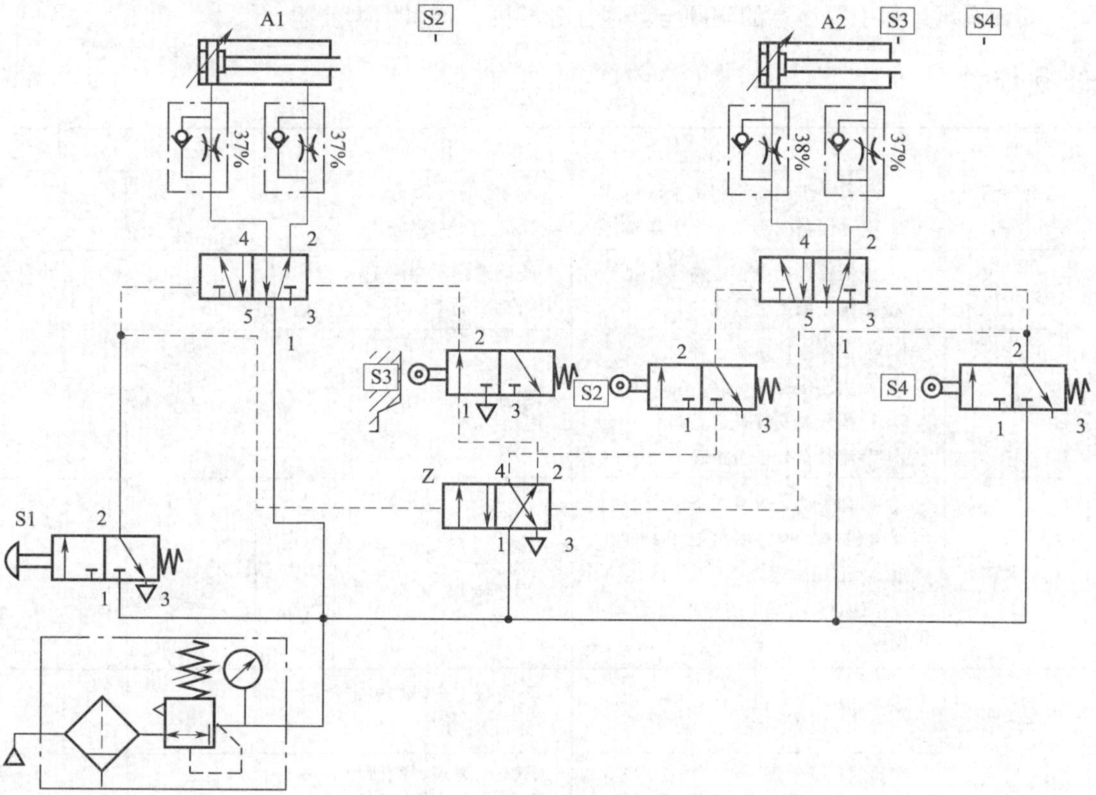

图 2—3—15　自动生产线物料转运系统气动回路图

二、装调控制回路

1. 实验器材（表 2—3—3）

表 2—3—3　　实验器材

行程开关	双气控二位五通换向阀	软管	单向节流阀
		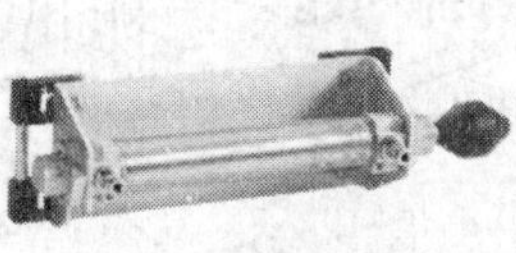	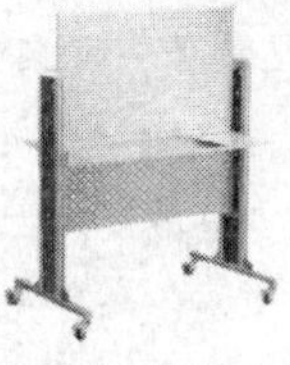
二联件	启动阀（常断）	双作用气缸	实验台

2. 安装调试注意事项

安装调试过程中要注意的问题与其他任务相同，这里不再赘述。

任务评价

项目	内容	评分标准	配分	得分
绘制气动回路图	1. 位移—步进图绘制是否正确 2. 气动回路图绘制是否正确	第 1 项 1～10 分 第 2 项 1～20 分	30	
准备工作	1. 元器件选择是否正确、合理 2. 系统布局是否合理	正确选择元器件 1～3 分 合理布局系统 1～5 分	8	
安装	1. 元器件连接是否正确 2. 接头连接是否可靠 3. 行程开关安装是否正确 4. 节流阀安装是否正确	每项 5 分	20	
启动调整	1. 启动手动定位开关 S1 后是否能实现气缸 A1 伸出后气缸 A2 伸出、气缸 A2 返回后气缸 A1 返回的运动 2. 气缸 A1、A2 的速度是否调节可靠	第 1 项 1～22 分 第 2 项 1～10 分	32	
安全文明生产考核	安全操作	不符合安全操作规定者，酌情扣 1～5 分	5	
	实验后现场整理	不符合要求，酌情扣 1～5 分	5	
总　分			100	

思考练习

借助图 2—3—16 所示装置可以将两个金属板铆接在一起。将铆钉放入到两个金属板的孔中，然后，用手将两个金属板放入到铆接装置中。按动手动按钮后，气缸 A2 的活塞杆将金属板夹住。然后，气缸 A1 的活塞杆伸出并将两个金属板铆接在一起。出于安全考虑，当气

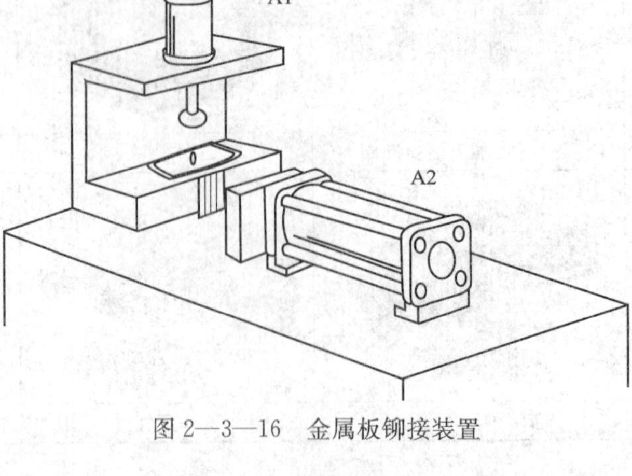

图 2—3—16　金属板铆接装置

缸 A1 完全退回到后端终点位置之前，A2 必须仍然夹紧。只有当两个气缸确实回到后端终点位置时，新的运动过程才能开始。

1. 画出位移—步进图。

2. 分别利用可通过式行程开关和气控换向阀设计两个气动回路的消除障碍信号方案。

课题四 电气气动控制系统装调

任务 1 具有时间控制的电气气动系统装调

知识点

◇ 气缸与电磁换向阀类型匹配；

◇ 气缸往返速度的控制方法；

◇ 延时继电器的工作原理。

技能点

◇ 电气气动元件的正确使用；

◇ 传感器的安装与调整；

◇ 气动回路的装调（气缸速度、工作压力调整）；

◇ 电气回路装调（延时继电器延时时间调整）。

任务引入

在工业生产过程中，许多零件的表面为了防锈、美观等原因，需要在零件加工后、装配前进行表面浸漆处理，也就是将零件浸入油漆容器中，并停留一段时间，以便零件表面充分被油漆均匀涂覆。如果零件较大，一般单件浸漆；如果零件尺寸较小且质量轻，可装入专用容器中分批浸漆。

如图 2—4—1 所示，简易浸漆装置由机械支撑装置、油漆容器、装工件用的篮子及带动篮子上下移动的一个双作用气缸组成。

浸漆工艺过程为：当气缸活塞杆伸出时，活塞杆带着装工件的篮子向下移动，使工件浸入油漆槽中，篮子带着工件在浸液槽中停留 5 s，然后自动升起。根据工艺要求，工件在浸液槽中的时间可以在 0.5～15 s 之间进行调节。改变活塞杆的速度对浸漆的时间没有影响。活塞杆伸出的速度可以无级地调节。为防止工件在浸液槽中停留时间过长而报废，在意外断电时，气缸活塞杆自动返回，将篮子升起。

试设计满足上述要求的电气气动控制系统图。

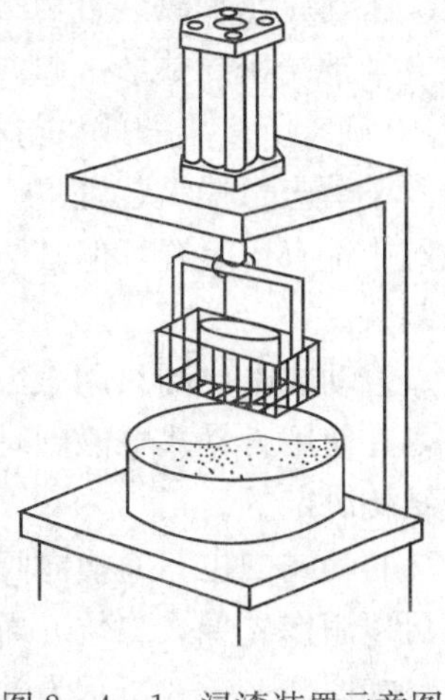

图 2—4—1 浸漆装置示意图

任务分析

根据浸漆工艺要求，首先选择满足工作条件的相关气动元件和电气控制元件。例如，气缸直径的选择应满足浸漆元件的质量要求，气缸行程的选择应满足浸漆元件上下运动距离要求（相关计算见课题一）。根据生产工艺、生产节拍、气缸速度的要求，选择合适通径的电磁换向阀（相关计算不作为本课题的重点）。因为工况要求中没有气缸在任意位置停留的要求，所以可选择二位五通电磁换向阀。因为要求在意外断电时，气缸活塞杆自动返回，所以选择单电控二位五通电磁换向阀。选择合适通径的单向节流阀用于调节气缸伸出速度。

选择延时继电器控制二位五通电磁换向阀，满足气缸活塞杆在伸出位置停留的工况要求，选择传感器进行位置控制，实现气缸活塞杆在伸出位置停留后自动返回的要求。

相关知识

一、相关元件介绍

1．电磁阀

（1）直动式二位三通电磁换向阀（座阀式）。如图 2—4—2 所示为直动式二位三通电磁换向阀的结构示意图，这种阀的结构通常被称为座阀式结构。

其工作原理为：当电磁线圈 4 断电时，该阀处于原始位，衔铁 6 在弹簧 8 的作用下，利用下端密封垫 7 将压力口 1 封闭，此时工作口 2 与排气口相通。

当给电磁线圈 4 加上电压时，该阀处于换向位，线圈中流动的电流产生一个磁场，磁力克服弹簧力使衔铁 6 上移。下端密封垫 7 抬起，压力口 1 与工作口 2 相通，上端密封垫 5 将排气口 3 封闭。

这种换向机能的阀通常被称为常断式二位三通电磁换向阀。

当电气气动设备发生故障时，例如设备断电，这时所有电磁阀都不能正常工作。为了让维修人员在断电时可以使阀换向，或便于维修人员在设备出故障时方便确定设备故障点，电磁阀上都设有手动应急操纵装置。

手动应急操纵装置 10 装在阀体上，当在外部使其转动 180°时，其端部的特殊结构使衔铁 6 及下端密封垫 7 一起向上运动，打开压力口 1，使其与工作口 2 相通。手动应急操纵装置 10 旋转所产生的效果与电磁铁 4 加电所产生的效果相同，所以在使用时应该注意安全。

手动应急操纵装置只能用于阀不能进行电控操纵而又需要使阀换向的场合，在所有的电磁阀中都有该装置，但其结构可能有所不同。在系统调试运行、维修时可以使用手动应急操纵装置。

直动式电磁阀只用于小结构尺寸的阀中，否则需要较大的操纵力和消耗很多的能量。此外，在使用直动式电磁阀时要注意，这种阀在换向时，会出现瞬间泄漏，这是由换向阀的机械结构决定的。

直动式二位三通换向阀用于控制小通径的单作用气缸和单方向旋转的气马达。此外，它还可以用作先导式二位五通换向阀和三位五通换向阀的先导阀。

如图 2—4—3 所示为常通式二位三通电磁换向阀。

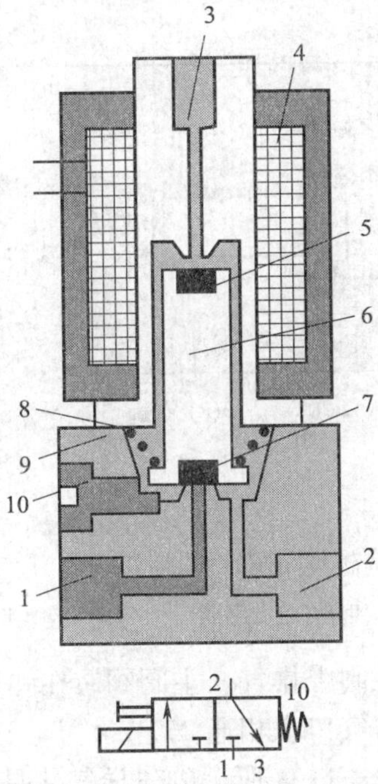

图 2—4—2　常断式二位三通电磁换向阀

1—压缩空气输入口（压力口）　2—压缩空气输出口（工作口）

3—排气口　4—电磁线圈　5—上端密封垫　6—衔铁

7—下端密封垫　8—弹簧　9—阀体　10—手动应急操纵装置

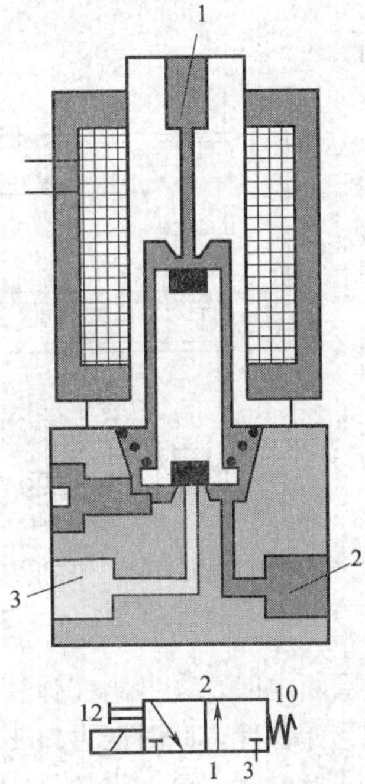

图 2—4—3　常通式二位三通电磁换向阀

与常断式二位三通电磁换向阀相比，通过接口 1 和 3 的互换，阀在初始位置（电磁线圈不带电）上时，压缩空气由接口 1 流向接口 2。接口 3（左边的接口）用于排气。

尽管常通式与常断式二位三通电磁阀结构原理相同，但是作用在密封座上的弹簧力和面积比是不同的。

(2) 先导式二位三通电磁换向阀（滑阀式）。与座阀式不同，滑阀式换向阀通常用于通径大于 4 mm 的情况下。

和采用气控和机械式控制的先导式换向阀一样，电气气动先导控制采用的是电磁阀。其优点是使用相对小的电磁力就可以操纵大通径的阀，由此可以减小发热并降低整个设备的电功率。

滑阀 4 和衔铁 5 的轴线在一个方向上，由于滑阀的密封为弹性密封，而且装有用于定位的弹簧 7，所以滑阀左右运动所需克服的阻力比较大，为了克服这个阻力，阀上需要装比较大的线圈。为了能利用较小的线圈和衔铁驱动滑阀，采用一个座阀式电磁阀作为先导阀，这就是先导式电磁换向阀。

如图 2—4—4 所示，先导阀的衔铁为座阀式结构，不直接与主滑阀相连。当线圈通电时，就建立起一个电磁场，电磁力克服一个小的弹簧力驱动衔铁移动。借此，先导阀打开并使压缩空气推动主滑阀向右移动，换向到工作位置，此时压力口 1 与工作口 2 相通，排气口 3 被封闭。

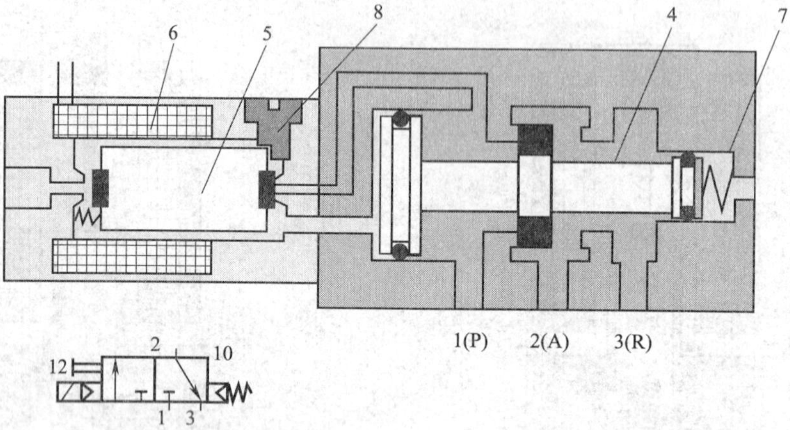

图 2—4—4　先导式二位三通电磁换向阀

1—P（压力口）　2—A（工作口）　3—R（排气口）　4—滑阀　5—衔铁　6—线圈　7—弹簧　8—手动应急装置

当线圈断电时，先导阀在弹簧力的作用下关闭，控制腔排气，主阀阀芯在弹簧力的作用下返回到初始位置，此时压力口 1 封闭，工作口 2 与排气口 3 相通。

先导式换向阀需要一定的最小压力 2～3 bar。图 2—4—4 所示的先导气体是由压力口 1 分流出来的，也有的阀采用由外部提供先导控制气源。

这种结构形式的优点是额定通径较大的换向阀可以利用一个较小的线圈通过先导控制单元进行控制。

为了使带弹簧复位的单电控电磁换向阀保持在它的工作位置上，需要加一个持续的控制电压。所以人们称其为“单稳态阀”或自动复位阀。与之相反的是脉冲式电磁换向阀或双稳态阀。

有些应用场合，要求阀在换向前压力口 1 与工作口 2 相通，换向后工作口 2 与排气口 3 相通，这时就可以选择常通式二位三通电磁换向阀，如图 2—4—5 所示。

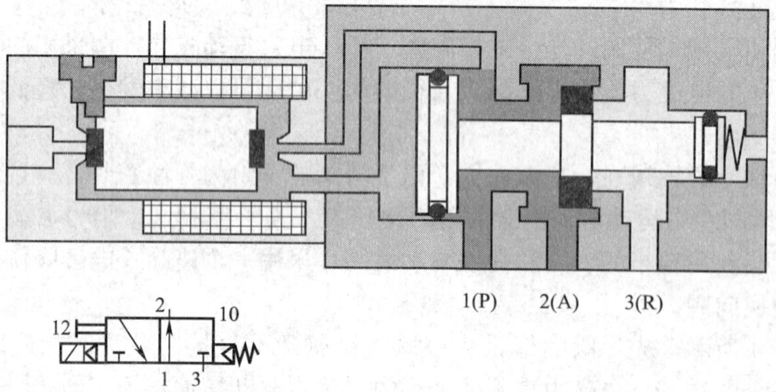

图 2—4—5　常通式二位三通电磁换向阀

（3）单电控二位五通电磁换向阀。如果要控制一个双作用缸动作，则需要一个二位五通电磁换向阀。在电气气动控制系统中，作为用于控制执行元件（双作用气缸、气马达）的主控阀，首选使用二位五通电磁换向阀。因为气缸必须伸出和返回，气马达必须正转和反转。该阀有两个接工作管路的接口、两个接排气管路的接口以及一个压缩空气进气口。

如图 2—4—6 所示，当电磁铁不带电时，先导阀关闭，主阀芯上端与先导阀排气口相通，阀芯在弹簧作用下，处于阀体上端，此时压力口 1 与工作口 2 相通，工作口 4 与排气口 5 相通。

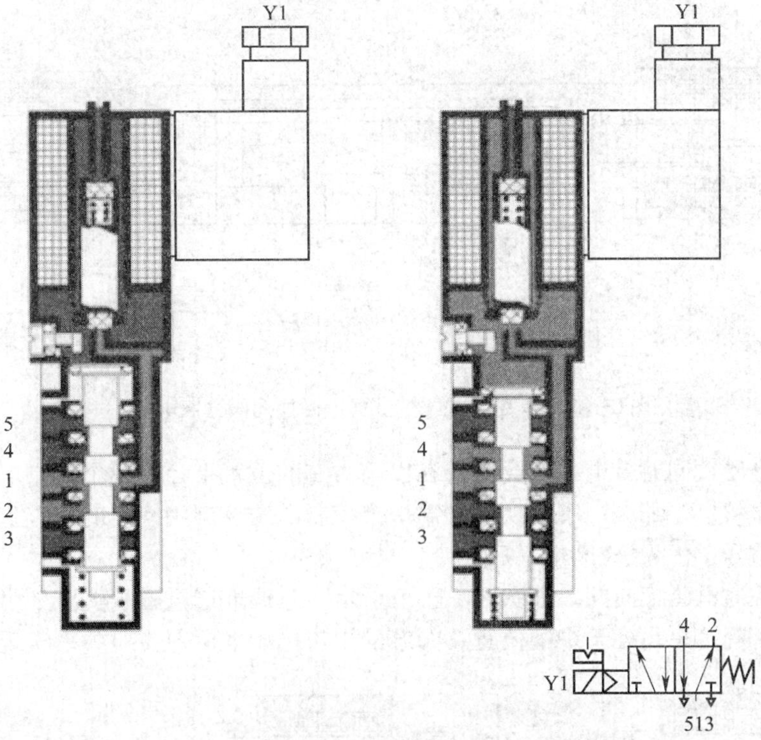

图 2—4—6　先导式二位五通电磁换向阀（单电控）

当电磁铁通电后，先导阀打开，主阀芯在压缩空气产生的力作用下，向下运动，压缩弹簧，这时压力口 1 与工作口 4 相通，工作口 2 与排气口 3 相通。

它的优点是：当断电或按动急停按钮时，阀芯通过弹簧力返回到所定义的初始位置上。

当控制系统的工作压力由于使用的原因低于 2 bar 的最低压力时，先导式换向阀的换向将不可靠。当进气口出现真空时，根本没有内部控制气体可供使用，针对这种情况，换向阀可选择采用外部控制气体的方式（也称为外控式）。

外控式阀带一个附加的外部控制口。在该口上最低压力约为 2.5 bar。对于脉冲式电磁换向阀来讲，一部分阀达到 1.5 bar 就已足够。

（4）双电控二位五通电磁换向阀。在有些电气—气动控制系统中，需要通过主控元件（阀）的换向将控制信号储存起来。如果控制信号只出现很短的时间，气缸的伸出或返回运动需要通过阀来完成，这时就要求阀持续地保持在换向状态上。

脉冲式电磁换向阀通过阀芯的机械摩擦力将电信号储存起来。

其优点是控制功率低，在断电的情况下，阀芯会保持在最后一次被操纵的位置上，并且在初始位置上不会突然运动。

脉冲的最短持续时间应为 30 ms。

如图 2—4—7 所示，当右端线圈通电时，先导阀打开使压缩空气作用在阀芯右侧的控制端上，阀芯向左移动并保持在该位置，接口 1 和 2 接通，即使控制电压切断，阀芯也不会移动。当左端线圈通电时，阀被重新换向到右端并同样保持在该位置上，即使断电，阀芯也会保持静止不动。

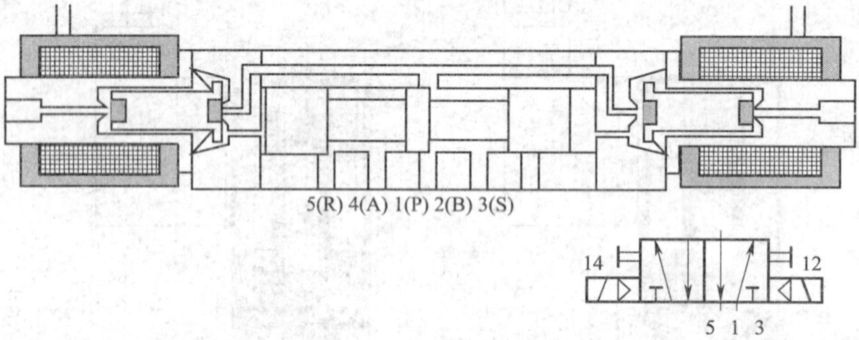

图 2—4—7 先导式二位五通电磁换向阀（双电控）

如果两端电磁铁同时带电，阀会保持在以前占有的位置上，当两个控制电压有一个短暂的先后通电顺序的话，那么，阀会换向到第一个控制电压控制阀换向的位置上。这种阀被称为通电第一个信号“优先”，断电最后一个信号“优先”。

（5）三位五通电磁换向阀。如图 2—4—8 所示，三位五通电磁阀具有 3 个换向位置。为了确保不带电时阀芯总是处于中间位置，阀芯的中位机能采用弹簧对中来实现。

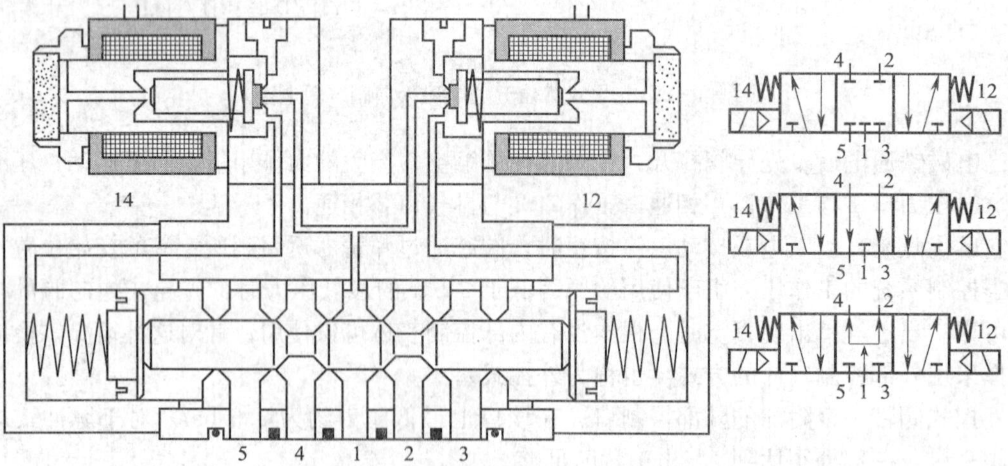

图 2—4—8 先导式三位五通电磁换向阀

如果两个电磁线圈中的一个通电时，阀将被换向到相应的换向位置上。三位五通换向阀基本上采用先导控制并装有手动应急操纵装置。

三位五通电磁换向阀有内控和或外控先导式（自控/外部控制）结构，用于两个换向位置。

此外，这类阀还有 3 种变形结构。它们的区别主要在于中位机能。

中位带截止机能的换向阀用于需要控制气缸实现简单停止的场合。气缸的两腔都受压缩空气的作用并且来自气源的压力被截止。由于气体的可压缩性和滑阀特有的泄漏性质会导致定位不准，借助于定位装置或比例阀调节回路可以解决这一问题。

中位带泄压机能的换向阀用于在没有控制时气缸的活塞杆应该是活动的场合。气缸的两腔排气，活塞杆可以手动或机械式地改变它的位置。

（6）气动压力开关。前面介绍的电磁换向阀是将电信号转换为气动信号的装置。与其相反的情况是当系统某个部位达到设定压力时，需要把这个压力信号转换为电信号，这时就需要一个压力开关。

压力开关分为开关压力不可调式和开关压力可调式，分别用于低压、真空。

如图 2—4—9 所示为膜片式气动压力开关。弹簧力经过调节螺钉 3 调定，当 P 口压力低于调定压力时，膜片 1 下方的气动力低于膜片上方的弹簧力，这时电气微型开关 5 的两对触点分别为常开和常闭。随着口 P 的压力上升，当膜片 1 下方的气动力大于膜片上方的弹簧力时，微型开关 5 的两对触点分别为常开变闭合，常闭变断开。

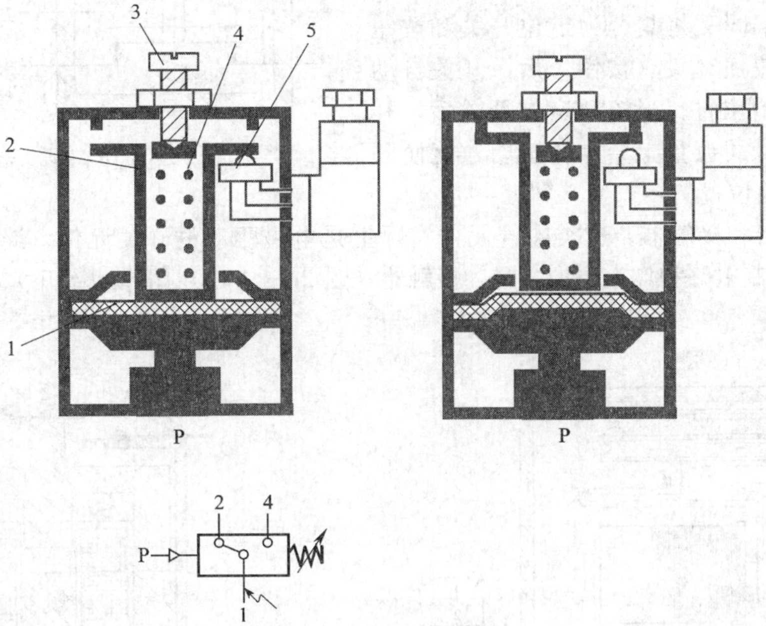

图 2—4—9　膜片式气动压力开关

1—膜片　2—杠杆　3—调节螺钉　4—弹簧　5—微型开关

微型开关绝大多数采用转换式开关，目的是将电路接通和断开。

当开关压力下降到一定值时，微型开关返回到它的原始位置。在此必须注意：接通和断开的压力是不同的。差别在于两个开关点之间有一个开关滞后。开关滞后与弹簧力、摩擦力、微型开关的开关点等因素有关。

2. 低压电气元件

(1) 开关。这类电气元件采用手动或机械式操纵触点。使用它们可以将电路接通或断开。低压电气元件可分为 3 种基本类型：

1) 常开触点：用于接通的开关元件，如图 2—4—10 所示。

2) 常闭触点：用于断开的开关元件，如图 2—4—11 所示。

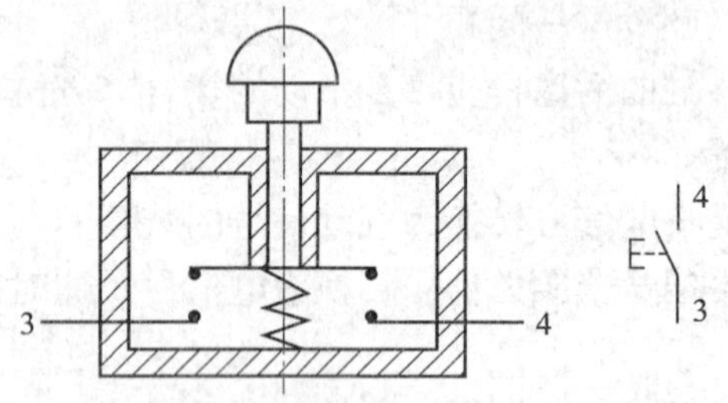

图 2—4—10　常开按钮开关

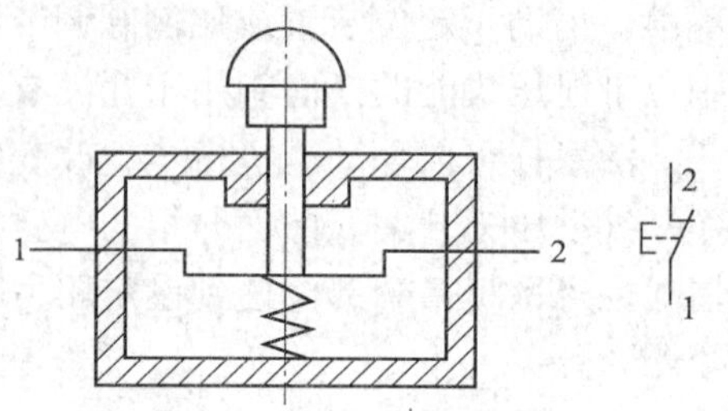

图 2—4—11　常闭按钮开关

3) 转换触点：用于转换的开关元件（常闭—常开—组合），如图 2—4—12 所示。

每一个电气元件可以是一个或多个开关元件，也可以是多个常闭触点和常开触点的组合。

根据结构不同又将其分为定位开关和按钮开关。当按动按钮开关（按钮）后，开关自动返回到它的原始位置。当按动定位开关后，开关保持在新的开关位置上；重新按动才能使开关复位到其原始位置。

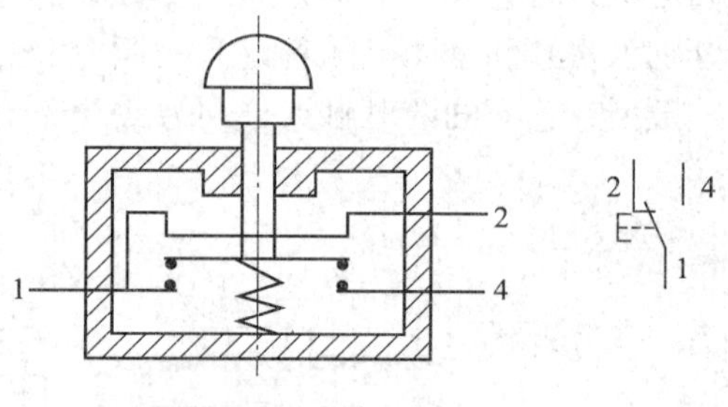

图 2—4—12　转换开关

(2) 继电器和接触器。这类电气元件实际上是电磁驱动的开关元件。继电器（图 2—4—13）用于控制电路和作为防护装置，接触器（图 2—4—14）用作功率开关或起辅助保护作用。

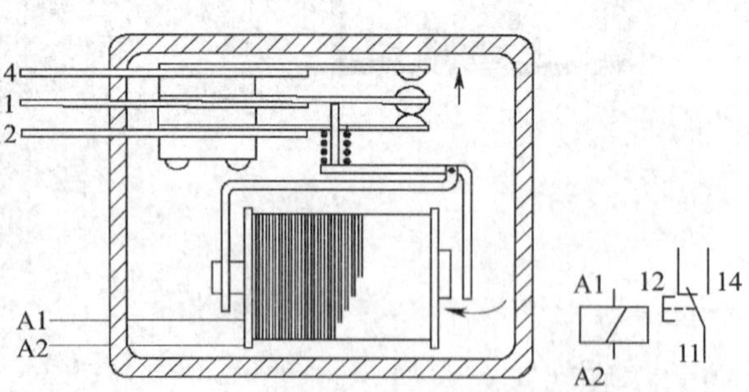

图 2—4—13　带转换触点继电器

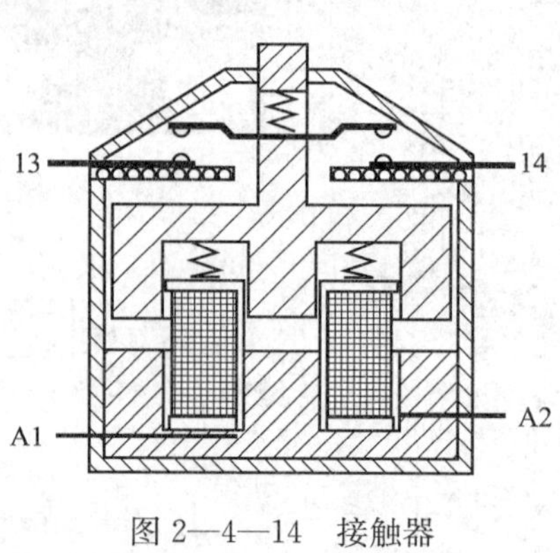

图 2—4—14　接触器

对于电气—气动控制来讲，在一般情况下，只使用继电器，因为控制电磁阀只需要很小的功率。在纯电气控制系统中，接触器用于控制电动机、电热装置、电灯组等。

继电器工作原理如下：继电器由一个带铁心的电磁线圈和一个铁磁轭（衔铁）以及触点组成。利用电流的磁效应，当电流流过由很多匝数组成的线圈时，会产生一个强磁场。磁场在铁心中穿行，衔铁克服弹簧力（调节的原始位置）被吸过来。通过杠杆机构来操纵触点。

主接触器（图 2—4—15）总是由 3 个主触点组成，可能有多个辅助触点（以可插入式触点组的形式）。主触点接通/断开主电路（工作电路）中的电路，辅助触点接通/断开控制电路中的电路。主触点由 3 个定触点和 3 个动触点组成。在磁力的作用下，定触点和动触点彼此压在一起。这里的弹簧起复位到原始位置的作用（触点打开）。

接触器不能被锁定（“非锁定开关”），继电器可能是锁定的（例如，脉冲继电器）。锁定是指当控制信号撤销后，接通状态保持不变。重新给一个电脉冲信号后，开关才重新松开。

继电器和接触器的线圈接线用 A1 和 A2 表示（A2 应与电路的下参考点相连）。主接触器的主触点用连续的数字（1～6）标注，如图 2—4—15 所示。

继电器和辅助接触器的触点用两位数表示（图 2—4—16）：

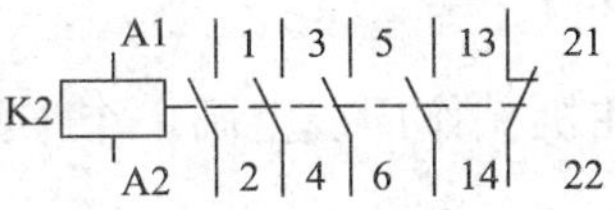

图 2—4—15 主接触器

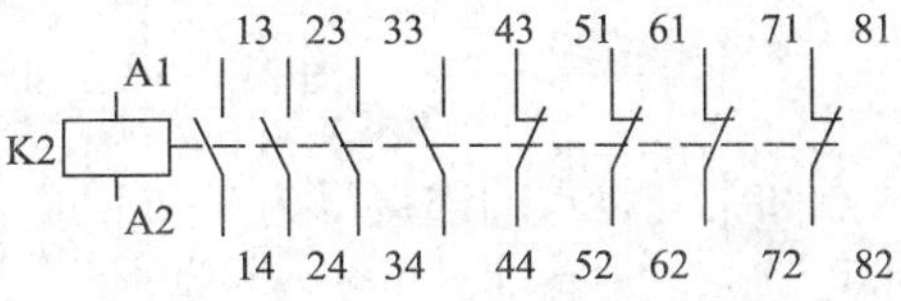

图 2—4—16 辅助接触器或继电器

➢ 数字（十位数）：触点号。

➢ 数字（个位数）：1～2 常闭触点，3～4 常开触点。

时间继电器工作原理：作为继电器的特殊种类，时间继电器可以延时接通或断开它的触点。时间继电器分为断电延时继电器和通电延时继电器两种。延时时间通常是可以调节的，实现延时的不同方法如下：

电子时间继电器：精度最高（误差在 1%以下），延时可以从 1 ms 到 24 h 并且可以调节，绝大多数需要附加直流电用于内部的电子器件。

机械式时间继电器：精度一般，机械电子传动机构构成时间继电器。

电气—气动时间继电器：精度很低，内部有一个小气容，通过节流阀控制压缩空气慢慢地充气或排气。

与内部结构无关，所有不同结构类型的时间继电器都用同一个图形符号元件来表示。

通电延时继电器如图 2—4—17 所示。

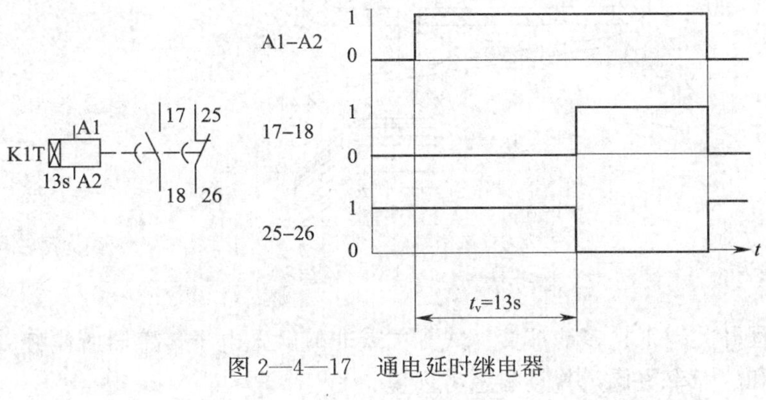

图 2—4—17 通电延时继电器

断电延时继电器如图 2—4—18 所示。继电器图形符号前面带十字方框的是通电延时继电器，带涂黑方框的是断电延时继电器。标注“T”的表示“延时时间”可以调节。

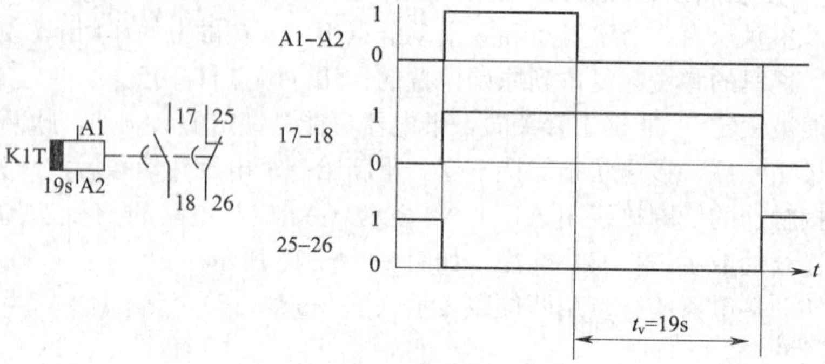

图 2—4—18　断电延时继电器

常闭触点和常开触点的连接号为 5 和 6 或 7 和 8，在机械作用线上画一个半圆弧（开口向右或向左）。

（3）位置控制开关和传感器。位置控制开关用于与行程有关的顺序动作控制。通过感应气缸活塞或活塞杆的位置形成转换动作的条件。

常用的开关有机械式行程开关（微型开关）、磁性开关、电感式电子传感器、电容式电子传感器、光电式传感器。

传感器可以用来获得工件和刀具在加工过程中的位置，运动过程和工艺过程以及测量技术中。同样，使用传感器信号还可以在逻辑控制系统中形成逻辑条件。

1）机械式行程开关。机械式行程开关通过活塞杆头上的凸块进行操纵，有顶杆式和滚轮式结构，如图 2—4—19 所示。

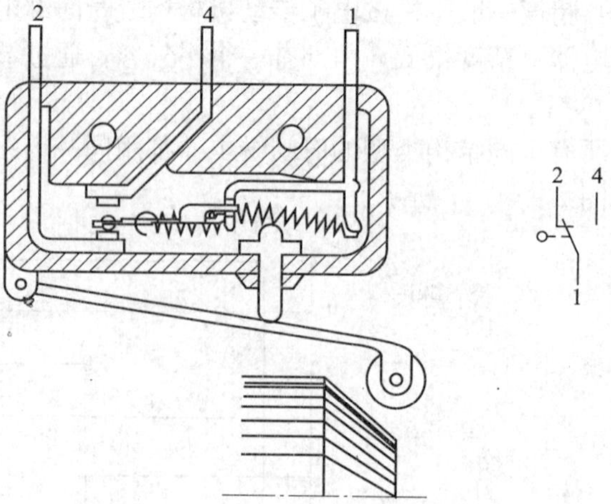

图 2—4—19　行程开关

机械式行程开关越来越多地被簧片式开关或非接触式电子传感器所代替。其根本原因是使用寿命更长和故障率更低，并且耐恶劣环境。

2）磁性开关。磁性开关是一种结构简单、价格便宜的非接触式气缸开关，可以直接以机械方式安装在气缸上。磁性开关的触点通过安装在活塞上的磁环产生的磁场进行吸合。也可以用电磁铁来控制磁性开关，如图 2—4—20 所示。

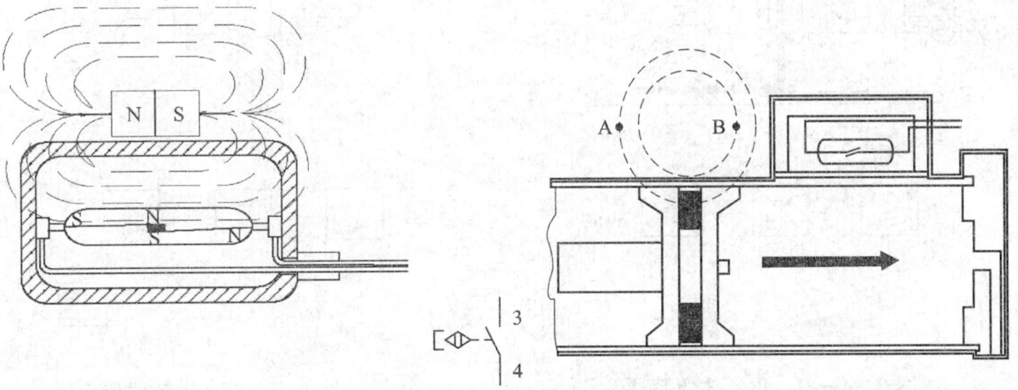

图 2—4—20　磁性开关

安装磁性开关的气缸活塞上装有磁铁，气缸缸筒的材料不用钢材而用铝合金，这样，磁场向外的发散不会受到阻碍。

磁性开关主要用于工作环境污染严重以至于机械开关不能使用的场合，以及安装开关的空间很小的场合。磁性开关附近不能有其他磁场存在，否则会产生误动作。

(4) 电感式传感器。电感式传感器与电容式传感器和光电式传感器一样，完全没有机械式触点和机械式操纵。电感式传感器在接近金属时有所反应，特别是对铁磁性材料，如铁、镍和钴。作为气缸开关它只能用于由非铁族金属（铝和铜）制成的气缸上，并且在活塞上要安装一个钢片，如图 2—4—21 所示。

电感式传感器主要由一个振荡器、触发极和一个信号放大器组成。给一个电感式传感器加上电压，这时处于静止状态的振荡器借助于振荡线圈产生一个高频电磁场，若再将一块金属物体放入磁场，它就会对磁场产生一定的影响；放入磁场的金属产生涡流，降低了振荡器能量；自由振荡的振幅减小，使得触发级动作，输出一个信号。电感式传感器只能用来检测金属物体。

开关感应距离与材料和工件的形状有着密切的关系。体积大和表面平的铁磁性材料最易识别（最大不超过 150 mm）。对于非铁族金属来讲，感应距离减小约一半。

其特点是：动作迅速，对周围环境的影响不敏感，但对金属物体很敏感，必须保证它的有效作用距离，滞后较大，与机械式开关相比价格相对较高。

(5) 电容式传感器。电容式传感器按照相同的振荡电路原理进行工作。电容式传感器是由电容器在一定的区域内辐射电场，当外来物体接近时，这一电场就会发生变化并改变电容器的电容。电子装置处理这一变化并形成一个相应的输出信号，如图 2—4—22 所示。

从电容式传感器的工作原理可以看出，它受周围环境的影响较大，如果其有效工作表面上有潮气的话，有可能产生误动作。

电容式传感器的优点是抗振动、冲击能力强，可检测所有金属材料，也可检测所有的介电常数大于 1 的材料。

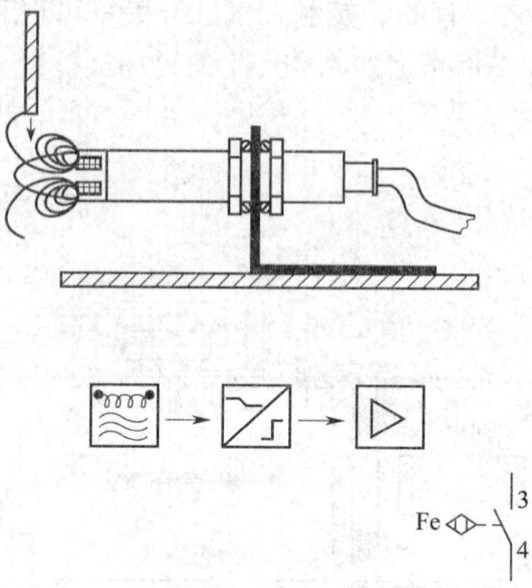

图 2—4—21　电感式传感器

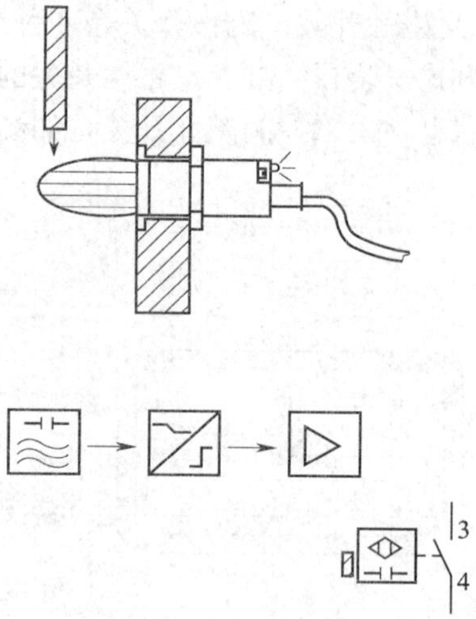

图 2—4—22　电容式传感器

电容式传感器除了对接近的金属有反应之外，还对油、油脂、水、玻璃、木材和其他的绝缘材料或湿度有反应。

由于内部电子装置比较复杂、成本较高，电容式传感器比较贵一些。整个元件还要精确地进行测试。对于这类传感器，开关感应距离与材料有着密切的关系。

作为电感式和电容式传感器的变形产品，在市场上有正或负输出型，也就是说，所连接的负载如继电器或 PLC 的输入能够用正或负电位进行控制。

（6）光电式传感器。光电式传感器只能通过光栅来获取该位置的信息。在技术上也可以使用图像传感器、光敏传感器（火焰传感器）等，如图 2—4—23 所示。

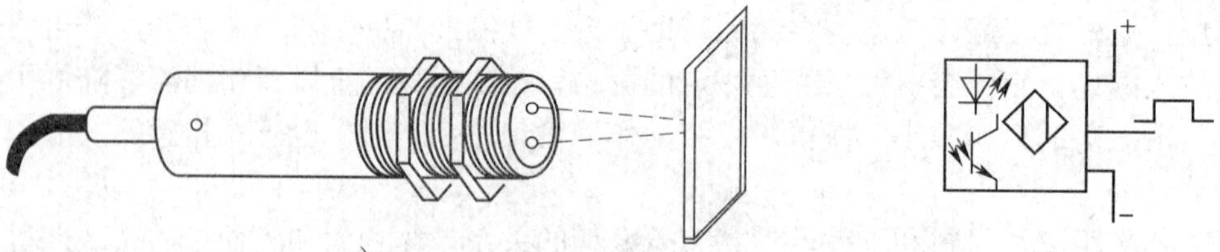

a）　　b）

图 2—4—23　光电式传感器

a）反射式光栅　b）图形符号（正输出）

光栅的优点是具有相对比较大的探测距离，灵敏度高和温度范围宽。每一个光栅都是由发射器和接收器组成。作为发射器，光源绝大多数使用脉冲光、红外线、可见光、激光等。在一般情况下，由发射器发出的光线被接收器接收。当一个物体出现在传输距离之内时，接收器产生一个二元信号。

光电式传感器有不同的结构形式，如反射式光栅、对射式光栅、单向光栅、脉冲式光电传感器。反射式光栅和脉冲式光电传感器结构原理相似，在元件的内部带有发射器和接收器（绝大多数是发光二极管和光电三极管）。它们的不同之处在于，反射式光栅需要有一个精确调整的反光板，而脉冲式光电传感器只需要工件的反射表面即可。

单向光栅的安装和调节要复杂一些，因为发射器和接收器是分开空间放置的。它可以跨越很远的距离（几百米）。

光电式传感器很少作为气缸开关来使用。

二、相关回路介绍

1. 单作用气缸控制回路

电气气动单作用气缸控制回路如图 2—4—24 所示，使用单电控直动式二位三通电磁换向阀控制单作用气缸。该回路适用于行程短、速度要求不严格、输出力要求较小的工况。

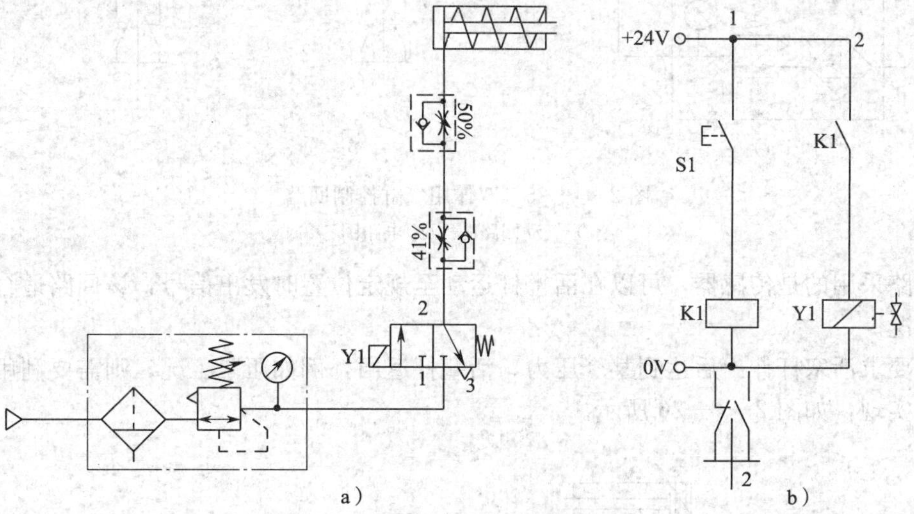

图 2—4—24 单作用气缸的控制

a）气动回路图 b）电路图

当常开按钮 S1 闭合时，继电器线圈 K1 得电，其控制的继电器常开触点 K1 闭合，二位三通电磁阀电磁铁 Y1 得电，电磁阀换向，高压口 1 与输出口 2 相通，压缩空气推动活塞，单作用气缸活塞杆伸出并压缩弹簧。S1 断开时，换向阀复位，输出口 2 与排气口 3 相通，单作用气缸活塞杆在弹簧作用下返回。两个单向节流阀分别控制气缸的伸出速度和返回速度。

2. 双作用气缸控制回路

双作用气缸的控制一般采用二位五通电磁换向阀。如图 2—4—25 所示为先导式双电控二位五通电磁换向阀，根据其工作原理，当其得到一个脉冲信号时，阀芯就可以实现换向，并保持在换向位。因为采用的是先导式电磁换向阀，所以该回路适用于直径较大气缸的控制，如果采用无杆气缸，还可用于行程较长的工况。

当按钮开关 S1 闭合时，K1 继电器线圈得电，K1 常开触点闭合，Y1 电磁铁得电，换向阀换向，高压口 1 与输出口 4 相通，压缩空气作用于气缸无杆腔，双作用气缸活塞杆伸出，当伸出到容性传感器 B1 点时，B1 有感应信号，其输出端有输出电压，K2 继电器线圈得电，换向阀复位，高压口 1 与输出口 2 相通，压缩空气作用于气缸有杆腔，双作用气缸活塞杆返回。两个单向节流阀以排气节流的方式分别控制活塞杆的伸出和返回速度。

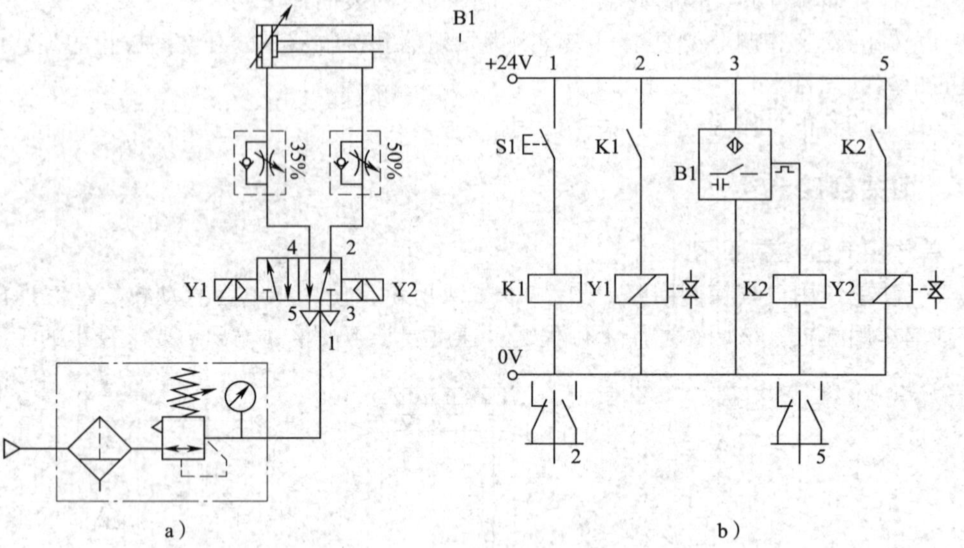

图 2—4—25 双作用气缸控制回路

a）气动回路图 b）电路图

该回路采用的是传感器，可以在活塞杆运动至规定位置时发出信号，该回路适合于位置控制的工况。

如果要求活塞杆伸出后达到某个压力，活塞杆返回，例如压紧工况，则需要利用气动压力开关来实现，如图 2—4—26 所示。

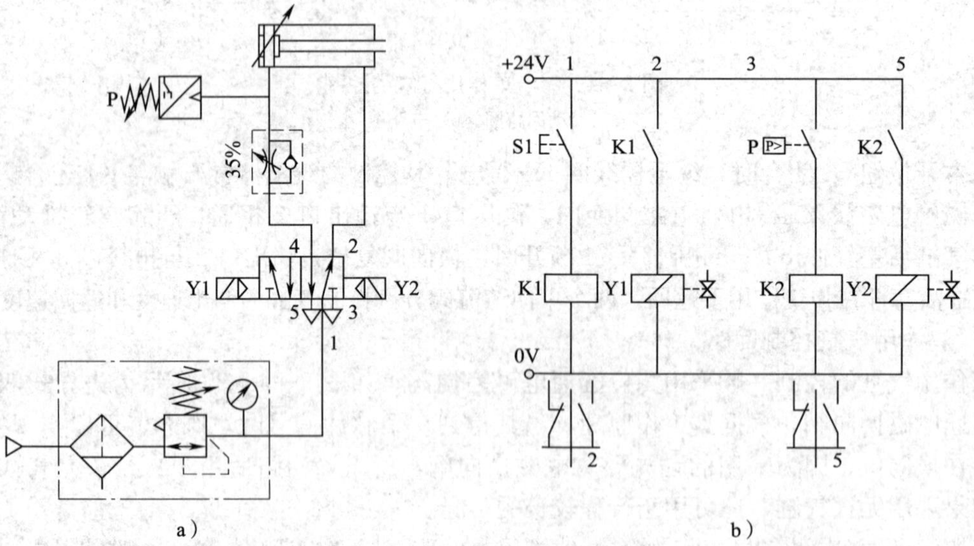

图 2—4—26 双作用气缸的控制

a）气动回路图 b）电路图

使用双电控二位五通电磁换向阀控制双作用缸，突然断电时，气缸活塞杆可能停留在伸出位，也可能停留在返回位。如果工况要求气缸活塞杆在突然断电时停留在固定的位置，例如返回位，则选择单电控二位五通电磁换向阀控制更为合理。

3．使用二位五通单电控电磁换向阀、传感器控制双作用气缸实现单循环

如图 2—4—27 所示，当按钮开关闭合时，由于自锁回路的作用，K1 继电器线圈连续得电，二位五通电磁换向阀保持在换向位，高压口 1 与输出口 4 相通，压缩空气作用于气缸无杆腔，气缸活塞杆持续伸出，直到位置 B1 点。容性传感器有感应信号时，K2 继电器线圈得电，K2 常闭触点断开，自锁回路解除自锁，K1 继电器线圈断电，电磁换向阀电磁铁 Y1 断电。电磁阀阀杆在弹簧力的作用下复位，高压口 1 与输出口 2 相通，压缩空气作用于气缸有杆腔，控制双作用气缸活塞杆返回原始位。

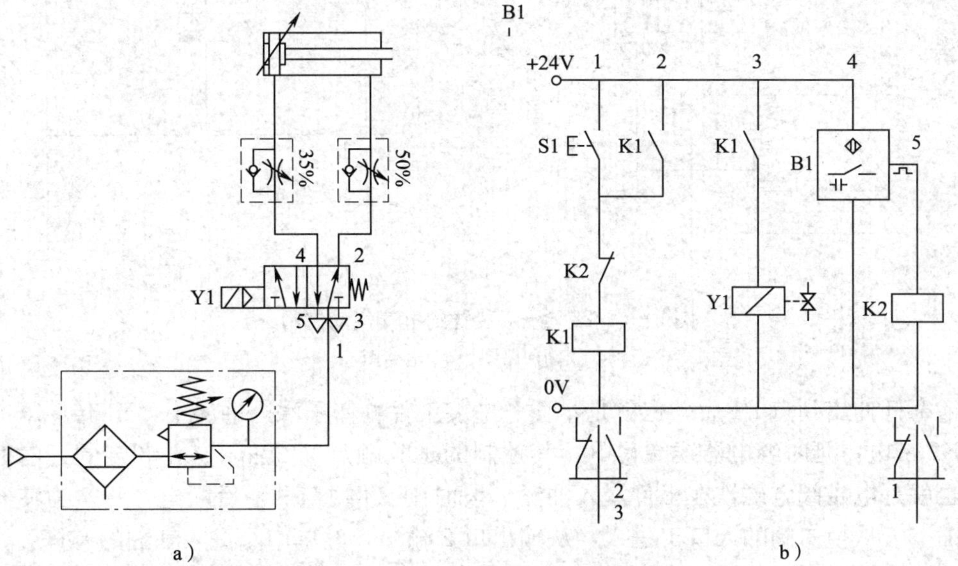

图 2—4—27　双作用气缸的控制

a）气动回路图　b）电路图

任务实施

一、控制回路设计

根据浸漆装置电气气动的任务要求和任务分析，更接近工况要求的是图 2—4—27 的示例，但要注意还应使用延时继电器，以满足浸漆工艺中装工件的篮子在油漆容器中停留时间的要求。

结合工作任务要求：设计方案如图 2—4—28 所示，启动 S1 常开按钮开关，K1 继电器线圈得电，K1 常开点闭合，Y1 电磁铁得电，二位五通电磁换向阀换向，阀芯右移，压缩空气经过气动辅助元件的处理后，通过管路进入换向阀输入口 1，从输出口 4 输出，经过图中左面的单向阀，进入气缸无杆腔，推动活塞右行，气缸有杆腔的气体从气缸右面的接口排出，进入图中右面的单向节流阀。此时单向阀截止，气流只能从右面的节流阀进入二位五通电磁换向阀口 2，从换向阀的排气口 3 排向大气，调节右面节流阀开口的大小，即可控制气

缸背腔的排气量，从而达到控制活塞杆的伸出速度。满足活塞杆伸出速度可以无级调节的任务要求。

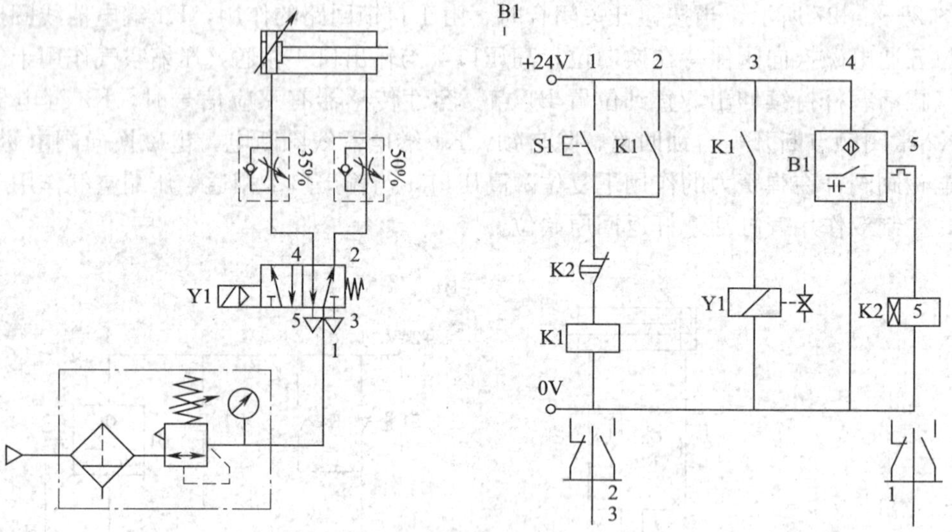

a） b）

图 2—4—28　浸漆装置的电气气动控制

a）气动回路图　b）电路图

当活塞杆伸出到点 B1 后，也就是本任务中装工件的篮子浸入油漆中，B1 传感器有感应信号，K2 带电，延时继电器线圈得电，其控制的延时触点 K2 常闭点在调定的延时时间后断开，也就是电磁阀电磁铁在工件浸入油漆一段时间（例如 5 s）后断电，弹簧力使阀芯复位，压缩空气从换向阀的入口 1 进入，从输出口 2 输出，经单向阀进入气缸的有杆腔，作用在活塞上，推动活塞左行，无杆腔气体进入图中左面的单向节流阀，此时单向阀截止，气流只能从左面的节流阀进入手动二位五通换向阀的口 4，经排气口 5 排向大气，调节左面节流阀开口的大小，即可控制活塞杆返回的速度。

二、安全指导

实验练习使用的气动元件以及电气装置均采用超低电压 24 V 直流，以保证学员的安全。

在做练习时，不允许学员在较高电压的装置上工作。

不允许没有专业知识的人进行布线，也不允许做任何超过实验电压的电气测试。

学员应在断电的情况下安装电气元件和回路。

在通常情况下，使用气动元件做实验时不会有特殊的危险。尽管如此，所有的布管工作应该在切断压力的情况下进行。

应确保分配器和快速接头可靠地连接。当通压缩空气时，要防止塑料软管从快速接头上脱掉出现“抽打现象”（注意保护眼睛）。

当拆卸管路时，用一只手按住快速接头的卡环，另一只手紧紧地握住管子的末端，然后拔下管子。

当接通压缩空气时，气缸有可能出现不由自主的运动。

不要试图接触任何运动的部件（活塞杆、换向凸轮），避免手指在限位开关和换向凸轮之间被夹伤。

三、选择合适的气动和电气元件

气动元件：两端带缓冲的单出杆双作用气缸一个、单电控二位五通电磁换向阀一个、单向节流阀 2 个、气管若干、气源处理元件一套。

电气元件：常开按钮一个、普通继电器一个、带电延时继电器一个、位置传感器一个、导线若干、24 V 稳压电源。

四、实验安装、调试、拆卸指导

（1）小心取放元件，安装应可靠。

（2）元件在实验底板和电气元件安装架上的布置应该合理、简洁。

（3）按照回路图用塑料软管和三通连接实验回路。轻推塑料软管即可将其插入到快速接头内。拆卸管路时，用一只手按住快速接头的卡环，用另一只手拔下软管。

（4）实验练习时气源压力一般为 6～8 bar。

（5）在实验时应该将系统压力通过调压阀设定为标准的 $p_e = 5$ bar。

（6）连接实验练习回路时，应该切断气源和供电电源。保证通过快速接头或塑料管路不出现漏气现象。

（7）注意正确安装和调节传感器 B1 的位置，要符合气缸行程和传感器本身感应距离的要求，否则会影响实验结果。

（8）接通电源后，应观察电源上的工作状态显示，如果正常工作指示灯熄灭，则表示电路安装短路！这时应立刻断开电源，查找故障。必要时询问指导教师。也可利用万用表电阻挡在断电状态下进行测试。

（9）当调试和检查故障时，气动功能可以在带工作气压的情况下，通过手动强制操纵电磁换向阀的方法进行测试，但是要断开电源。

注意：查找故障的最佳方法是，当出现错误时，不要重新连接回路，特别是已经连接好的回路。可以采用系统故障分析的方法去查找并排除故障。

任务评价

项目	内容	评分标准	配分	得分
绘制气动系统控制回路	1. 气路图是否正确 2. 电气控制图是否正确	每项 1～15 分	30 分	
准备工作	1. 元器件选择是否正确、合理 2. 系统布局是否合理	正确选择元器件 1～3 分 合理布局系统 1～5 分	8	
安装	1. 元器件连接是否正确 2. 接头连接是否可靠 3. 传感器安装是否正确 4. 节流阀安装是否正确	每项 5 分	20	

续表

项目	内容	评分标准	配分	得分
启动调整	1. 气缸活塞速度调整是否可靠 2. 启动手动定位开关后气缸是否能伸出 3. 气缸伸出后延时 5 s 后是否能自动返回	每项 1～10 分	30	
安全文明生产考核	安全操作	不符合安全操作规定者，酌情扣 1～7 分	7	
	实验后现场整理	不符合要求，酌情扣 1～5 分	5	
总　分			100	

思考练习

1. 直动式电磁换向阀与先导式电磁换向阀各适合哪种工况？
2. 单电控二位五通电磁换向阀与双电控二位五通电磁换向阀各适合哪种工况？
3. 当气缸运动出现故障时，如何快速判断是电气回路问题还是气动回路问题？
4. 什么工况下使用传感器作为传递信号的元件？
5. 什么工况下使用压力继电器作为传递信号的元件？

任务 2　双缸电气气动回路的设计与装调

知识点

◇ 根据不同工况要求，实现双缸控制回路的不同动作顺序；

◇ 双缸顺序动作典型消障方法。

技能点

◇ 电气气动元件的正确使用；

◇ 气动回路的装调（气缸速度、工作压力调整）；

◇ 传感器的安装与调试。

任务引入

如图 2—4—29 所示为电气气动压销装置，水平气缸 A1 用于工件夹紧，垂直气缸 A2 用于将两个放置在工件销孔上的销子压入销孔中。

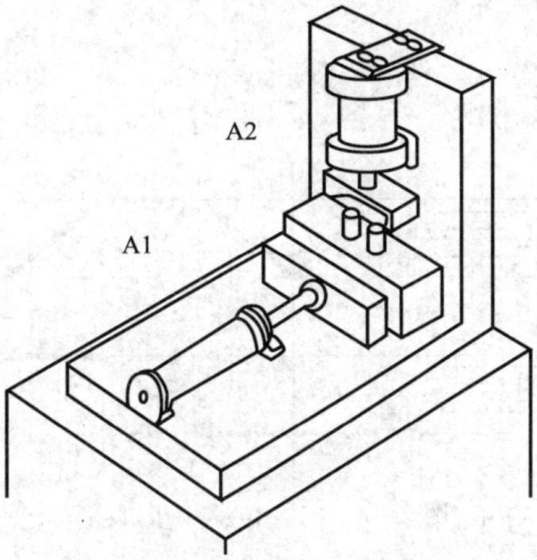

图 2—4—29　压销装置示意图

生产过程是全自动的，当按动启动按钮 S0 后，气缸 A1 将工件夹紧，然后，气缸 A2 将销钉压入工件中。为了安全起见，夹紧气缸 A1 必须夹紧工件，一直到压入气缸 A2 返回到它的后端终点位置为止。二位五通脉冲式电磁换向阀作为主控元件。感性传感器作为信号元件。两个气缸活塞杆的伸出速度应能无级调节。试设计此电气气动控制回路并装调。

任务分析

根据工况要求，可选择双电二位五通电磁换向阀（脉冲阀）控制两个双作用气缸。对于两缸先出后回的顺序动作，第一个气缸的返回信号，需要第二个气缸返回后通过传感器 B3 传递，根据先出后回的动作顺序，第一个气缸若要伸出，第二个气缸仍处于原始位，也就是说，这时传感器 B3 有输出信号，所以第一个气缸不能正常伸出；同样的道理，第二个气缸也不能正常返回。这是典型的带障碍信号的两缸顺序动作。

相关知识

如图 2—4—30 所示，气缸 A1 用于控制手爪抓取工件，抓住工件后，在气缸 A2 带动下，将工件推到传送带上方；然后气缸 A1 控制手爪将工件放在传送带上，气缸 A2 带着气动手爪返回，准备进行下一个循环。

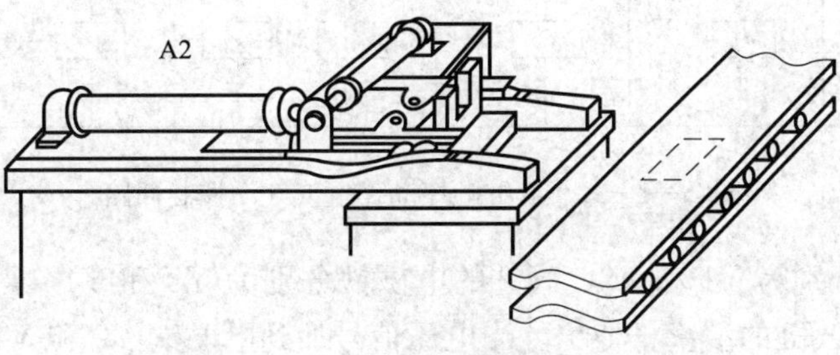

图 2—4—30　工件输送装置示意图

位移—步进图如图 2—4—31 所示。

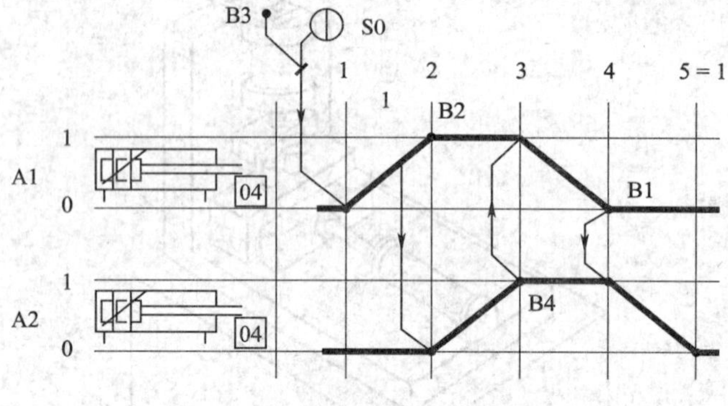

图 2—4—31　位移—步进图

根据工况要求，选择双电二位五通电磁换向阀控制双作用气缸，如图 2—4—32 所示。

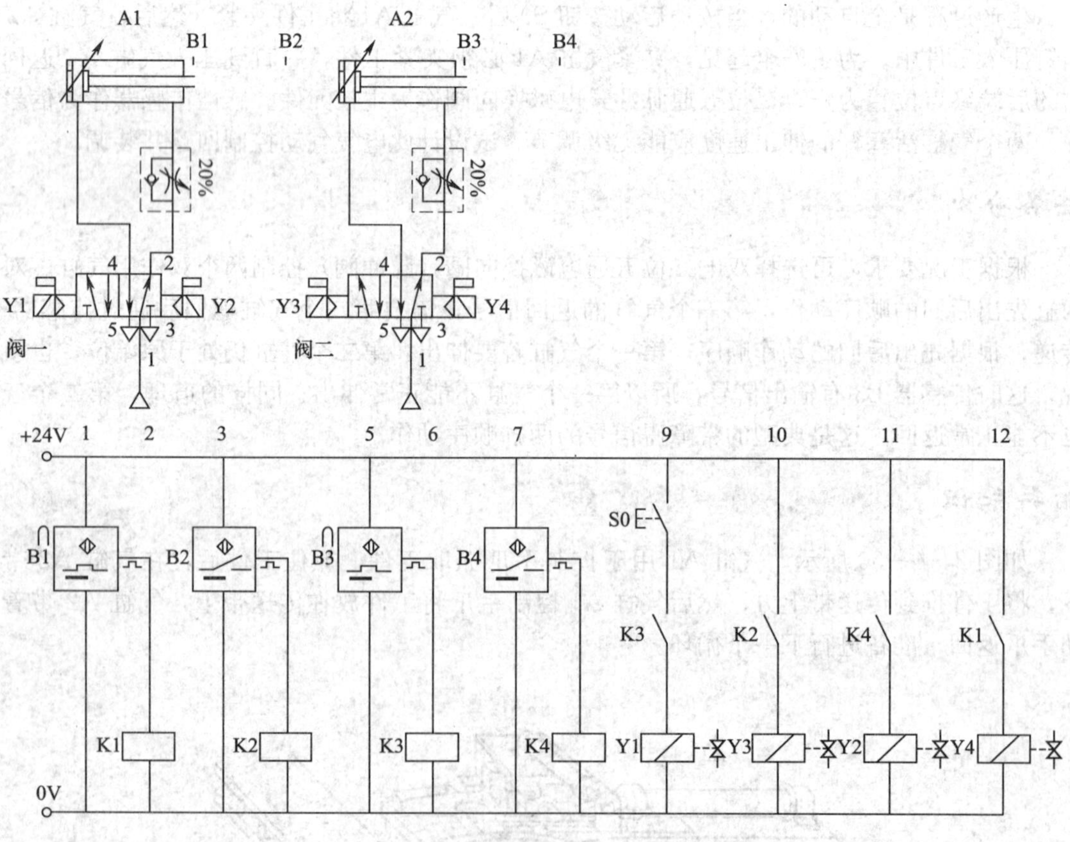

图 2—4—32　双缸顺序动作电气气动控制回路

阀 1 的电磁铁分别为 Y1 和 Y2，阀 2 的电磁铁分别为 Y3 和 Y4。当电压信号加到电磁铁 Y1 和 Y3 上时，气缸的活塞杆伸出。当电压信号加到电磁铁 Y2 和 Y4 上时，气缸的活塞杆返回。气缸开关带有显示灯并且被安装在各自气缸的终端位置上，分别用 B1、B2、B3、

B4 表示。两个气缸的活塞杆伸出速度可以用单向节流阀进行无级调节。

所有的气缸开关不能直接控制电磁线圈，必须借助于继电器触点进行控制。电压通过被感应的气缸开关 B1 加到继电器 K1 上，当点动控制按钮 S0 时，在第 9 条控制线路上的常开触点 K3 闭合，使电磁铁 Y1 带电，气缸 1 的活塞杆伸出到它的前端终点位置并感应气缸开关 B2。气缸开关 B2 使继电器 K2 带电。在第 10 条控制线路上的常开触点 K2 闭合，使电磁铁 Y3 带电，气缸 2 的活塞杆伸出到它的前端终点位置并感应气缸开关 B4。气缸开关 B4 使继电器 K4 带电。在第 11 条控制线路上的常开触点 K4 闭合，使电磁铁 Y2 带电，气缸 1 的活塞杆返回到它的后端终点位置并感应气缸开关 B1。气缸开关 B1 使继电器 K1 带电。在第 12 条控制线路上的常开触点 K1 闭合，使电磁铁 Y4 带电，气缸 2 的活塞退回。气缸开关 B3 被感应后，为下一次新的工作循环做好准备。

任务实施

一、控制回路设计

压销装置顺序动作的位移—步进图如图 2—4—33 所示，从图中不难发现气动回路中存在障碍信号。与利用换向阀来消除障碍信号的原理一样，这里用继电器常开触点和常闭触点来消除障碍信号。

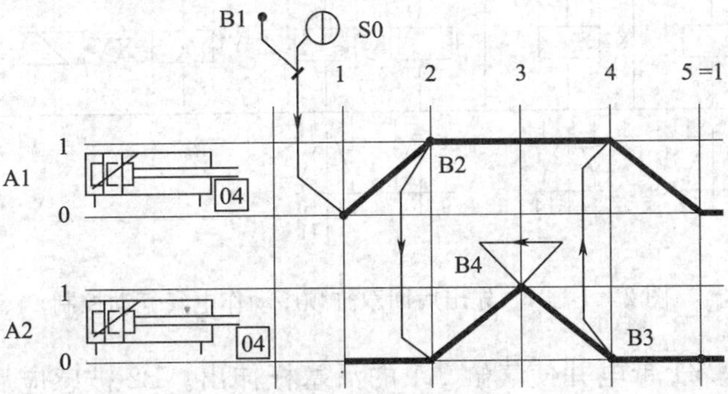

图 2—4—33　压销装置顺序动作位移—步进图

如图 2—4—34 所示，用两个二位五通脉冲式电磁换向阀控制两个双作用气缸。电磁换向阀带有显示灯和手动强制操纵装置。阀 1 的电磁铁分别为 Y1 和 Y2，阀 2 的电磁铁分别为 Y3 和 Y4。当电压加到电磁铁 Y1 和 Y3 上时，气缸的活塞杆伸出。当电压加到电磁铁 Y2 和 Y4 上时，气缸的活塞杆返回。气缸开关带有显示灯并且被安装在各自气缸的终端位置上，分别用 B1、B2、B3、B4 表示。两个气缸活塞杆的伸出速度可以用单向节流阀进行无级调节。

当点动控制按钮 S0（常开触点）时，气缸开关 B1 有感应信号，K1 常开触点闭合，+24 V电压通过尚未断开的触点 K4 加到继电器 K5 线圈上。在第 10 条控制线路上的常开触点 K5 闭合，并且形成一个对继电器 K5 的自锁回路。在第 11 条控制线路上的常开触点 K5 闭合，第 13 条线路上 K5 的常闭触点断开，第一个气缸 A1 伸出的障碍信号得以消除，同

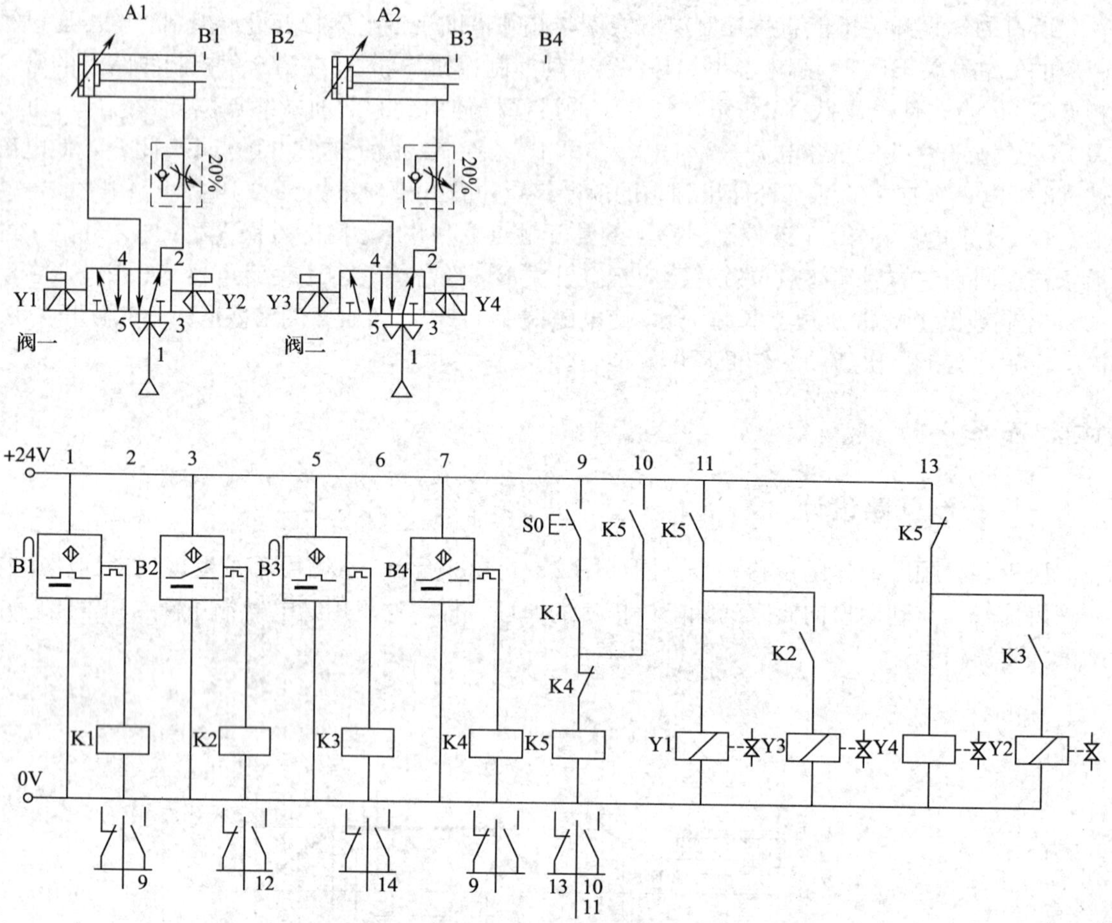

图 2—4—34　先出后回双缸顺序动作电气气动控制

时，换向阀的电磁铁 Y1 带电并使气缸 A1 的活塞杆伸出。B2 被感应后，换向阀的电磁铁 Y3 带电并使气缸 A2 的活塞杆伸出。B4 被感应后，继电器 K4 带电，常闭触点 K4 将继电器 K5 的自保持回路断开。在第 13 条路线上的 K5 常闭触点接通，换向阀的电磁铁 Y4 带电并使气缸 A2 的活塞杆返回。B3 被感应并使 Y2 带电，气缸 A1 的活塞杆也返回。本回路的障碍信号是通过 K5 继电器常开触点和常闭触点转换来消除的。

二、安全指导

同本课题任务 1。

三、选择合适的气动和电气元件

1. 选择气动元件

两端带缓冲的单出杆双作用气缸 2 个、双电控二位五通电磁换向阀 2 个、单向节流阀 2 个、气管若干、气源处理元件 1 套。

2. 选择电气元件

常开按钮 1 只、普通继电器 5 只、位置传感器 4 只、导线若干、24 V 稳压电源。

四、实验安装、调试、拆卸指导

同本课题任务 1。

任务评价

项目	内容	评分标准	配分	得分
绘制气动系统控制回路	1. 气路图绘制是否正确 2. 电气控制图绘制是否正确	第 1 项 1～10 分 第 2 项 1～17 分	27	
准备工作	1. 元器件选择是否正确、合理 2. 系统布局是否合理	正确选择元器件 1～3 分 合理布局系统 1～5 分	8	
安装	1. 元器件连接是否正确 2. 接头连接是否可靠 3. 传感器安装是否正确 4. 节流阀安装是否正确	每项 5 分	20	
启动调整	1. 气缸活塞运动速度调整是否可靠 2. 启动手动开关后气缸 A1 是否能伸出 3. 气缸 A2 是否能伸出 4. 气缸 A2 是否能返回 5. 气缸 A1 是否能返回	每项 7 分	35	
安全文明生产考核	安全操作	不符合安全操作规定者，酌情扣 1～5 分	5	
	实验后现场整理	不符合要求，酌情扣1～5 分	5	
总　分			100	

思考练习

如图 2—4—35 所示电气气动回路，试分析两个气缸的动作顺序。

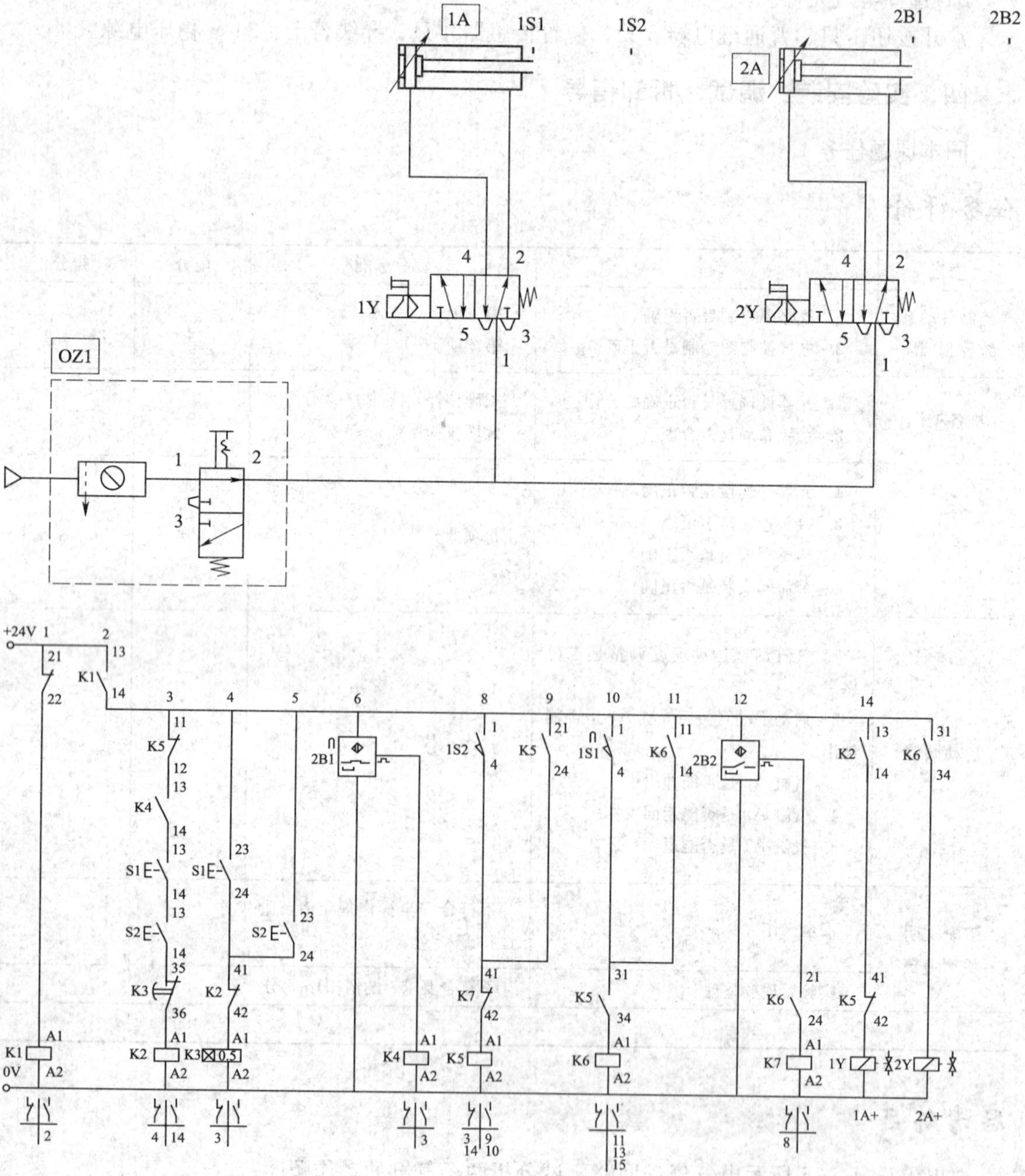

图 2—4—35 电气气动回路

3 模块三 液压传动技术

课题一　液压控制回路的设计装调

任务1　方向控制回路的设计与装调

知识点

◇ 方向阀的类型及功用；

◇ 方向控制回路的组成。

技能点

◇ 方向控制回路装调。

任务引入

锅炉门启闭运动分成两部分：锅炉门打开时给锅炉加燃料，锅炉门关闭后燃料燃烧开始正常工作。试分析并设计合理的液压系统，完成锅炉门的这一工作过程。

任务分析

要实现锅炉门启闭运动，需要设计一种方向控制回路，通过改变液压油的流动方向，从而改变液压缸的运动方向，实现锅炉门的启闭运动。

相关知识

一、普通单向阀

普通单向阀又称止回阀或逆止阀，属于自动阀类，只允许介质向一个方向流动，以防止发生事故。单向阀安装时在管线中不要使单向阀承受重量，大型的单向阀应独立支撑，使之不受管系产生的压力的影响。安装时注意介质流动的方向应与阀体所标箭头方向一致。升降式垂直瓣单向阀应安装在垂直管道上；升降式水平瓣单向阀应安装在水平管道上。

普通单向阀的工作原理和图形符号如图 3—1—1 所示。其典型结构如图 3—1—2 所示。

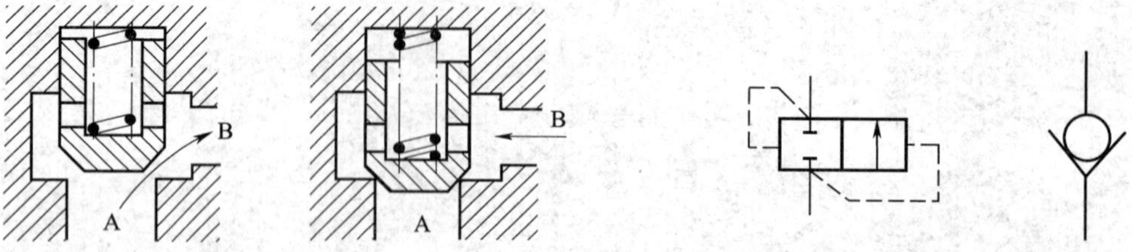

a）　　　　b）　　　　c）

图 3—1—1　单向阀的工作原理和图形符号

a）工作原理图　b）一般符号　c）简化符号

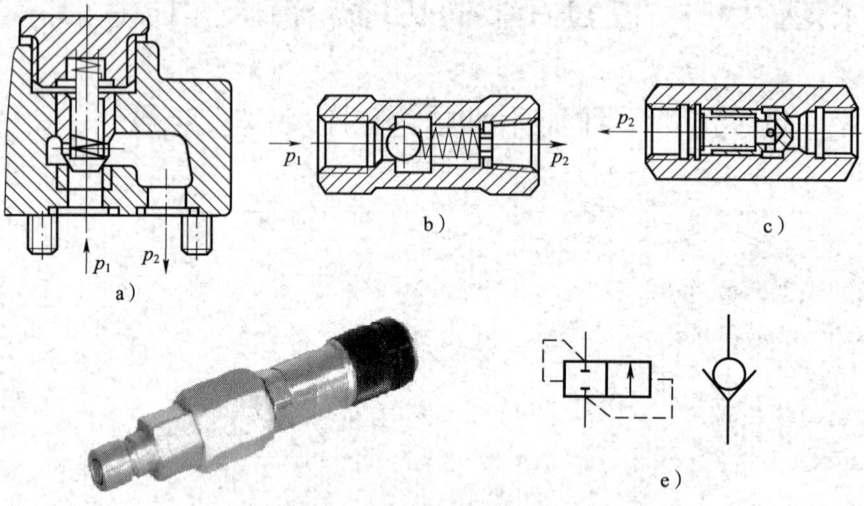

图 3—1—2　普通单向阀结构图

a）直角式（板式连接）　b）球芯直通式（管式连接）

c）锥芯直通式（管式连接）　d）实物图　e）职能符号

当液流由 A 腔流入时，克服弹簧力将阀芯顶开，于是液流由 A 流向 B；当液流反向流入时，阀芯在液压力和弹簧力的作用下关闭阀口，使液流截止，液流无法流向 A 腔。单向阀实质上是利用流向所形成的压力差使阀芯开启或关闭。

普通单向阀的开启压力一般为 0.035～0. 05 MPa，所以单向阀中的弹簧很软。单向阀也可以用作背压阀。将软弹簧更换成合适的硬弹簧，就成为背压阀。这种阀常安装在液压系统的回油路上，用以产生 0.2～0.6 MPa 的背压力。

二、液控单向阀

液控单向阀是允许液流向一个方向流动，反向开启则必须通过液压控制来实现的单向阀。液控单向阀可用作二通开关阀，也可用作保压阀，用两个液控单向阀还可以组成“液压锁”。

1. 液控单向阀的工作原理图和图形符号（图 3—1—3）

当控制油口无压力油（$p_K=0$）通入时，它和普通单向阀一样，压力油只能从 A 腔流向

B 腔，不能反向流动。若从控制油口 K 通入控制油时，即可推动控制活塞，将锥阀芯顶开，从而实现液控单向阀的反向开启，此时液流可从 B 腔流向 A 腔。

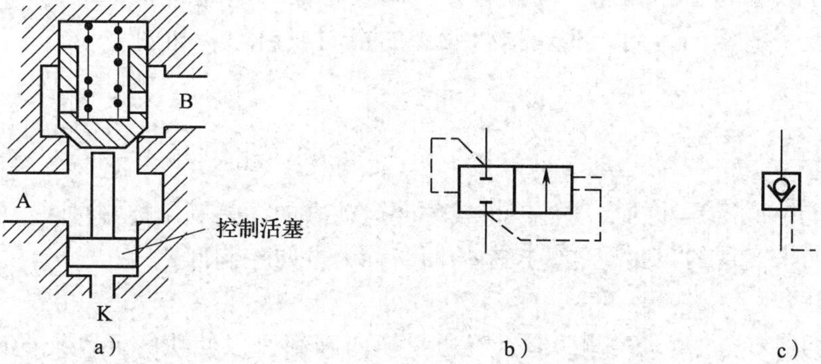

图 3—1—3　液控单向阀的工作原理图和图形符号

a）工作原理图　b）详细符号　c）简化符号

2. 液控单向阀的典型结构

液控单向阀有带卸荷阀芯的卸载式液控单向阀（图 3—1—4）和不带卸荷阀芯的简式液控单向阀两种结构形式。

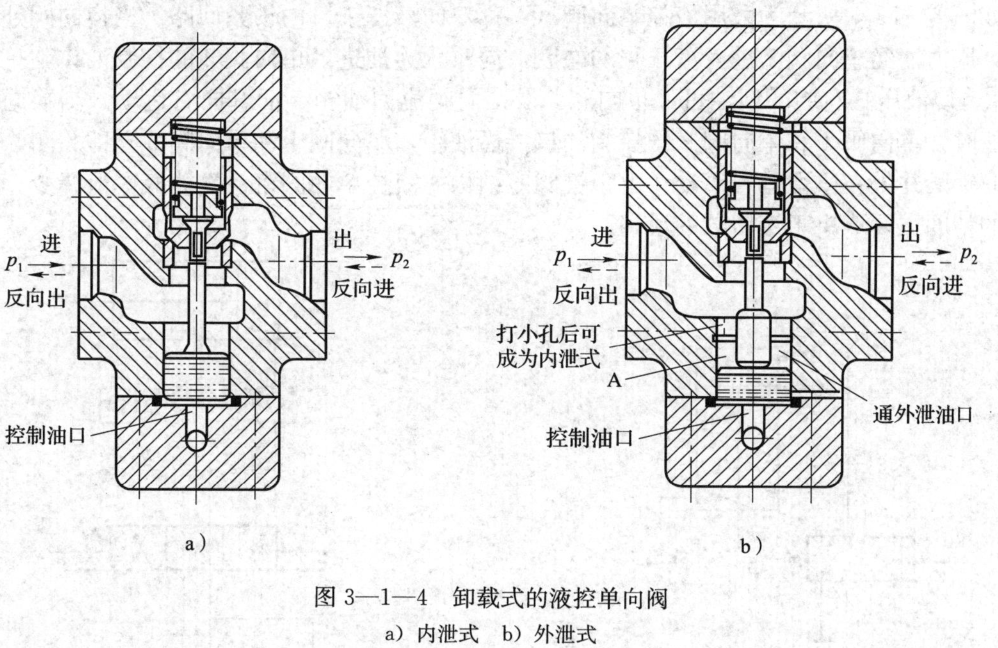

图 3—1—4　卸载式的液控单向阀

a）内泄式　b）外泄式

上述两种结构形式按其控制活塞处的泄油方式，又均有内泄式和外泄式之分。图 3—1—4a 所示为内泄式，其控制活塞的背压腔与进油口 p_1 相通。外泄式如图 3—1—4b 所示，它的活塞背压腔直接通油箱，这样反向开启时就可减小 p_1 腔压力对控制压力的影响，从而减小控制压力 p_K。故一般在反向出油口压力 p_1 较低时采用内泄式，高压系统采用外泄式。

三、换向阀

换向阀用于改变阀芯在阀体内的位置，使阀体各油口的通断关系改变，从而改变油液的流向，实现执行元件的换向或启停，如图3—1—5所示。

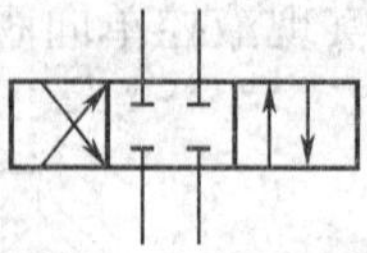

图3—1—5　换向阀

四、方向控制回路

在液压系统中执行元件的启动、停止或改变运动方向，是利用控制进入执行元件的液流的通、断或变向来实现的，实现这些控制的回路称为方向控制回路。

1. 换向回路

采用二位四通（五通）、三位四通（五通）换向阀都可以使执行元件换向。选用不同操纵方式的换向阀组成换向回路，其换向平稳性和换向精度不同。电磁换向阀动作快，但换向有冲击，且交流电磁换向阀不宜频繁地切换，以免烧坏电磁铁线圈。采用电液换向阀，可以通过调节节流阻尼器来控制其液动阀的换向速度，换向冲击小，但也不适宜频繁切换。对换向频繁且对换向性能有一定要求的机械设备，常采用机液换向阀的换向回路，如图3—1—6所示。

2. 锁紧回路

如图3—1—7所示为采用液控单向阀（又称双向液压锁）的锁紧回路。当换向阀处于左位时，压力油经单向阀1进入液压缸的左腔，同时压力油进入单向阀2的控制油口，打开单向阀2，使液压缸右腔的回油可经单向阀2及换向阀流回油箱，活塞向右运动。当换向阀处于中位时，单向阀1和单向阀2的控制油口接通油箱，单向阀1和单向阀2立即关闭，使活塞双向锁紧并处在停留位置不动。由于锥阀座结构的液控单向阀密封性能好，泄漏少，所以锁紧的精度主要取决于液压缸的泄漏。

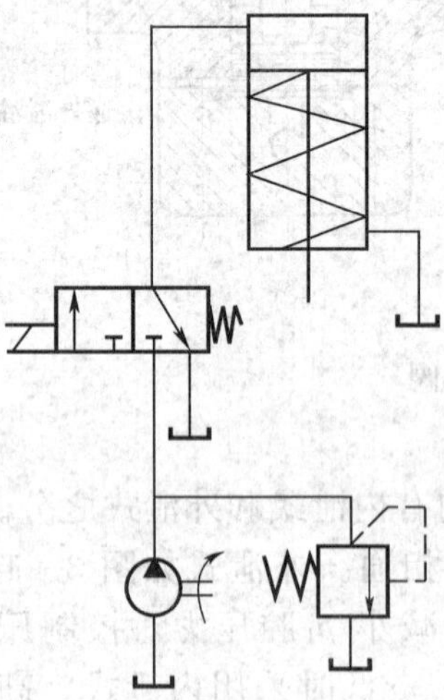

图3—1—6　采用机液换向阀的换向回路

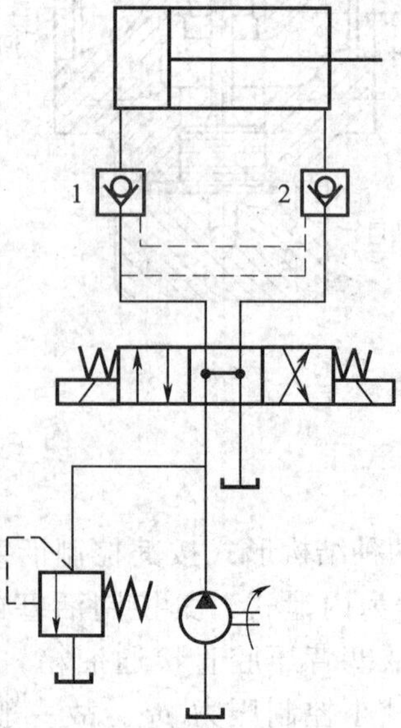

图3—1—7　采用液控单向阀的锁紧回路

任务实施

一、准备工作

锅炉门启闭需要的工作压力一般在 2.5 MPa 以下，所以选择齿轮泵为动力元件。锅炉门的启闭需要双向液压驱动，所以选择单活塞杆双作用液压缸。选择三位四通换向阀作为控制元件，以满足锅炉门的工作要求。当三位四通换向阀左位工作时，液压缸活塞向右运动；当换向阀中位工作时，活塞停止运动；当换向阀右位工作时，活塞向左运动。

二、设计液压回路图

锅炉门启闭液压控制回路如图 3—1—8 所示。设计时考虑以下几点：

(1) 省去不必要的元件，简化系统结构。

(2) 保证工作循环中的每个动作安全可靠，无相互干扰。

(3) 提高系统的效率，防止系统过热。

(4) 使系统经济合理，便于维修检测。

(5) 采用标准元件，减少自行设计的专用件。

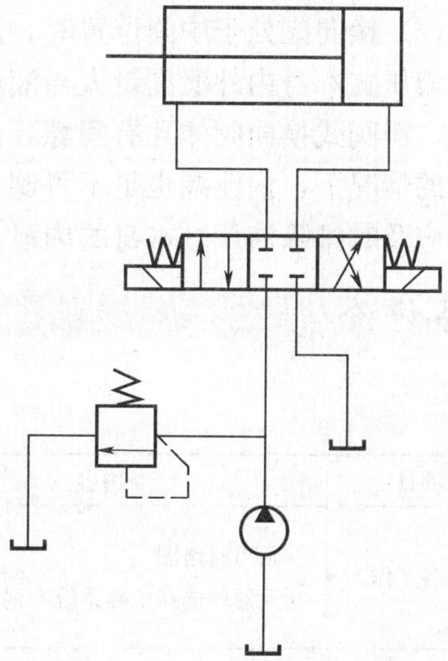

图 3—1—8 锅炉门启闭液压控制回路

三、装调回路

1. 安装回路

(1) 元件布局。首先根据原理图进行布局设计，然后将液压元件按布局位置安装固定在液压试验台安装面板上，注意液压缸的进、出油口尽量避免朝下(朝上或侧向均可)，其他元件的油口接头必须方便油管的连接。通过弹性插脚进行快速安装时，应将所有的插脚对准插孔，然后平行推入，并轻轻摇动确保安装稳固。

(2) 油路连接。参考回路原理图，按油路逻辑顺序完成油管的连接，注意各液压元件的油口标识字母及其含义，不能接错、接反。油管连接过程中可将元件从面板上拆下接好后再原位安装。油管全部连接完毕必须进行仔细检查并确保无误。

2. 调整回路

(1) 放松溢流阀，启动液压泵电动机。

(2) 调节方向控制阀，观察液压缸的变化及回路动作情况。

(3) 认真做好记录，理解方向控制回路工作原理。

3. 拆除回路

(1) 将液压泵调至回油模式运转几分钟，使各液压元件和油管中滞留的油液退回油箱。

(2) 关闭液压泵电动机，断开电源并拆除所有电气连接。

(3) 从顶部开始依次拆除所有可拆卸元件及油管，注意尽可能地避免油液泄漏。拔出阀体时注意顺着插孔方向，禁止斜方向扳动以防损坏插脚。元件拆下后应倒出其内部油液，塞上橡皮塞，清洁外表面油渍，放回原处。

四、分析回路

1. 根据所设计的原理图，在液压实验台上连接锅炉门启闭方向控制回路。选择相关的液压元件，快速连接油管，然后连接换向阀和液压缸，并对控制回路进行检查。

2. 锅炉门启闭的控制回路故障排除

（1）液压缸返回行程时噪声、振动大，经常烧坏交流电磁铁。

换向阀的规格不符合要求（过小），接阀与液压缸无杆腔的管路通径选得小，使液压缸做返回动作时出现较大的噪声和振动。

（2）换向阀处于中间位置时，液压缸产生微动。

液压缸本身内外泄漏量大与液压缸进出油口紧密相连的阀内泄漏会使液压缸产生微动。例如，滑阀式换向阀体孔有间隙，内泄漏是不可避免的，即使是O型换向阀，在中位油口关闭的情况下，内泄漏也是不可避免的。当内泄漏大时，会出现朝活塞杆前进方向微动。

应及时排除液压缸本身的内泄漏并在回路中增设锁紧回路。

任务评价

评分标准

项目	内容	评分标准	配分	得分
准备工作	画出回路图 元器件选择正确系统布局合理	正确画出回路图1～20分 正确选择元器件1～10分 合理布局系统1～10分	40	
安装	管子连接正确、可靠	正确选择连接方式1～20分 正确确定预紧和防松的方法1～20分	40	
安全文明生产考核	安全操作	不符合安全操作规定者，酌情扣1～10分；发生安全事故者判不及格	10	
	文明生产	不符合文明生产，酌情扣1～10分	10	
总　分			100	

思考练习

1. 换向阀在液压系统中起什么作用？
2. 换向回路与锁紧回路的区别是什么？
3. 换向阀的常见故障有哪些？应如何排除？
4. 单向阀的故障产生原因有哪些？应如何排除？
5. 方向控制回路在工作时会产生哪些故障？应如何排除？

任务 2 压力控制回路的设计与装调

知识点

◇ 溢流阀、减压阀、顺序阀的类型及功用；

◇ 调压回路、减压回路、卸荷回路的结构和原理。

技能点

◇ 压力控制回路装调。

任务引入

压力控制回路是用压力阀来控制系统整体或某一局部的压力，满足执行元件对力或转矩的要求。这类回路包括调压、减压、顺序、卸荷等回路。

如图 3—1—9 所示为半自动车床的夹紧装置——液压卡盘。工作时，压力油从液压卡盘的液压缸右腔进入，推动活塞向图中箭头所示方向移动，并带动卡爪向中心合拢，达到夹紧工件的目的。为了保证加工顺利进行，液压系统必须提供足够的、稳定的工作压力，并且可依据工况适当调整夹紧力的大小。试模拟半自动车床液压卡盘进行系统安装与调试。

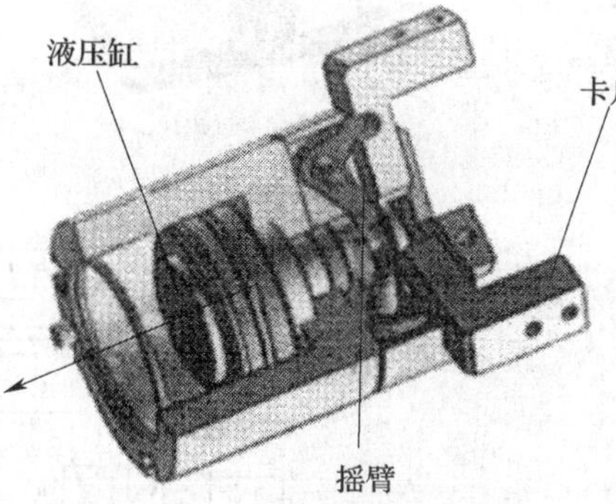

图 3—1—9 半自动车床的夹紧装置

任务分析

液压卡盘工作时，由于被加工工件的尺寸、形状、材质等诸多因素的不同，要求液压系统既要保证足够的夹紧力，以保证被加工工件在切削加工过程中不松动；又要依据被加工工件的具体情况适当调整夹紧力。所以，液压系统提供的夹紧力必须是可以控制的。要达到这个目的，可以通过控制进入液压卡盘中液压缸的油液压力来控制其输出压力。在选用液压元件时，可先用压力控制阀来达到上述要求。

完成此项任务的重点是如何安装、调整液压控制回路以达到液压卡盘工作时所需的夹紧力，难点在于液压卡盘的液压控制回路图的确定。

相关知识

一、压力控制阀

压力阀是压力控制阀的简称，它是控制液压传动系统的压力或利用压力来实现某种动作的阀。

常用的压力阀有溢流阀、减压阀和顺序阀等。

1. 溢流阀

溢流阀在系统中的作用是使被控制的系统或回路的压力保持恒定，实现稳压、调压和限压的作用，防止系统过载。

（1）溢流阀的结构和工作原理。图 3—1—10 所示为溢流阀的实物图、职能符号和工作原理图。其中，弹簧用来调节溢流阀的溢流压力，p 为作用在滑阀端面上的液压力，F 为弹簧力，假定滑阀左端的工作面积为 A。溢流阀的结构和工作原理请参考模块二任务 2 的具体内容。

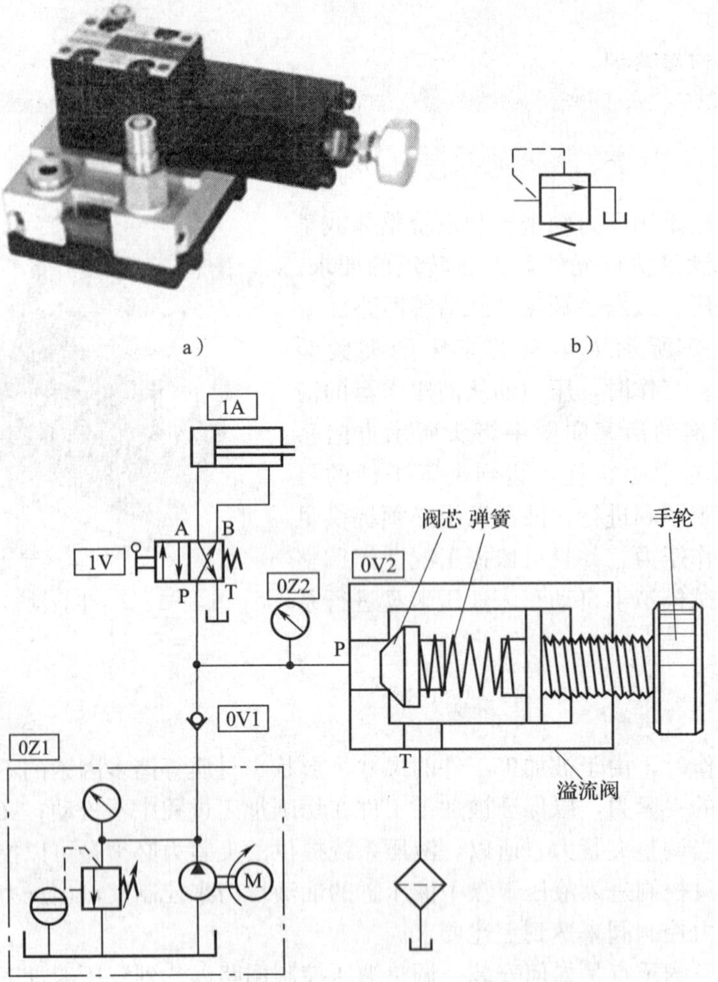

图 3—1—10　溢流阀

a）实物图　b）职能符号　c）工作原理图

按其结构和工作原理分为直动式和先导式溢流阀两种。直动式溢流阀用于低压系统，先导式溢流阀用于中、高压系统。

（2）直动式溢流阀结构和工作原理。直动式溢流阀能够使作用在阀芯上的进油压力直接与弹簧力相平衡。图 3—1—11 所示是直动式溢流阀的结构图，P 是进油口，T 是回油口，进口压力油经阀芯上的阻尼小孔后直接作用在阀芯的左端面上。直动式溢流阀结构和工作原理请参考模块二任务 2 的具体内容。

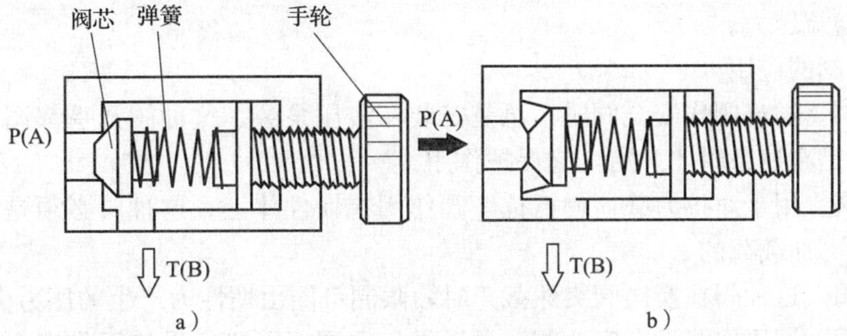

图 3—1—11　直动式溢流阀

a）阀芯闭合　b）阀芯弹开

阻尼小孔用于避免阀芯动作过快造成振动，以提高阀的工作平衡性，通过调整弹簧上的调整螺母可以改变弹簧力，也就调整了溢流阀的进口压力值。直动式溢流阀的滑动阻力大（弹簧较硬），特别是当流量较大时，阀的开口大，使弹簧有较大的变形量。这样，阀所控制的压力随着溢流流量的变化而有较大的变化（压力变化值大），故只适用于低压系统中。

（3）先导式溢流阀的结构和工作原理。先导式溢流阀有多种结构。图 3—1—12 所示是一种典型的先导式溢流阀，它由先导阀和主阀两部分组成。先导式溢流阀的结构和工作原理请参考模块二任务 2 的具体内容。

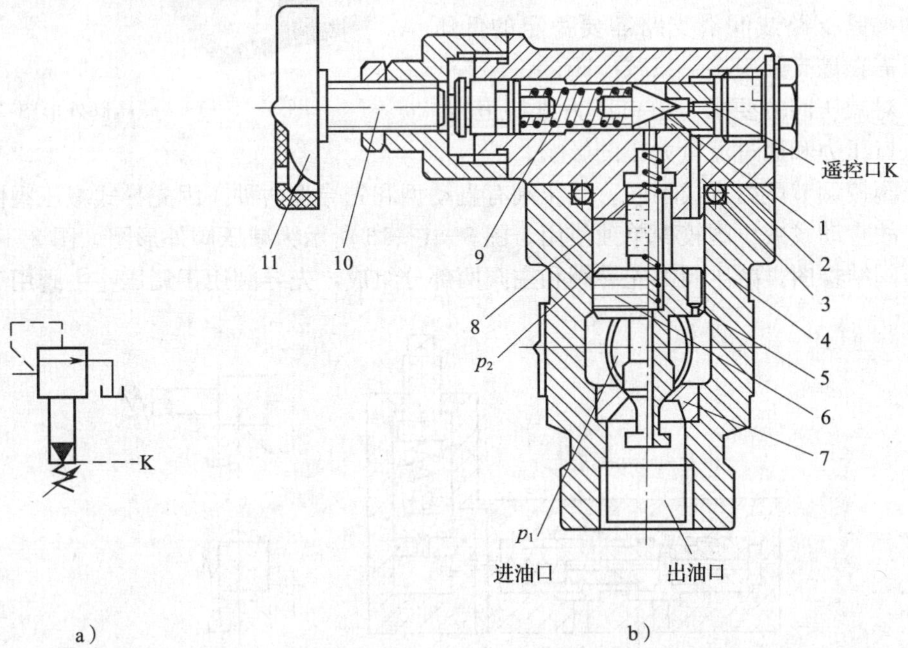

图 3—1—12　先导式溢流阀

a）职能符号　b）工作原理

1—锥式先导阀　2—先导阀座　3—阀盖　4—阀体　5—阻尼孔　6—主阀芯

7—主阀座　8—主阀弹簧　9—调压弹簧　10—调节螺钉　11—调节手轮

由于阻尼孔的阻尼作用，使主阀芯 6 所受到的上、下两个方向的液压力不相等，主阀芯在压差的作用下上移，打开阀口，实现溢流，并维持压力基本稳定。调节先导阀的调压弹簧 9。便可调整溢流压力。

（4）溢流阀的应用

1）安全阀。溢流阀作安全阀时，总是安装在液压泵旁。这种阀几乎都调定在泵的最高压力值上，只是在过载时才开启，起保护作用。

2）支持阀。用于对拉力载荷的抵抗，阀作用在惯性体上。这种阀必须是均压的，而且油箱的接口是可加载荷的。

3）制动阀。这种阀在换向阀突然截止时，限制可能由惯性力产生的压力尖峰值。

4）调压阀。调压回路设有安全阀、调压阀。在调压回路中溢流阀作安全阀用时，限制系统的最高工作压力，溢流阀的调整压力应是系统最高工作压力的 1.1～1.2 倍。系统正常工作时，阀为常闭状态，只有过载时阀才打开，以保证系统的安全。溢流阀作调压阀用时，其压力根据工作需要随时调整。

2. 减压阀

减压阀是一种利用油液流过缝隙产生压力损失，使其出口压力低于进口压力的压力控制阀。

（1）减压阀的作用。降低系统中某一支路的油液压力，从而达到一个液压泵同时提供两个或多个不同压力的输出的目的。当某一液压系统中的夹紧支路或润滑支路需要稳定的低压油时，只需在该支路串接一只减压阀。

（2）对减压阀的要求。出口压力维持恒定，且不受入口压力和通过流量大小的影响。

图 3—1—13　减压阀外形图

减压阀按调节压力方式不同，减压阀有直动型和先导型两种。因先导式减压阀性能优于直动式，故直动式减压阀较少单独使用。图 3—1—13 所示为减压阀外形图，图 3—1—14 所示为减压阀结构图。减压阀由先导阀和主阀两部分组成，先导阀用于调压，主阀用于减压。

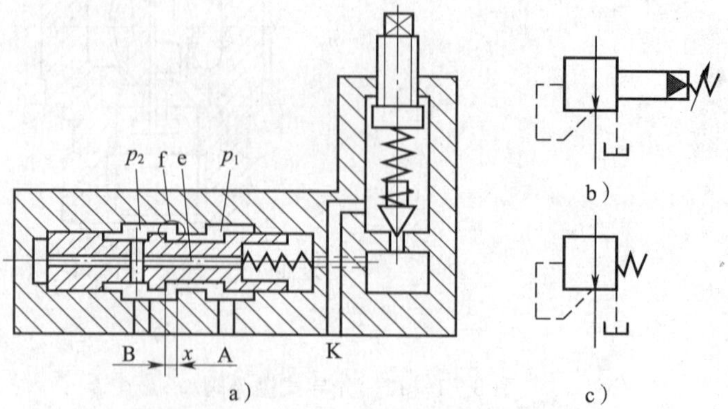

图 3—1—14　减压阀的结构

a）结构图　b）先导式减压阀符号　c）一般减压阀符号

减压阀出口压力若因外界干扰而发生变动时，降压作用减小，使出口压力回升到调定值。因此，减压阀出口压力若因外界干扰而发生变动时，它会自动调整减压口 f 的开度大小，以保持调定的出口压力基本不变。在减压阀出口的油路不流动的情况下，其所串接的支路液压缸运动到底后，由于先导阀的阀芯尚未关闭，泄油经 K 油口流回油箱仍未停止，减压口 f 中仍有油液流动（流量很小），阀仍然处于工作状态，出口压力也就保持调定值不变。

（3）溢流阀与减压阀的区别（表 3—1—1）

表 3—1—1　　溢流阀与减压阀的区别

类别 项目	减压阀	溢流阀
工作原理	利用出口油液压力 p_2 控制减压口的开度大小，维持出口油液压力不变	利用进口油液压力 p_1 控制溢流口的开度大小，维持进口压力不变
静止状态	进、出油口互通	进、出油口不通
出口油压	出口油液压力大于零，作为支路动力油	出口油液直接流回油箱，压力为零
先导型结构	先导阀弹簧腔内的油液单独外接油箱	先导阀弹簧腔内的油液可以通过阀体上的通道与主阀溢流通道连接，不单独接油箱

3．顺序阀

顺序阀是用来控制液压系统中各执行元件动作的先后顺序的。它是把压力作为控制信号，自动接通或切断某一油路，控制执行元件做顺序动作的压力控制阀。

顺序阀和溢流阀都是当进口油的压力达到一定值时才开启的，分为直动式和先导式两种，一般使用的顺序阀多为直动式。直动式顺序阀的结构和工作原理与直动式溢流阀相似。

（1）顺序阀的结构和工作原理。图 3—1—15 所示为顺序阀的实物图，图 3—1—16 所示为顺序阀的结构图和职能符号。当进口油液压力达到或超过调定值时，阀就打开，出口有压力油液流出。因为出口压力为工作压力，所以阀内部漏油应从泄油口单独流回油箱。

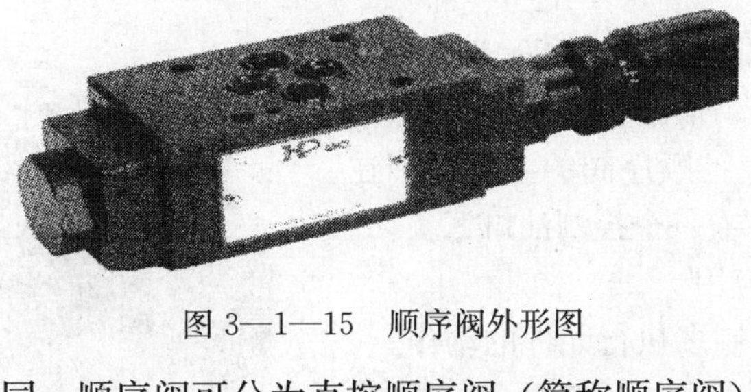

图 3—1—15　顺序阀外形图

根据控制油路的不同，顺序阀可分为直控顺序阀（简称顺序阀）和液控顺序阀（远控顺序阀）。

（2）直控顺序阀。图 3—1—17 所示为直控顺序阀的结构图和职能符号。p_1 为进油口，p_2 为出油口。进油口的压力油通过阀芯中间的小孔作用在阀芯的底部。

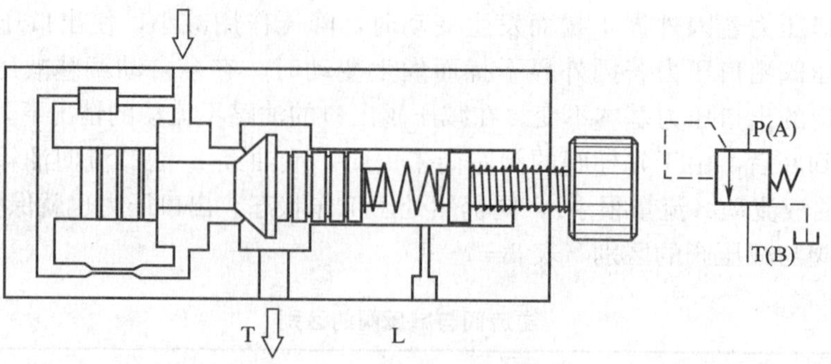

a） b）

图 3—1—16 直动内控式顺序阀

a）结构图 b）职能符号

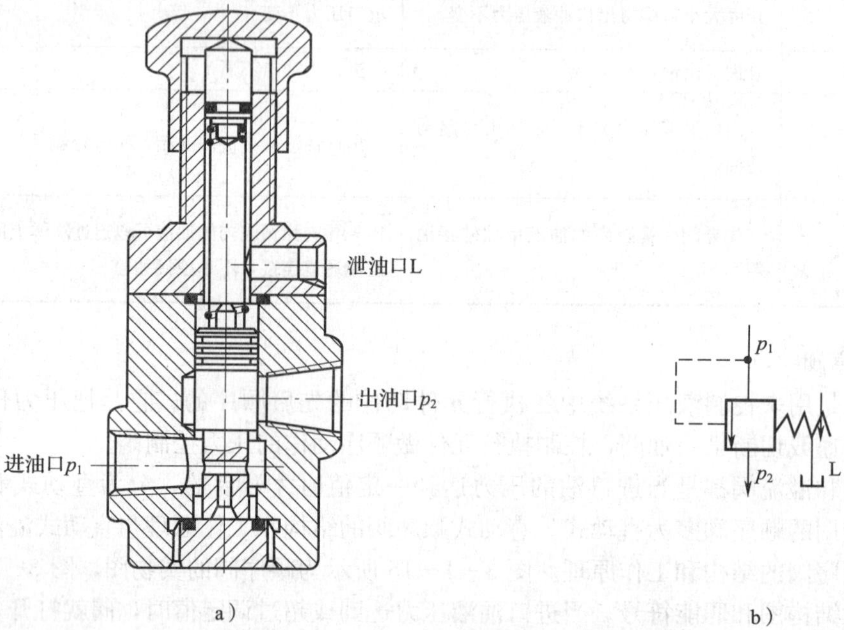

a） b）

图 3—1—17 直动式顺序阀

a）结构图 b）职能符号

（3）液控顺序阀。图 3—1—18 所示为液控顺序阀实物图。图 3—1—19 所示为液控顺序阀的结构图和职能符号。它与直控顺序阀的主要区别在于液控顺序阀阀芯的下部有一个控制油口 K。

图 3—1—18 液控顺序阀实物图

（4）顺序阀的主要应用

1）在液压系统中控制多执行元件的动作。

2）与单向阀组成平衡阀，保持垂直放置的液压缸的活塞（或缸筒）不因自重而落下。

3）用外控顺序阀使双泵供油的大流量泵卸荷。

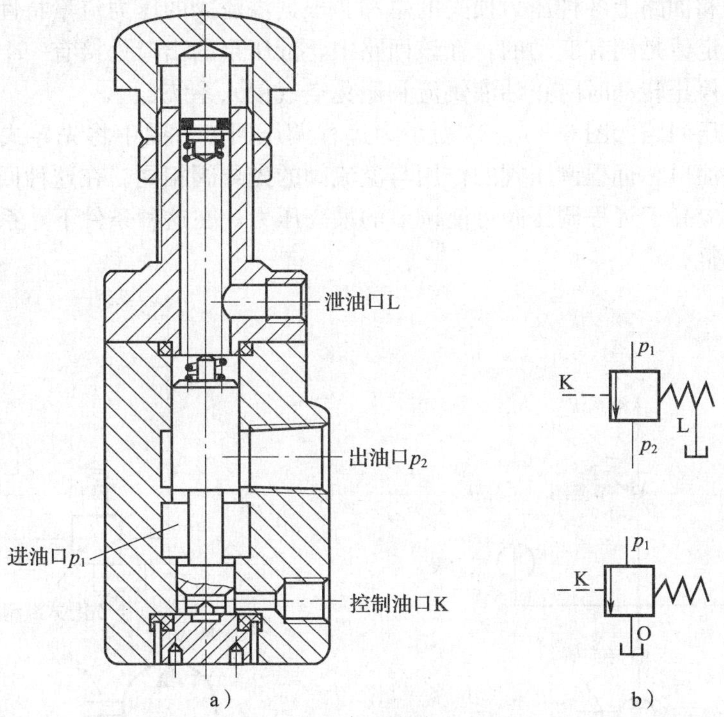

图 3—1—19　液控顺序阀
a）结构图　b）职能符号

4）用内控顺序阀接在液压缸回油路上，增大背压，稳定活塞的运动速度。

(5）顺序阀的常见故障与原因

1）进、出油口常通。主阀芯阻尼孔堵塞，主阀芯卡死在开度较大处，调压弹簧断裂或漏装，先导阀阀芯与阀座密合不佳，泄漏严重。

2）进、出油口常闭。主阀芯轴向孔堵塞，压力油无法进入主阀芯底部，泄油口未单独接油箱或泄油通道堵塞，液控顺序阀控制压力偏低，主阀卡死在关闭状态。

二、压力控制回路

压力控制回路是用压力控制阀来控制整体或某一局部的压力，满足执行元件对力或转矩的要求。这类回路包括调压、减压、顺序、卸荷等回路。

1. 调压回路

调压回路可使系统的压力和负载相适应并保持稳定，使系统的压力不超过预先的调定值，或都满足工作元件在运动过程中的不同阶段要有不同压力的要求。

常见的调压回路有以下几种：

(1）单级调压回路。如图 3—1—20 所示为单级调压回路。系统由定量液压泵供油，采用节流阀调节进入液压缸的流量，使活塞获得需要的运动速度。因为定量泵输出的流量大于液压缸的流量，多余的油液则从溢流阀流回油箱。这时，液压泵的出口压力便稳定在溢流阀的调定压力上。调节溢流阀便可调节液压泵的供油压力，溢流阀的调定压力必须大于液压缸的最大工作压力和油路上各种压力损失的总和。根据溢流阀的压力流量特性可知，在不同溢流量时，压力调定值是稍有变动的，在该回路中，液压泵的出口处接有一个单向阀，其主要作用是在电动机停止转动时防止油液倒流和避免空气侵入系统。

（2）远程调压回路。图 3—1—21 所示为远程调压回路，图中将先导式溢流阀的遥控口接远程调压阀进油口，远程调压阀的作用与溢流阀的先导阀相同。在这种回路中，溢流阀先导阀的调整压力应高于远程调压阀可能调节的最高压力，在这种条件下，系统的工作压力由远程调压阀来调整。

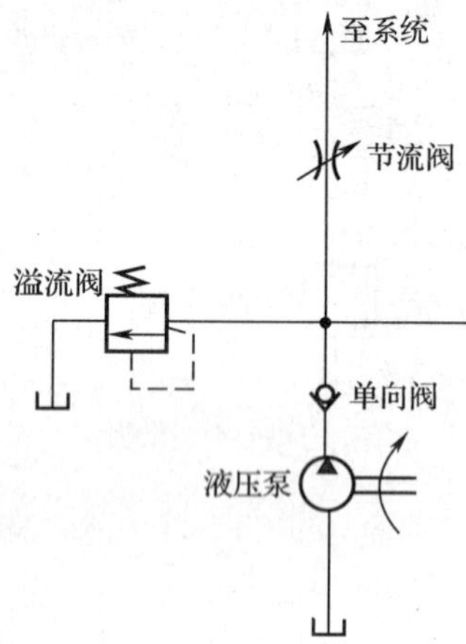

图 3—1—20　单级调压回路

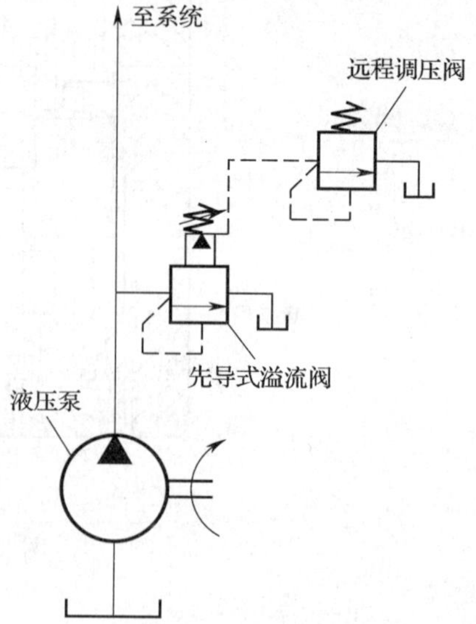

图 3—1—21　远程调压回路

（3）三级调压回路。电磁换向阀和溢流阀有机地组合，可以组成多级调压回路。多级调压是指液压回路能实现二级及以上不同级别压力的液压调压回路。图 3—1—22 所示为用 3 个溢流阀控制的三级调压回路。在图示位置时，系统压力由溢流阀 1 控制，当换向阀的电磁铁 YA1 通电时，系统压力由溢流阀 3 控制，当电磁铁 YA2 通电时，系统压力由溢流阀 2 控制。3 个溢流阀中，溢流阀 2 和溢流阀 3 控制的压力都低于溢流阀 1 控制的压力。

（4）双向调压回路。当执行元件正行程需不同的供油压力时，可采用双向调压回路，如图 3—1—23 所示。当换向阀在左位工作时，活塞移动为工作行程，液压泵的出口油液压力由溢流阀 1 调定为较高的压力进入液压缸左腔，液压缸右腔的油液经换向阀流回油箱，溢流阀 2 不起作用。当换向阀在图示位置工作时，活塞作空行程返回，液压泵的出口油液压力由溢流阀 2 调定为较低压力进入液压缸右腔，溢流阀 1 不起作用。活塞退到终点后，液压泵在低压下卸荷，功率损耗小。

2．减压回路

优点：结构较简单，一般是在所需低压的支路上串接减压阀。

缺点：采用减压回路虽能方便地获得某支路稳定的低压，但压力油经减压阀口时要产生压力损失。

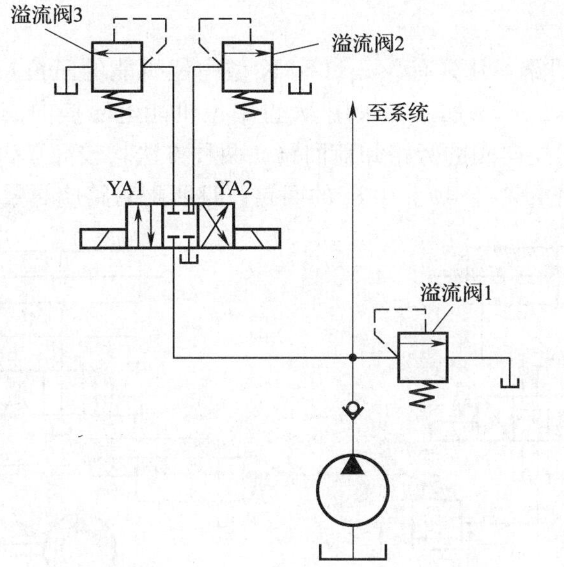

图 3—1—22　三级调压回路

图 3—1—24 所示为最常见的减压回路。回路中的溢流阀用来稳定整个液压系统的工作压力，而减压阀则用来调定液压系统支路的工作压力。

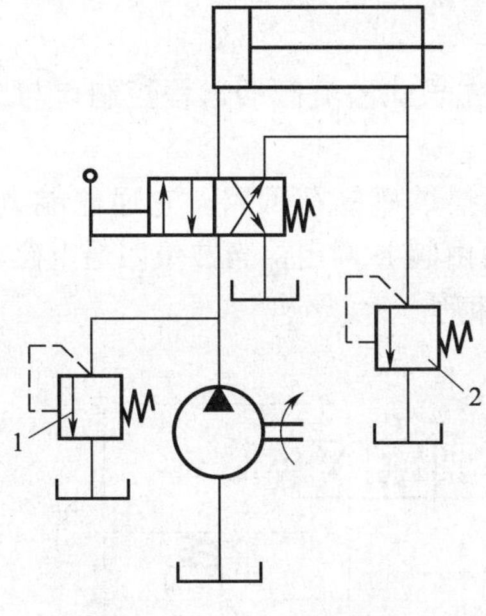

图 3—1—23　双向调压回路

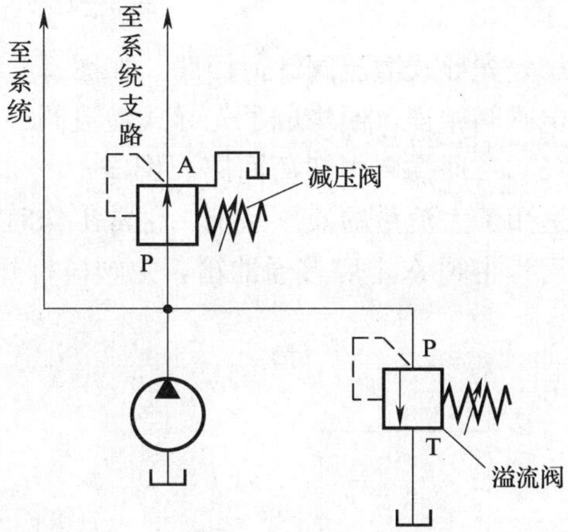

图 3—1—24　减压回路

3. 卸荷回路

当液压系统中的工作元件在短时间内不工作时，一般不宜关闭电动机使液压泵停止工作，因为频繁的启动对电动机非常不利。采用卸荷回路就可以在不停机的情况下使液压泵在功率损耗接近于零的情况下运转，减少了功率损耗，降低了系统的发热量。因为液压泵的输出功率等于其流量和压力的乘积，所以其中任何一项等于或接近于零，功率损耗即近似为零。因此，液压泵的卸荷方式有流量卸荷和压力卸荷两种。流量卸荷主要使用变量泵，使泵的流量很小，仅能补充泄漏，此法虽简单，但液压泵仍在较高压力下运转，磨损仍较严重。

（1）换向阀卸荷回路。凡具有 M、H 和 K 型中位机能的三位换向阀，处于中位时均能使液压泵卸荷。图 3—1—25a 所示为采用 M 型中位机能电磁换向阀的卸荷回路，图 3—1—25b 所示为用二位二通换向阀的旁路卸荷回路。两种方法均较简单，但换向时会产生液压冲击，仅适用于低压、流量小于 40 L/min 的回路，且所配管路应尽量短。

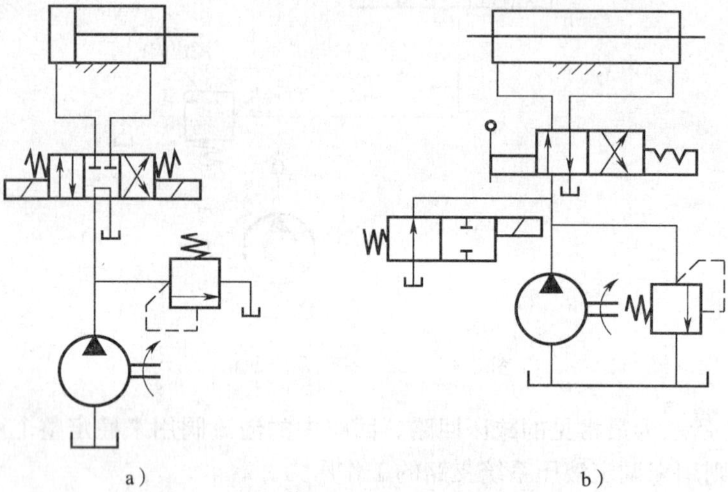

图 3—1—25　换向阀卸荷回路

（2）先导式溢流阀卸荷回路。如图 3—1—26 所示，先导式溢流阀的远程控制口与二位二通电磁阀相连，便构成了先导式溢流阀卸荷回路。

（3）二通插装阀卸荷回路。图 3—1—27 所示为二通插装阀卸荷回路。它通流能力大，因而适用于大流量的液压系统。正常工作时，液压泵压力由阀 B 调定，当二位四通电磁阀 C 通电后，主阀 A 上腔接通油箱，主阀口打开，液压泵即卸荷。

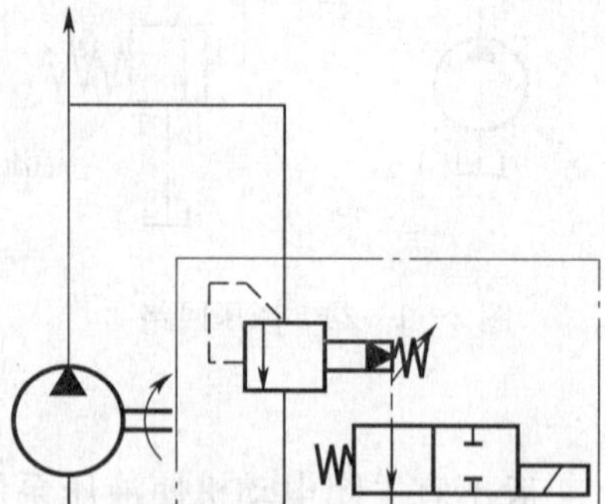

图 3—1—26　先导式溢流阀卸荷回路

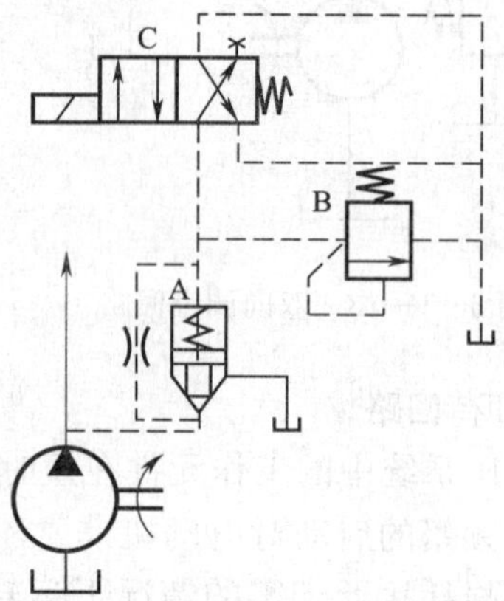

图 3—1—27　二通插装阀卸荷回路

任务实施

一、确定执行元件和主控阀

依据半自动车床的工作要求，选择液压缸作为液压执行元件，选择单电控的二位四通换向阀作为主控阀。执行元件和主控阀如图 3—1—28 所示。

二、画出液压卡盘的液压控制回路图

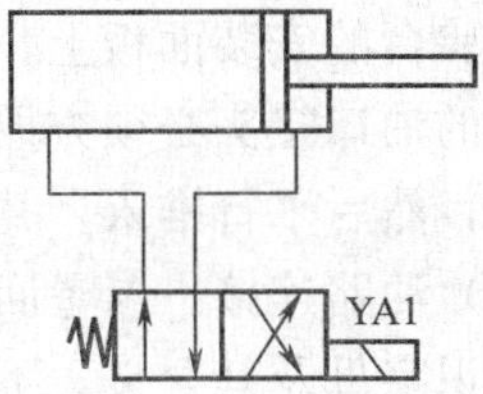

图 3—1—28 执行元件和主控阀

为保证液压卡盘在夹紧工件的同时又不损坏工件，这里采用减压阀来调节压力油的油压，从而控制夹紧力的大小。另一方面，为了能在加工一些薄壁类特殊工件时不会因夹紧力过大而损坏工件，并提高整个系统的工作效率，采用了二级调压的方法，快速切换压力油的工作压力，使夹紧力能按需要得到快速调节。据此，设计出图 3—1—29 所示的液压卡盘控制回路。回路中溢流阀 6 起稳定整个系统和溢流作用，调定的工作压力要大于夹紧回路的工作压力。

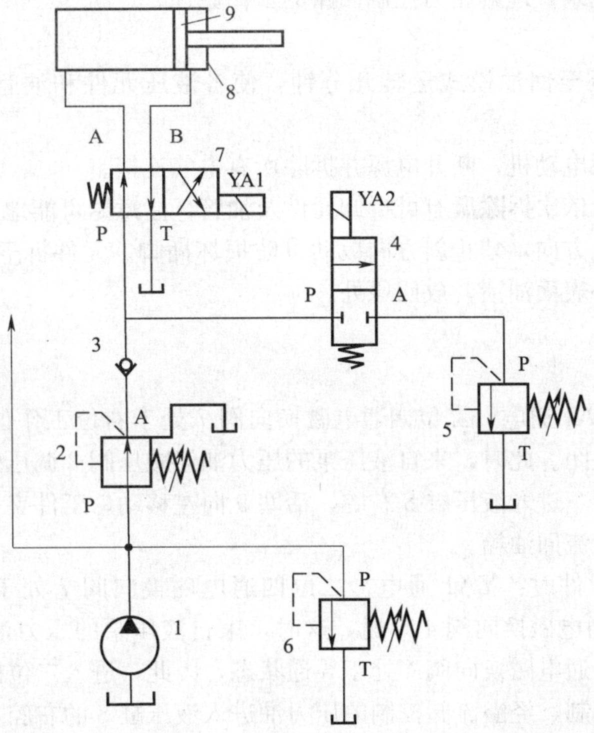

图 3—1—29 液压卡盘控制回路

1—液压泵 2—减压阀 3—单向阀 4—二位二通电磁换向阀

5、6—溢流阀 7—二位四通电磁换向阀 8—液压缸 9—液压缸活塞

另外，在回路中加入一个单向阀 3。其作用是：当驱动液压泵的电动机突然断电时，还可以使夹紧液压缸保持一定的压力油来夹紧工件，从而使工件不会从卡盘中飞出。因为进入

夹紧液压缸的液压油失去液压泵的输出压力油，此时夹紧液压缸的压力大于液压泵的出口压力，油液便向液压泵回流，而单向阀正好截断液压泵至夹紧液压缸的逆向回路。

三、装调回路

1．安装回路

（1）元件布局。首先根据原理图进行布局设计，然后将液压元件按布局位置安装固定在液压实验台的安装面板上，注意液压缸的进、出油口尽量避免朝下（朝上或侧向均可），其他元件的油口接头必须方便油管的连接。通过弹性插脚进行快速安装时，应将所有的插脚对准插孔，然后平行推入，并轻轻摇动确保安装稳固。

（2）油路连接。参考回路原理图，按油路逻辑顺序完成油管的连接，注意各液压元件的油口标识字母及其含义，不能接错、接反。油管连接过程中可将元件从面板上拆下接好后再原位安装。油管全部连接完毕必须进行仔细检查并确保无误。

2．调整回路

（1）放松溢流阀，启动液压泵电动机。

（2）调节压力控制阀，观察压力表指针的变化及回路动作情况。

（3）认真做好记录，理解压力控制回路的工作原理。

3．拆除回路

（1）将液压泵调至回油模式运转几分钟，使各液压元件和油管中滞留的油液退回油箱。

（2）关闭液压泵电动机，断开电源并拆除所有电气连接。

（3）从顶部开始依次拆除所有可拆卸元件及油管，注意尽可能地避免油液泄漏。拔出阀体时注意要顺着插孔方向，禁止斜方向扳动以防损坏插脚。元件拆下后应倒出其内部油液，塞上橡皮塞，清洁外表面油渍，放回原处。

四、分析回路

正常夹紧时：YA1 通电，二位四通电磁换向阀 7 处于右位工作位置，YA2 不通电，二位二通电磁换向阀关闭。此时，来自液压泵的压力油经减压阀 2 调压后，再经单向阀 3 通过二位四通电磁换向阀 7 进入液压缸 8 右腔，活塞 9 向左移动，工件夹紧，左腔的压力油经二位四通电磁换向阀 7 流回油箱。

夹薄壁类特殊工件时：YA1 通电，二位四通电磁换向阀 7 处于右位工作位置，同时 YA2 通电，二位二通电磁换向阀 4 导通，这时，来自液压泵的压力油经减压阀 2 后再经单向阀流出，因二位二通电磁换向阀 4 处于导通状态，因此，进入二位四通电磁换向阀 7 的油液压力由溢流阀 5 控制，经溢流阀控制的压力油进入液压缸 8 的右腔，活塞 9 向左移动，完成夹紧动作，左腔的油经二位四通电磁换向阀 7 流回油箱。

通过上述分析，不难发现，在工作中只需要控制二位二通电磁换向阀 4 的工作位置，即可控制液压卡盘液压回路的工作压力。

装调过程中，需注意：在上述液压回路中，溢流阀 6 的调定压力应大于溢流阀 5 的调定压力，而溢流阀的调定压力小于减压阀调定的输出压力，否则系统将不能正常工作。

任务评价

项目	内容	评分标准	配分	得分
确定执行元件和主控阀	确定执行元件	执行元件选择适当5分；陈述理由充分5分	10	
	确定主控阀	主控阀选择适当5分；陈述理由充分5分	10	
	结构图	结构准确10分；图面整洁、清晰5分	15	
液压卡盘的液压控制回路图	液压元件	液压元件选择适当20分	10	
	液压符号	各液压符号准确20分	10	
	整体结构	整体结构布置准确10分；图面整洁、清晰5分	15	
分析回路	正常夹紧工件时	叙述内容正确5分；条理清晰、口齿清楚5分	10	
	夹紧薄壁类特殊工件时	叙述内容正确5分；条理清晰、口齿清楚5分	10	
安全文明生产考核	安全操作	不符合安全操作规定者，酌情扣1～10分；发生安全事故者，总成绩不及格	5	
	文明生产	不符合文明生产，酌情扣1～10分	5	
总　分			100	

知识链接

1. 压力继电器

压力继电器是一种将油液的压力信号转换为电信号的电液控制元件，如图3—1—30所示。

图3—1—30　压力继电器实物图

(1) 压力继电器的结构与工作原理。当油液的压力达到压力继电器的调定压力时，即发出电信号，以控制电磁铁、电磁离合器、继电器等元件动作，使系统中的油路换向、卸压，执行元件实现顺序动作、关闭电动机，液压系统停止工作或起安全保护作用等。压力继电器按结构特点分为柱塞式、弹簧管式、膜片式等几种。图 3—1—31 所示为柱塞式压力继电器的结构示意图和图形符号。当系统的压力油流入控制口 P 后，便作用在柱塞 1 的下端面上，当油液的作用力大于或等于弹簧的弹力时，推动柱塞 1 上移，柱塞上端面便推动杠杆 2 摆动，推动开关 4，接通或断开电路。改变弹簧 3 的压缩量便可改变压力继电器的动作压力。

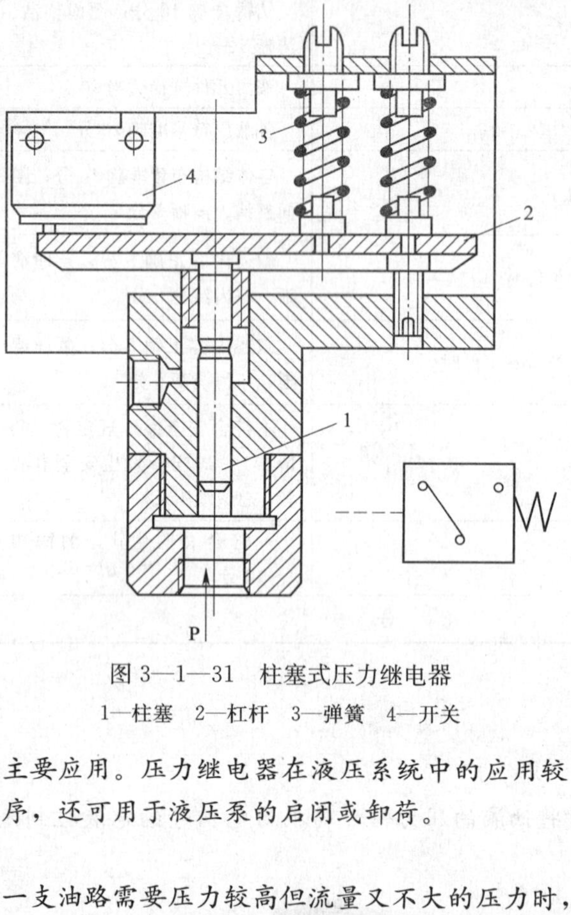

图 3—1—31　柱塞式压力继电器

1—柱塞　2—杠杆　3—弹簧　4—开关

(2) 压力继电器的主要应用。压力继电器在液压系统中的应用较多，可用于安全保护、控制执行元件的动作顺序，还可用于液压泵的启闭或卸荷。

2. 增压回路

当液压系统中的某一支油路需要压力较高但流量又不大的压力时，采用高压泵供油不经济，这时采用增压回路最为合理。采用这种回路，整个系统的工作压力仍然较低，因而能节省能源，且系统工作可靠，噪声低。

(1) 单作用增压缸的增压回路。增压缸利用活塞和柱塞有效面积的不同使液压系统中的局部区域获得高压。

图 3—1—32 所示的回路中，当系统在图示位置工作时，液压泵输出的压力油经二位四通换向阀进入增压缸的大活塞腔，推动活塞向右运动。此时，在小活塞腔便可得到较高压力 p_2。当二位四通换向阀右位工作时，增压缸大活塞返回，辅助油箱中的油液经单向阀补入小活塞腔。因此，该油路只能间歇增压，称为单作用增压回路。

(2) 双作用增压缸的增压回路。单作用增压缸只能断续供油，若需连续输出高压油，可采用图 3—1—33 所示的双作用增压缸的增压回路。在图示位置，液压泵的压力油进入增压缸左端大、小油腔，右端大油腔的回油经换向阀流回油箱，右端小油腔中的油被增压后经单向阀 4 输出。单向阀 2 和 3 被封闭。

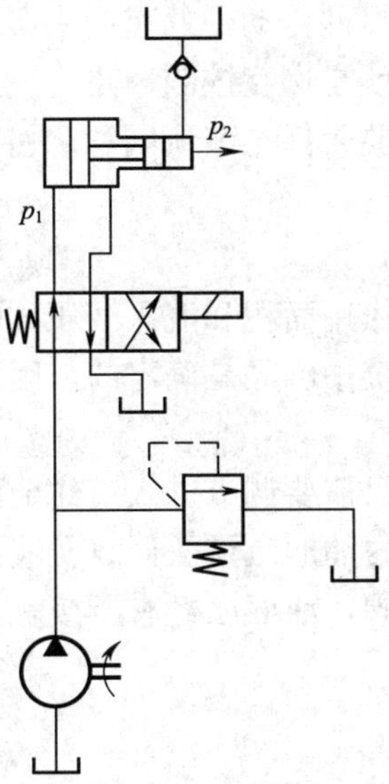

图 3—1—32　单作用增压缸的增压回路

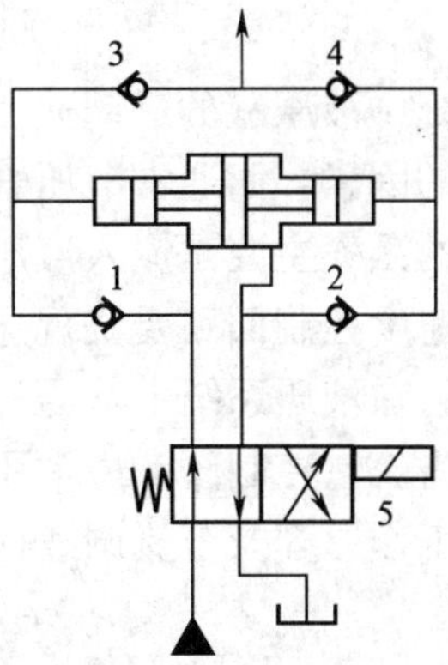

图 3—1—33　双作用增压缸的增压回路

当活塞移到右端极限位置时，换向阀电磁铁通电，油路换向后活塞反向左移。同理，左端小油腔输出的高压油通过单向阀 3 输出，单向阀 1 和 4 被封闭。这样，增压缸的活塞不停地往复运动，两端便交替输出高压油，从而实现了连续增压。

思考练习

1. 溢流阀在液压系统中的作用是什么？
2. 减压阀在液压系统中的作用是什么？
3. 溢流阀与减压阀的区别是什么？
4. 顺序阀、溢流阀、减压阀在结构及工作原理上有什么区别？

任务 3　速度控制回路的设计与装调

知识点

◇ 节流阀与行程开关的类型及功用；

◇ 调速阀的类型及功用；

◇ 速度控制回路的类型与工作原理。

技能点

◇ 速度控制回路装调。

任务引入

速度控制回路主要由流量控制阀（如节流阀/调速阀）和变量泵或变量马达等组成。

在喷漆室，为了调节喷漆的厚度，需要通过调节待喷件传动带的速度来实现，此时需要设计一种回路对液压马达能进行速度的调节，这个回路就是速度控制回路。速度控制回路起改变系统中的流量，即改变执行元件的速度的作用，主要元件是节流阀和调速阀。

任务分析

液压系统中液压缸的运动速度取决于液压缸的有效作用面积和流入液压缸的压力油的流量两个方面的因素，而通常液压缸的有效作用面积在系统中已经是确定的，因此，影响液压缸运动速度的因素主要是流入液压缸的压力油的流量。

喷漆室速度控制回路要实现速度可调的往复运动，只需要调节进入工作台液压缸的压力油流量即可。在液压系统中，通过调节进入液压缸的压力油的流量从而改变液压缸运动速度的元器件称为流量控制阀，最常用的流量控制阀是节流阀，前面已经有所接触，下面就来学习节流阀的工作原理及节流调速回路等知识。

相关知识

一、节流阀与行程开关

1. 节流阀

与气动部分结构及原理相同。

2. 行程开关

行程开关为位置开关（又称限位开关）的一种，是一种常用的小电流主令电器。利用产生机械运动部件的碰撞使其触头动作来实现接通或分断控制电路，达到一定的控制目的。通常，这类开关被用来限制机械运动的位置或行程，使运动机械按一定位置或行程自动停止、反向运动、变速运动或自动往返运动等。行程开关按其结构可分为直动式、滚轮式、微动式和组合式。

（1）直动式行程开关。动作原理同按钮类似，所不同的是按钮是手动，直动式行程开关则由运动部件的撞块碰撞。当外界运动部件上的撞块碰压按钮使其触头动作，运动部件离开后，在弹簧作用下，其触头自动复位。

（2）滚轮式行程开关。当运动机械的挡铁（撞块）压到行程开关的滚轮上时，传动杆连同转轴一同转动，使凸轮推动撞块，当撞块碰压到一定位置时，推动微动开关快速动作。当滚轮上的挡铁移开后，复位弹簧就使行程开关复位，这种开关是单轮自动恢复式行程开关。而双轮旋转式行程开关不能自动复原，它是依靠运动机械反向移动时，挡铁碰撞另一滚轮将其复原。

（3）微动开关式行程开关。以常用的 LXW－11 系列产品为例，微动开关式行程开关由推杆、弹簧、动合触点、动断触点、压缩弹簧组成。

二、调速阀

根据流量负反馈原理设计而成的流量控制阀称为调速阀。调速阀有串联减压式调速阀和溢流节流阀两种主要类型，又可分为普通调速阀和温度补偿型调速阀两种结构。调速阀和节流阀在液压系统中的应用基本相同，主要与定量泵、溢流阀组成节流调速系统。节流阀适用于一般的节流调速系统，而调速阀适用于执行元件负载变化大而运动速度要求稳定的系统，也可用于容积节流调速回路。

1．串联减压式调速阀

采用“压差法”测量流量的串联减压式调速阀是由定差减压阀 2 和节流阀 4 串联而成的组合阀，其工作原理及职能符号如图 3—1—34 所示。

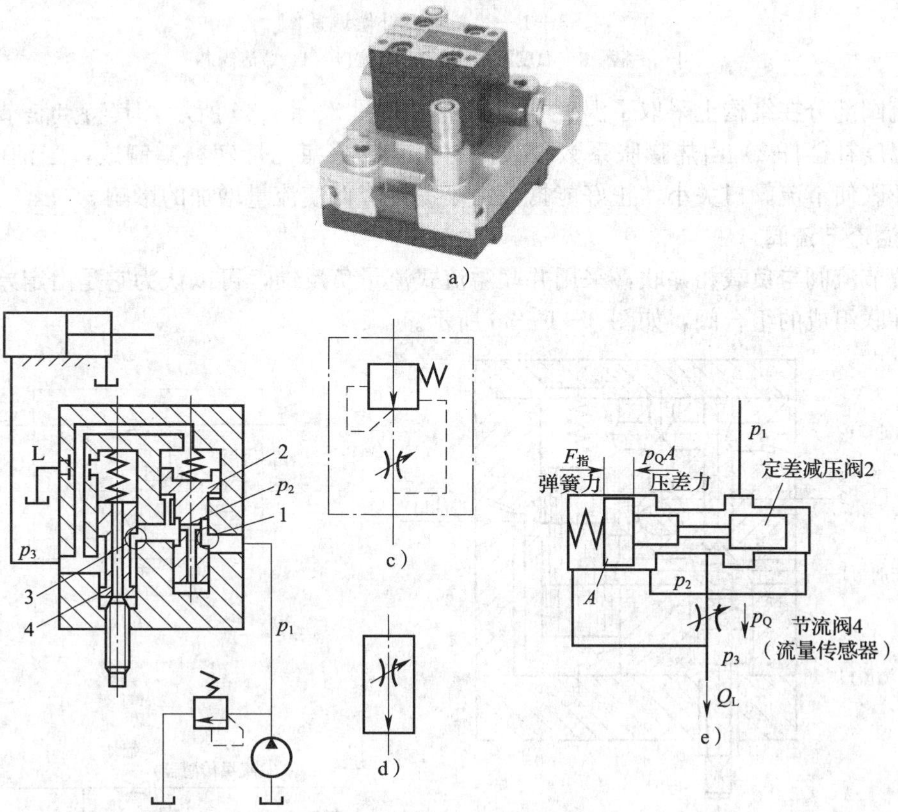

图 3—1—34　串联减压式调速阀

a）实物图　b）结构原理图　c）详细符号　d）简化符号　e）反馈原理图

1、3—调速阀　2—定差减压阀　4—节流阀

2．温度补偿型调速阀

为了减小温度对流量的影响，常采用带温度补偿的调速阀。温度补偿调速阀也是由减压阀和节流阀两部分组成的。减压阀部分的原理和普通调速阀相同。

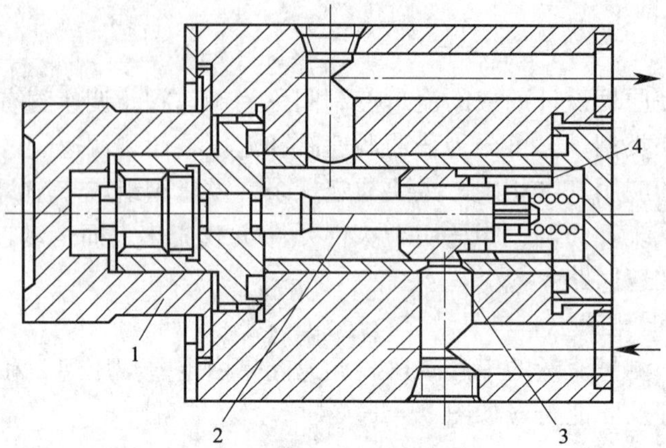

图 3—1—35 温度补偿调速阀

1—手柄 2—温度补偿杆 3—节流口 4—节流阀芯

节流阀部分在结构上采取了温度补偿措施，如图 3—1—35 所示，其特点是节流阀的芯杆（即温度补偿杆 2）由热膨胀系数较大的材料（如聚氯乙烯塑料）制成，当油温升高时，芯杆热膨胀使节流阀口关小，正好能抵消由于黏性降低使流量增加的影响。

3. 溢流节流阀

溢流节流阀与负载相并联，采用并联溢流式流量负反馈，可以认为它是由定差溢流阀和节流阀并联组成的组合阀，如图 3—1—36 所示。

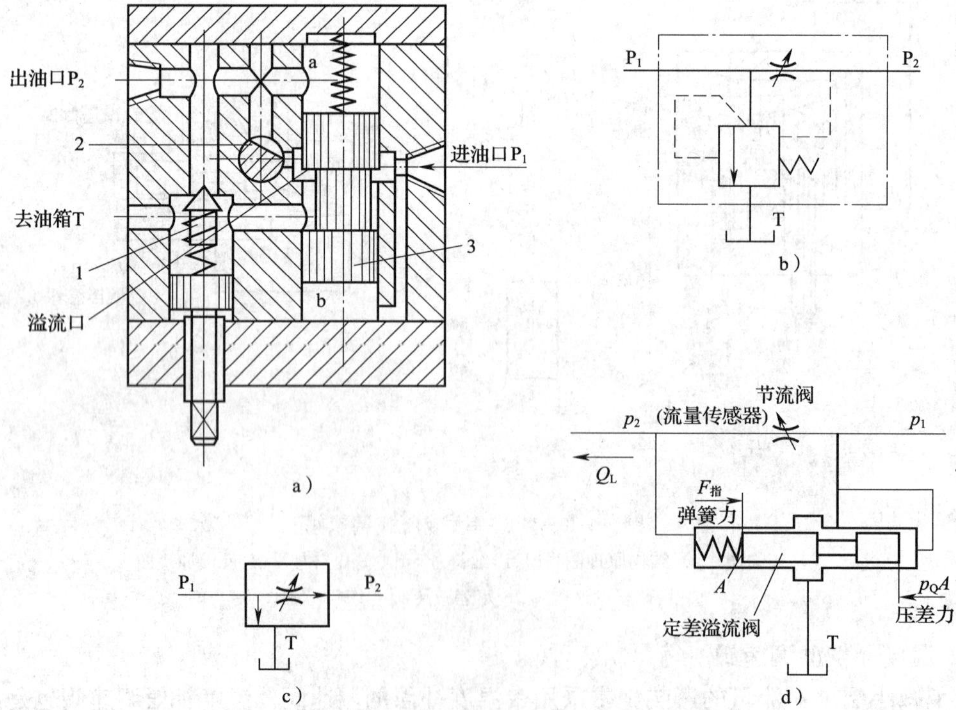

图 3—1—36 溢流节流阀

a）结构图 b）详细符号 c）简化符号 d）反馈原理图

1—安全阀 2—节流阀 3—定差溢流阀

溢流节流阀有一个进口 p_1、一个出口 p_2 和一个溢流口 T，因而有时也称为三通流量控制阀。来自液压泵的压力油 p_1，一部分经节流阀进入执行元件，另一部分则经溢流阀回油箱。节流阀的出口压力为 p_2，p_1 和 p_2 分别作用于溢流阀阀芯的两端，与上端的弹簧力相平衡。节流阀口前后压差即为溢流阀阀芯两端的压差，溢流阀阀芯在液压作用力和弹簧力的作用下处于某一平衡位置。当执行元件负载增大时，溢流节流阀的出口压力 p_2 增加，于是作用在溢流阀阀芯上端的液压力增大，使阀芯下移，溢流口减小，溢流阻力增大，导致液压泵出口压力 p_1 增大，即作用于溢流阀阀芯下端的液压力随之增大，从而使溢流阀阀芯两端受力恢复平衡，节流阀口前后压差（p_1-p_2）基本保持不变，通过节流阀进入执行元件的流量可保持稳定，而不受负载变化的影响。这种溢流节流阀上还附有安全阀，以防止系统过载。

三、速度控制回路

1. 节流调速回路

在采用定量泵的液压系统中，利用节流阀或调速阀改变进入或流出液动机的流量来实现速度调节的方法称为节流调速。采用节流调速，工作可靠，成本低，但效率不高，容易产生温升。

（1）进口节流调速回路。进口节流调速回路如图 3—1—37 所示，节流阀设置在液压泵的换向阀之间的压力管路上，无论换向阀如何换向，压力油总是通过节流之后才进入液压缸。通过调整节流口的大小，控制压力油进入液压缸的流量，从而改变其运动速度。

（2）出口节流调速回路。出口节流调速回路如图 3—1—38 所示，节流阀设置在换向阀与油箱之间，无论如何换向，回油总是经过节流阀流回油箱。通过调整节流口的大小，控制液压缸回油的流量，从而改变其运动速度。

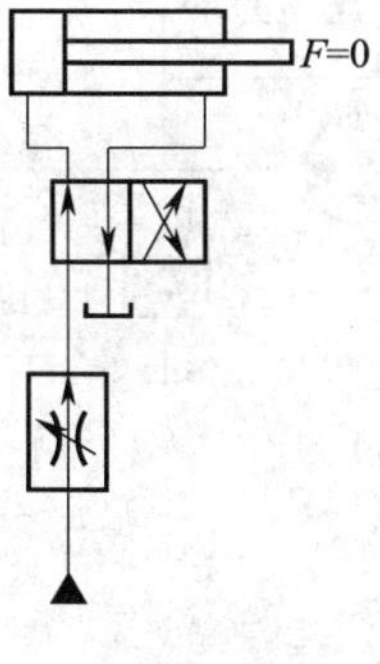

图 3—1—37　进口节流调速回路

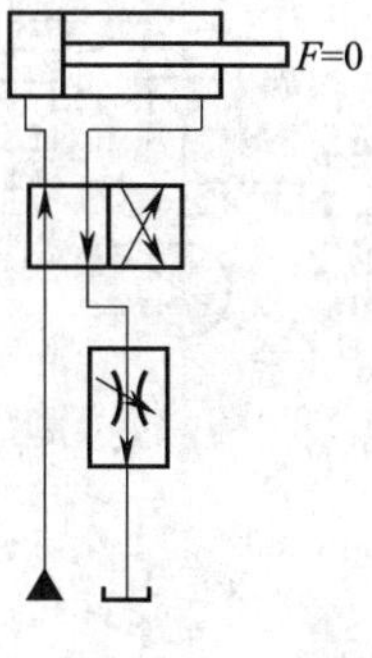

图 3—1—38　出口节流调速回路

（3）旁路节流调速回路。旁路节流调速回路如图 3—1—39 所示，节流阀设置在液压泵与油箱之间，液压泵输出压力油的一部分经换向阀进入液压缸，另一部分经节流阀流回油箱，通过调整旁路节流阀开口的大小来控制进入液压缸压力油的流量，从而改变其运动速度。

（4）双向出口节流调速回路。双向出口节流调速回路如图 3—1—40 所示，它在换向阀前的压力管路和换向阀后的回油管路各设置一个节流阀同时进行节流调速。

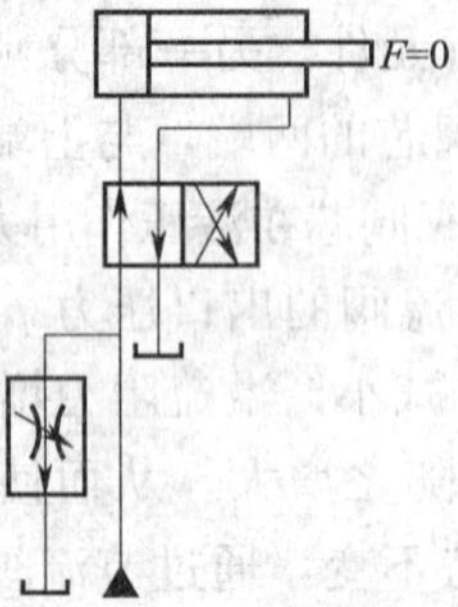

图 3—1—39　旁路节流调速回路

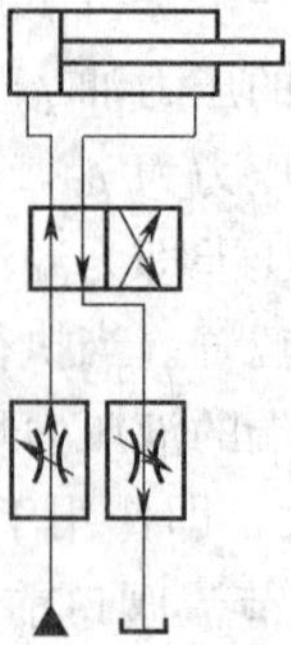

图 3—1—40　双向出口节流调速回路

2. 容积调速回路

容积调速回路通过改变变量液压泵或变量液压马达的排量来对液压缸（液压马达）进行无级调整。这种调速回路无溢流损失和节流损失，所以效率高，发热少，适用于高压、大流量的大型机床、工程机械和矿山机械等大功率设备的液压系统。

根据液压泵和执行元件组合方式不同，容积调速回路分为泵—缸式和泵—马达式两种。

(1) 泵—缸式容积调速回路。如图 3—1—41a 所示为液压缸直线运动的开式容积调速回路。改变变量泵的流量可以调节液压缸的运动速度，单向阀用以防止停机时系统油液流空，溢流阀 1 在此回路中作为安全阀使用，溢流阀 2 作为背压阀使用。

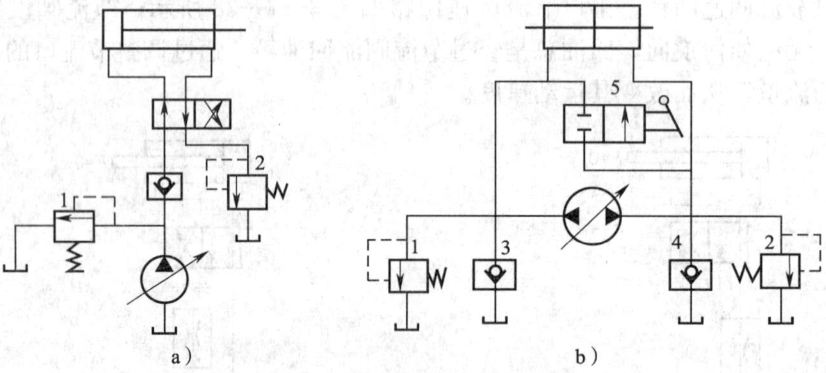

图 3—1—41　容积调速回路

如图 3—1—41b 所示为采用双向变量泵的闭式容积调速回路，改变变量泵的输油方向可以改变液压缸的运动方向，改变输油流量可以控制液压缸的运动速度。图中两个溢流阀 1、2 作为安全阀使用，3、4 在液压缸换向时单向阀可以吸油，以防止系统吸入空气，手动滑阀 5 的启闭可以控制液压缸的开停。

(2) 泵—马达式容积调速回路。如图 3—1—42a 所示，此回路为闭式回路。图中 5 为安全阀，1 为补充泄漏的辅助泵（其流量为变量泵最大输出流量的 10%～15%），其输出低压由溢流阀 2 调定。变量泵 4 输出的流量全部进入定量马达 6。

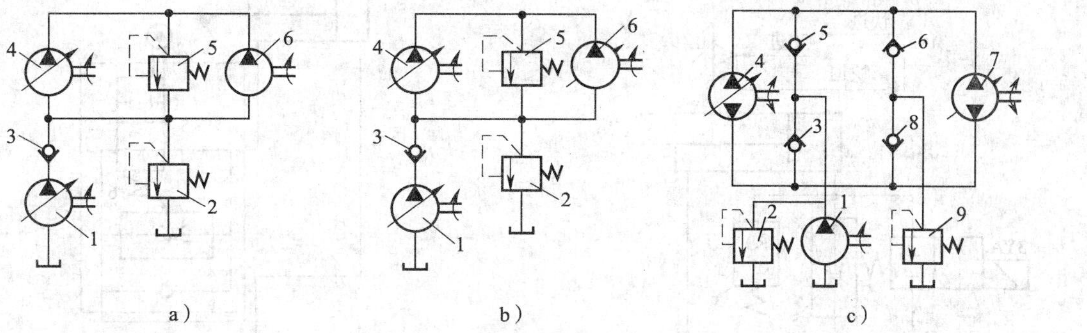

图 3—1—42　泵—马达式容积调速回路

如图 3—1—42b 所示，此回路为闭式回路。图中 5 为安全阀，1 为补油用的辅助泵，2 为辅助泵定压溢流阀。溢流阀的压力调得较低，使主泵（定量）4 的吸油腔有一定的压力。采用辅助泵补油可改善主泵的吸油条件。

泵—马达式容积调速回路如图 3—1—42c 所示。其中 1 为辅助泵，2 为给泵 1 定压的溢流阀，在回路中设置了 4 个单向阀，图中单向阀 3 和 5 用于实现双向补油，而单向阀 6 和 8 使安全阀 9 能在两个方向起安全作用。双向变量泵 4 可以改变流量，又可以改变供油方向，用以实现液压马达 7 的调速和换向。若双向变量泵 4 逆时针转动时，液压马达的回油经辅助泵 1 的供油单向阀 3 进入双向变量泵 4 的下油口，则其上油口排出的压力油进入液压马达 7 的上油口，并使液压马达 7 逆时针方向转动，液压马达 7 下油口的回油又进入双向变量泵 4 的下油口，构成闭式循环回路。这时，单向阀 5 和 8 关闭，3 和 6 打开。如果液压马达 7 过载，可由安全阀 9 起保护作用。若双向变量泵 4 顺时针转动，则单向阀 5 和 8 打开，3 和 6 关闭。双向变量泵 4 的上油口为进油口，下油口为排油口，液压马达也顺时针转动，实现了液压马达的换向。这时若液压马达过载，安全阀 9 仍起保护作用。

3. 速度换接回路

（1）用电磁换向阀的快慢速转换回路。如图 3—1—43 所示为利用二位二通电磁阀与调速阀并联实现快速转慢速的回路，当图中电磁铁 1YA、3YA 同时通电时，压力油经阀 4 进入液压缸左腔，缸右腔回油，工作部件实现快进；当运动部件上的挡块碰到行程开关使 3YA 电磁铁断电时，阀 4 油路断开，调速阀 5 接入油路。压力油经调速阀 5 进入液压缸左腔，液压缸右腔回油，工作部件以调速阀 5 调节的速度实现工作进给。

（2）用行程阀的快慢速转换回路。如图 3—1—44 所示为用单向行程调速阀进行快慢速转换的回路。当电磁铁 1YA 通电时，压力油进入液压缸左腔，缸右腔油液经行程调速阀 5 回油，工作部件实现快速运动。当工作部件上的挡块压下行程阀时，其回油路被切断，缸右腔油只能经调速阀 6 流回油箱，从而转变为慢速运动。

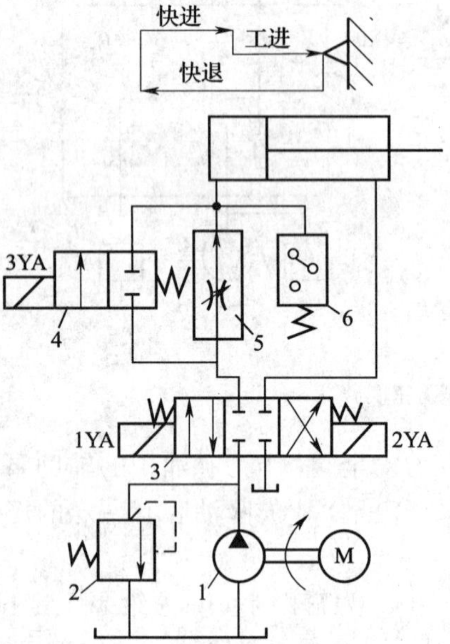

图 3—1—43　用电磁换向阀的快慢速转换回路

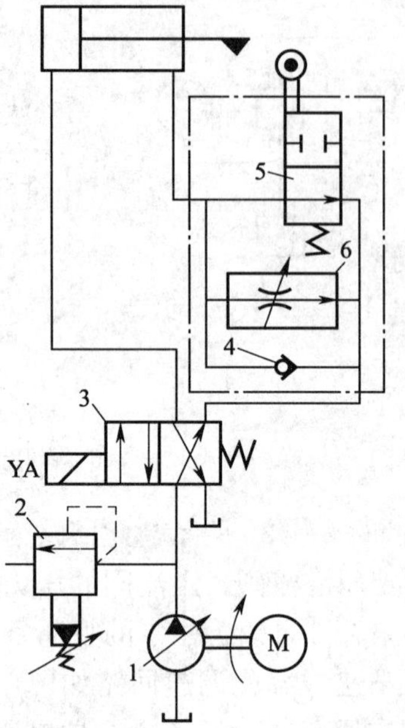

图 3—1—44　用单向行程调速阀进行快慢速转换的回路

任务实施

一、装调前准备工作

喷漆室速度控制需要的工作压力一般在 2.5 MPa 以下，所以选择齿轮泵。喷漆室速度控制的执行元件要求高速、小扭矩，对速度平稳性要求不高、噪声限制不大，所以选择高速小扭矩齿轮马达。喷漆室速度控制工作时整个系统需要压力稳定的液压油并防止系统过载，故选择溢流阀；喷漆室速度需要控制，故选择调速阀；喷漆室的方向需要控制，故选择三位四通换向阀。

二、画出液压控制回路图

设计喷漆室速度控制液压回路，喷漆室工作时，传动带速度必须能调节，由一个液压马达通过一个锥齿轮传动装置来带动。根据工作要求，可采用定量泵和定量马达调速回路。通过改变调速阀的流量，可以改变液压马达的转速，达到调节传动带速度的目的。喷漆室速度控制液压回路如图 3—1—45 所示。

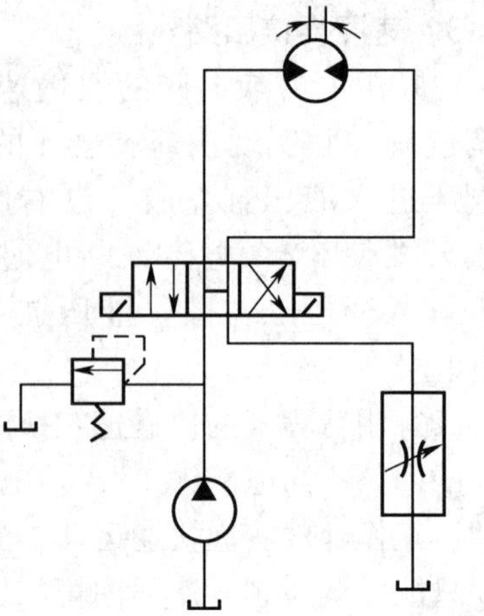

图 3—1—45　喷漆室速度控制回路

三、装调回路

1. 安装回路

(1) 元件布局。首先根据原理图进行布局设计，然后将液压元件按布局位置安装固定在液压实验台安装面板上，注意液压缸的进、出油口尽量避免朝下（朝上或侧向均可），其他元件的油口接头必须方便油管的连接。通过弹性插脚进行快速安装时，应将所有的插脚对准插孔，然后平行推入，并轻轻摇动确保安装稳固。

(2) 油路连接。参考回路原理图，按油路逻辑顺序完成油管的连接，注意各液压元件的油口标识字母及其含义，不能接错、接反。油管连接过程中可将元件从面板上拆下接好后再原位安装。油管全部连接完毕必须进行仔细检查并确保无误。

2. 调整回路

(1) 放松溢流阀，启动液压泵电动机。

(2) 调节流量阀口，观察回路动作情况。

(3) 认真做好记录，理解分析速度控制回路工作原理。

3. 拆除回路

(1) 将液压泵调至回油模式运转几分钟，使各液压元件和油管中滞留的油液退回油箱。

(2) 关闭液压泵电动机，断开电源并拆除所有电气连接。

(3) 从顶部开始依次拆除所有可拆卸元件及油管，注意尽可能地避免油液泄漏。拔出阀体时注意顺着插孔方向，禁止斜方向扳动以防损坏插脚。元件拆下后应倒出其内部油液，塞上橡皮塞，清洁外表面油渍，放回原处。

四、分析回路

喷漆室速度控制回路的故障分析及排除如下：

(1) 液压马达产生超速运动。由于受负载、外界干扰及换向冲击压力等的影响，液压马达产生超速（超限）转动的现象。解决办法是关小液压马达的回油，以避免马达的超速转动。

(2) 液压马达不能迅速停住。为使旋转着的马达停止转动，虽停止液压泵向马达供油或切断供油通道，但由于有马达回转件的惯性和负载的惯性使马达不能迅速停住。解决办法是在液压马达的回油路中安装一个溢流阀，使液压马达回油受到溢流阀所调节压力（背压）产生的制动力而被迅速制动。

(3) 液压马达产生气穴。马达在制动过程中，虽然泵已停转，但马达因惯性而继续回转。此时马达起着泵的作用，产生吸空现象而导致气穴。因此，在马达换向制动等过程中，为防止气穴，可设置单向阀。当马达起泵的作用而管内油液被吸空时，大气压可将油箱内的油液通过单向阀压入管内，作为换向补油之用，而避免产生气穴。

(4) 马达转速下降，输出扭矩减小。这是由于设备经较长时间使用后，泵与马达内部零件磨损或密封失效，产生泵输出流量不够和马达内泄漏增大的现象，应及时更换磨损零件和密封件。

任务评价

评分标准

项目	内容	评分标准	配分	得分
准备工作	画出回路图 元器件选择正确、合理 系统布局合理	正确画出回路图 1～20 分 正确选择元器件 1～10 分 合理布局系统 1～10 分	40	
安装	管子连接正确、可靠	正确选择连接方式 1～20 分 正确确定预紧和防松的方法 1～20 分	40	
安全文明生产考核	安全操作	不符合安全操作规定者，酌情扣 1～10 分；发生安全事故者判不及格	10	
	文明生产	不符合文明生产，酌情扣 1～10 分	10	
总　分			100	

思考练习

1. 液压传动实现流量控制的方式有哪几种？
2. 调速阀为什么能够使执行机构的运动速度稳定？
3. 节流阀与调速阀有何异同点？
4. 节流阀的常见故障有哪些？应如何排除？
5. 调速阀的故障产生原因有哪些？应如何排除？
6. 速度控制回路在工作时会产生哪些故障？应如何排除？

课题二　典型液压系统的维护与故障诊断

任务 1　平面磨床液压系统的维护保养

知识点

◇ 液压系统的维护要求；

◇ 液压系统的保养要求。

技能点

◇ 能按液压系统工作要求进行运行与维护；

◇ 能对液压系统进行定期保养。

任务引入

由于液压传动系统具有许多优势，所以广泛应用于各种机械。但若日常使用方法和维护保养不当，将影响其运行，以至于影响生产。因此，正确地使用和维护液压系统是保证系统正常使用，并延长其使用寿命，保证工作稳定、灵敏、可靠的重要因素。平面磨床在工作使用中，应对其液压系统进行日常保养与定期维护检查，才能保证液压系统正常工作。现有平面磨床一台，要求按平面磨床液压系统的工作说明，先对其进行日常运行保养，然后对液压系统进行一次中期检查、维护与保养。

任务分析

为了完成对平面磨床液压系统进行检查、维护与保养，首先要了解相关知识，从准备技术资料和熟悉液压系统开始，按要求逐一做好检查、维护与保养的每一项工作。特别是要从多方面来进行检查，既要注意检查液压元件，又要注意油液。液压元件的检查可参考前面的知识及相关资料，油液的检查要按下面的相关知识内容进行，并要查阅一些液压技术手册。而在维护与保养工作时，一定要结合液压系统维护要求，参考相应的液压技术标准，结合具体设备情况来完成，并进行记录、总结与归纳，为提高实际操作能力积累经验。

相关知识

一、液压系统维护要求

1. 技术资料的准备与熟悉液压系统

首先要将设备的相关技术资料及液压系统图仔细分析清楚，同时要结合液压系统图进一步熟悉液压系统，对各个元器件的型号、位置及功能要熟悉，对系统的工作过程要熟悉。

2. 防止液压系统液压油污染

液压系统的液压油污染是指液压油中从外界混入空气、水分和各种固化物等。液压油被污染后会产生对密封材料的破坏，加剧液压元件中相对运动零件间的磨损，造成节流小孔的堵塞或滑阀运动副卡死，使液压元件不能正常工作。据资料统计，液压系统中75％以上的故障都是由于受油液污染所致。因此，必须采用各种措施防止或减少油液的污染。

防止油液污染的主要方法有以下方面：

(1) 安装前对管道及铸件等需经过清洗，液压系统总装完成后，要进行彻底清洗。

(2) 各种液压元件装配时，禁止用带纤维的织物（如棉纱）擦拭。

(3) 油箱要合理密封，通大气处要设空气滤清器。

(4) 密封必须可靠，禁止使用不耐油的密封及胶管。

(5) 合理选用滤清器的类型和安装位置，系统中应根据需要配置粗、精滤油器，滤油器应当经常检查，发现损坏应及时更换。

（6）定期更换油液，一般在累计工作 1 000 h 后换油。如继续使用，油液将失去润滑性能，并可能呈现酸性，从而引起液压系统中金属部分的腐蚀等。若间断使用，可根据具体情况隔半年或一年换油一次。

3. 防止空气进入液压系统

液压系统中所用的油液压缩性很小，在一般情况下可认为油液是不可压缩的。但空气的可压缩性很大，所以即使系统中含有少量的空气，它的影响也是很大的。溶解在油液中的空气，在低压时会从油液中逸出，产生气泡，形成孔穴现象，到了高压区，在压力油作用下，这些气泡很快被击碎，急剧受到压缩，使系统中产生噪声，同时在气体突然受到压缩时会放出大量的热量，从而引起局部过热，加速油温升高，使液压元件和液压油受到损坏。空气的可压缩性大，还会导致工作器件产生爬行等故障，破坏了工作的平稳性，有时还会产生振动。

防止空气进入液压系统的方法有以下几种：

（1）吸油管和回油管应插入到油面以下，并且保持足够的深度。

（2）系统中各部分应保持充满油液，办法是在液压泵的出口处安装一单向阀，回油路上设置背压阀。

（3）油箱的油面要尽量大些，吸入侧和回油侧要用隔板隔开，以达到消除气泡的目的。

（4）在管路及液压缸的最高处设置放气孔，在启动时应放掉其中的空气。

（5）应保持管接头的良好密封，特别是吸油管路，若密封不好，空气便被吸入液压系统。

4. 防止油温过高

工程机械液压系统油液的工作温度一般在 30～80℃范围内较合适，油温过高会对系统产生一系列不良影响，如黏度下降、泄漏增大、容积效率下降、造成液动速度不稳定、使热膨胀系数不同的运动副之间间隙变化出现卡死等现象；另外还会使油液变质、密封件老化、丧失密封性能等。油温升高的原因很多，如油箱容积太小、散热面积不够、油箱储存油量太少、周围环境气温较高、冷却器作用失灵等；系统中没有卸载回路，在停止工作时液压泵仍在高压溢流；油管太细太长、弯曲过多、压力损失过大、元件加工精度不高、相对运动件摩擦发热过多等。

从使用维护角度看，在防止油温过高时，应注意以下几个问题：

（1）经常保持油箱中的正确油位，使油箱内有足够的循环冷却油。

（2）经常保持冷却器内水量充足，管路畅通。

（3）在系统不工作时，液压泵必须卸载。

（4）正确选择油液的黏度。

二、液压系统的保养要求

1. 日常检查

正常工作时，每天在开机前和工作中对液压系统进行必要的检查，主要检查有无外渗漏、压力不稳定、温升较高、声音异常及液压油变色等现象。其中大量的泄漏是很容易被发觉的，但在油管接头处少量的泄漏往往不易被发现，然而这种少量的泄漏现象却往往就是系统发生故障的先兆，所以对于密封件必须经常检查和清理，如果发现软管和管道的接头因松动而产生少量泄漏时应立即将接头旋紧。

同时应对液压泵启动前后、运转和停止三种情况进行检查。

（1）泵启动前的检查。查看油箱是否按规定加油，油量要加至油箱上限指示标志，用温度计测量油温，当油温低于10℃时，应使系统在无负荷状态下（使溢流阀处于卸荷状态）运转20 min以上。

（2）泵启动和启动后的检查。用开开停停的方法进行启动，反复几次使油温上升，液压装置运转灵活后，再进入正常运转。当泵启动后，还需对油液进行气蚀检查、过热检查、气泡检查等。同时，要注意泵的噪声，若噪声过大，则要检查原因，并进行排除，方可进行正常工作。

（3）系统工作过程中的检查。在系统工作稳定的情况下，要随时注意油量、油温、压力、噪声、液压缸、电动机、换向阀、溢流阀的工作情况，注意整个系统的漏油和振动情况。

（4）使用后期的检查。系统使用一段时间后，如产生异常现象，若用外部调整的方法不能排除，可进行分解修理或更换配件，复杂的液压元件分解修理要十分小心，最好送到专业厂家进行修理，以保证产品质量。

2. 定期检查

通常每三个月为一个检查周期。检修的顺序可参照液压传动装置进行，从液压泵开始，经油箱、冷却器、加热器、滤油器、压力表、压力控制阀、方向控制阀、流量控制阀、液压缸（或液压马达）直至管件及蓄能器等。

3. 综合检查

综合检查的内容比较全面。部件、元件、管件及其他辅助装置等都要一一拆卸，分解检查，分别鉴定各元件的磨损情况、精度及性能，重新估算寿命。

通过日常维护和定期检查能保证系统正常工作，对故障做到早发现，早预防，并能及早排除故障。

任务实施

一、准备工作

1. 了解磨床工作特点，熟悉对液压系统的工作要求。
2. 熟悉机床技术说明书，了解检查与维护的要求。
3. 查阅液压技术手册，了解检查与维护操作规程。

二、液压系统回路图

阅读图3—2—1所示的平面磨床液压系统图，熟悉其液压系统的组成，分析液压系统的工作过程，熟悉各个液压元件的实际位置，了解各元件的结构及相互间的连接。

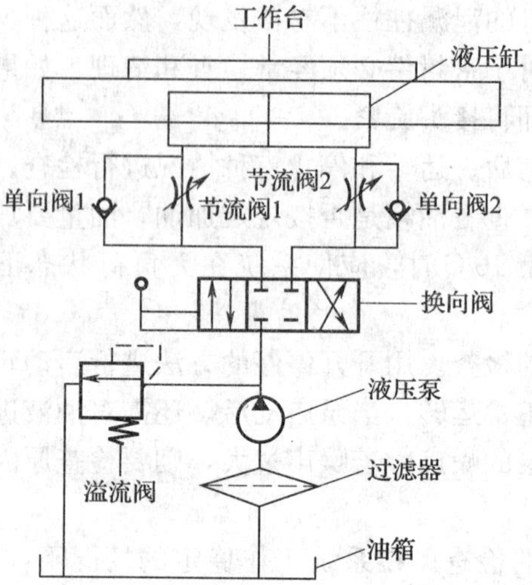

图 3—2—1　平面磨床液压系统图

三、操作步骤与要领

1. 泵启动前的检查与调整

主要检查油箱中的油量、油温，并做相应记录。

2. 泵启动时的检查

先进行几次起起停停方式的启动，主要检查油液是否有泄漏，再对其进行气蚀检查、过热检查、气泡检查等，特别要注意系统是否出现噪声，发现问题及时处理，并做相应记录。

3. 工作过程中的检查

要随时注意油量、油温、压力、噪声、电动机、液压泵、液压缸、换向阀、溢流阀的工作情况，注意整个系统的漏油、噪声和振动情况，发现问题及时处理，并做相应记录。

4. 使用后的检查

5. 中期检查保养

阅读机床说明书，查阅液压技术手册，按技术要求逐项进行检查与保养，并做相应记录。

四、检验

按技术标准对液压系统工作情况进行检查，并检查保养工作记录。

任务评价

评分标准

项目	内容	评分标准	配分	得分
日常检查	启动前油液情况	操作正确、记录完整	5	
	启动时油液情况	操作正确、记录完整	5	
	启动时元件情况	操作正确、记录完整	5	

续表

项目	内容	评分标准	配分	得分
日常检查	启动时系统情况	操作正确、记录完整	5	
	工作中元件情况	操作正确、记录完整	5	
	工作中系统情况	操作正确、记录完整	5	
	出现问题时的处理	立即停止、检查问题、及时排除、记录完整	5	
	使用后的检查	操作正确、记录完整	5	
定期检查	液压油的检查与更换	操作正确、发现问题、及时更换、记录完整	10	
	液压泵的检查	操作正确、发现问题、及时修理、记录完整	10	
	液压阀的检查	操作正确、发现问题、及时修理、记录完整	10	
	过滤器的检查与更换	操作正确、发现问题、及时更换、记录完整	10	
	密封件的检查与更换	操作正确、发现问题、及时更换、记录完整	10	
	冷却器、加热器的检查	操作正确、发现问题、及时修理、记录完整	10	
总　分			100	

思考练习

1. 液压系统维护要求的内容有哪些？
2. 防止空气进入液压系统的方法有哪些？
3. 日常检查液压系统的内容有哪些？

知识拓展

液压系统的安装与调试

液压控制系统与液压传动系统的区别在于前者要求其液压执行机构的运动能够高精度地跟踪随机控制信号的变化。液压控制系统多为闭环控制系统，因而就有系统稳定性、响应和精度的要求。为此，需要有机械—液压—电气一体化的电液伺服阀、伺服放大器、传感器，高清洁度的油源和相应的管路布置。

1. 液压控制系统的安装、调试要点

（1）油箱内壁材料或涂料不应成为油液的污染源，液压控制系统的油箱材料最好采用不锈钢。

（2）采用高精度的过滤器，根据电液伺服阀判断过滤精度要求，一般为 5～10 μm。

（3）油箱及管路系统经过一般的酸洗等处理后，注入低黏度的液压油或透平油，进行无负荷循环冲洗。

2. 冲洗注意要点

（1）冲洗前安装伺服阀的位置应用短路通道板代替。

（2）冲洗过程中过滤器阻塞较快，应及时检查和更换。

（3）冲洗过程中定时提取油样，用污染测定仪器进行污染测定并记录，直至冲洗合格为止。

（4）冲洗合格后放出全部清洗油，通过精密过滤器向油箱注入合格的液压油。

（5）为了保证液压控制系统在运行过程中有更好的净化功能，最好增设低压自循环清洗回路。

（6）电液伺服阀的安装位置尽可能靠近液压执行元件，伺服阀与执行元件之间尽可能少用软管，这样可提高系统的频率响应。

（7）电液伺服阀是机械、液压和电气一体化的精密产品，安装、调试前必须具备有关的基本知识，特别是要详细阅读、理解产品样本和说明书。

3. 安装注意要点

（1）安装的伺服阀型号与设计要求是否相符，出厂时的伺服阀动、静态性能测试资料是否完整。

（2）伺服放大器的型号和技术数据是否符合设计要求，可调节参数应与使用的伺服阀匹配。

（3）检查电液伺服阀的控制线圈连接方式，串联、并联或差动连接方式中哪一种符合设计要求。

（4）反馈传感器（如位移、力、速度等传感器）的型号和连接方式是否符合设计需要，特别要注意传感器的精度，它直接影响系统的控制精度。

（5）检查油源压力和稳定性是否符合设计要求，如果系统有蓄能器，需检查充气压力。

（6）液压控制系统采用的液压缸应是低摩擦力液压缸，安装前应测定其最低启动压力，作为以后检查液压缸的依据。

（7）液压控制系统正式运行前，应仔细排除气体，否则对系统的稳定性和刚度都有较大影响。

（8）液压控制系统正式使用前，应进行系统调试，调试可按以下方法进行：

1）零位调整。包括伺服阀的调零及伺服放大器的调零，为了调整系统零位，有时可加入偏置电压。

2）系统静态测试。测定被控参数与指令信号的静态关系。调整合理的放大倍数，通常放大倍数越大静态误差越小，控制精度越高，但容易造成系统不稳定。

3）系统的动态测试。采用动态测试仪器，通常需测出系统稳定性、频率响应及误差，确定是否能满足设计要求。系统动、静态测试记录可作为以后系统运行状况评估的依据。

（9）液压控制系统投入运行后，应定期检查以下记录数据：油温、油压、油液污染程度、运行稳定情况、执行机构的零偏情况、执行元件对信号的跟踪情况。

任务2　注塑机液压系统的故障诊断与排除方法

知识点

◇ 注塑机液压系统故障诊断基本方法；

◇ 注塑机液压系统常见故障现象、原因和排除方法。

技能点

◇ 能对故障进行判断；

◇ 能分析常见故障现象发生的原因并进行排除。

任务引入

由于液压系统由机械、液压、电气等装置组合而成，故出现故障的部位和原因有多种。液压泵作为液压系统的能源装置，在液压系统中具有至关重要的作用，如果液压泵出现故障，将会影响到整个液压系统的正常工作。如径向柱塞泵常见故障有油泵吸不上油或无压力、流量不足达不到额定值、压力升不上去等。液压缸作为液压系统的执行装置，直接起着完成预定工作的作用，若液压缸有泄漏或进入空气，就会影响工作元件的运动速度。同样，液压控制阀若出现问题，也直接影响系统预定的工作程序。因此，要掌握液压系统常见故障的诊断方法，对常见故障进行分析、查找原因、及时排除。

针对注塑机在工作中常见故障的发生，结合液压元件的功能及液压系统的组成，分析出常见故障发生的原因，并进一步确定其故障排除方法，以解决问题。

任务分析

为了完成液压系统的故障诊断与排除任务，必须要熟悉液压系统各个部分的组成与功能，掌握一些常见故障的诊断方法，参考技术资料，请教有经验的技术人员，积累工作经验，才能不断提高诊断与排除液压故障的水平。当发现液压系统产生故障后要按检查流程进行工作，通过阅读液压系统原理图和安装图找出各个液压元件的工作位置，根据故障现象分析出其产生的原因，判断其故障机理，提出故障处理方案，进行故障排除。

相关知识

一、液压系统常见故障诊断方法

由于液压系统由机械、液压、电气等装置组合而成，故出现故障的部位和原因有多种。液压系统常见故障的诊断方法有如下几种。

1. 简易故障诊断法

简易故障诊断法是目前应用最普遍的故障诊断方法，它是靠维修人员凭个人经验，利用简单仪表根据液压系统出现的故障，客观地采用问、看、听、摸等方法了解系统工作情况，进行分析、诊断，确定产生故障的原因和部位，具体做法如下：

（1）询问设备操作者，了解设备运行状况，其中包括：液压系统工作是否正常；液压泵有无异常现象；液压油检测清洁度的时间及结果；滤芯清洗和更换情况；发生故障前是否对液压元件进行了调节；是否更换过密封元件；故障前后液压系统出现过哪些不正常现象；过去该系统出现过什么故障，用什么方法进行排除等，需逐一进行了解。

（2）看液压系统工作的实际状况，观察系统压力、速度、油液、泄漏、振动等是否存在问题。

（3）听液压系统的声音，如冲击声、泵的噪声及异常声，判断液压系统工作是否正常。

（4）摸温升、振动、爬行及连接处的松紧程度，判定运动部件工作状态是否正常。

总之，简易诊断法只是一个简易的定性分析，对快速判断和排除故障，具有较广泛的实用性。

2．液压系统原理图分析法

根据液压系统原理图分析液压传动系统出现的故障，找出故障产生的部位及原因，并提出排除故障的方法。液压系统原理图分析法是目前工程技术人员应用最为普遍的方法，它要求人们对液压知识具有一定基础，并能看懂液压系统图，掌握各图形符号所代表元件的名称、功能，对元件的原理、结构及性能应有一定的了解，在该基础上，结合动作循环表对照分析、判断故障就很容易了。

所以，认真学习液压基础知识，掌握液压原理是诊断故障与排除故障最有力的助手，也是其他故障分析法的基础。

3．其他分析法

液压系统发生故障时，往往较难立即找出故障发生的部位和根源，为了避免盲目性，人们必须根据液压系统原理进行逻辑分析，或采用因果分析等方法逐一进行故障排除，最后找出发生故障的部位，这就是用逻辑法查找故障。

二、常见故障现象及排除方法

1．系统噪声、振动大

系统噪声、振动大的故障判断和排除方法见表 3—2—1。

表 3—2—1　　系统噪声、振动大的故障判断和排除方法

故障现象及原因	排除方法
泵中有噪声、振动，引起管路、油箱共振	1. 在泵的进、出油口用软管连接 2. 泵不要装在油箱上，应将电动机和泵单独装在底座上，和油箱分开 3. 降低电动机转数 4. 在泵的底座和油箱下面塞进防振材料 5. 选择低噪声泵，采用立式电动机将液压泵浸在油液中

续表

故障现象及原因	排除方法
阀弹簧所引起的系统共振	1. 改变弹簧的安装位置 2. 改变弹簧的刚度 3. 把溢流阀改成外部泄油形式 4. 采用遥控的溢流阀 5. 完全排出回路中的空气 6. 改变管道的长短、粗细、材质、厚度等 7. 增加管夹使管道不致振动 8. 在管道的某一部位装上节流阀
空气进入液压缸引起的振动	1. 很好地排出空气 2. 对液压缸活塞、密封衬垫涂上二硫化钼润滑脂
管道内油流激烈流动的噪声	1. 加粗管道，使流速控制在允许范围内 2. 少用弯头，多采用曲率小的弯管 3. 采用胶管 4. 油流紊乱处不采用直角弯头或三通 5. 采用消声器、蓄能器等
油箱有共鸣声	1. 增厚箱板 2. 在侧板、底板上增设肋板 3. 改变回油管末端的形状或位置
阀换向产生的冲击噪声	1. 降低电液阀换向的控制压力 2. 在控制管路或回油管路上增设节流阀 3. 选用带先导卸荷功能的元件 4. 采用电气控制方法，使两个以上的阀不能同时换向
溢流阀、卸荷阀、液控单向阀、平衡阀等工作不良，引起的管道振动和噪声	1. 适当处装上节流阀 2. 改变外泄形式 3. 对回路进行改造 4. 增设管夹

2. 系统压力不正常的消除方法

系统压力不正常的故障判断及排除方法见表 3—2—2。

表 3—2—2　　系统压力不正常的故障判断及排除方法

故障现象及原因		排除方法
压力不足	溢流阀、旁通阀损坏	修理或更换
	减压阀设定值太低	重新设定
	集成通道块设计有误	重新设计
	减压阀损坏	修理或更换
	泵、电动机或缸损坏、内泄大	修理或更换

续表

故障现象及原因		排除方法
压力不稳定	油中混有空气	堵漏、加油、排气
	溢流阀磨损、弹簧刚度差	修理或更换
	油液污染、堵塞阀阻尼孔	清洗、换油
	蓄能器或充气阀失效	修理或更换
	泵、电动机或气缸磨损	修理或更换
压力过高	减压阀、溢流阀或卸荷阀设定值不对	重新设定
	变量机构不工作	修理或更换
	减压阀、溢流阀或卸荷阀堵塞或损坏	清洗或更换

3. 系统动作不正常

系统动作不正常的故障判断及排除方法见表3—2—3。

表3—2—3　　系统动作不正常的故障判断及排除方法

故障现象及原因		排除方法
系统压力正常，执行元件无动作	电磁阀中电磁铁有故障	排除或更换
	限位或顺序装置（机械式、电气式或液动式）不工作或调得不对	调整、修复或更换
	机械故障	排除
	没有指令信号	查找、修复
	放大器不工作或调得不对	调整、修复或更换
	阀不工作	调整、修复或更换
	缸或电动机损坏	修复或更换
执行元件动作太慢	泵输出流量不足或系统泄漏太大	检查、修复或更换
	油液黏度太高或太低	检查、调整或更换
	阀的控制压力不够或阀内阻尼孔堵塞	清洗、调整
	外负载过大	检查、调整
	放大器失灵或调得不对	调整、修复或更换
	阀芯卡涩	清洗、过滤或换油
	气缸或电动机磨损严重	修理或更换
动作不规则	压力不正常	见表3—2—2
	油中混有空气	加油、排气
	指令信号不稳定	查找、修复
	放大器失灵或调得不对	调整、修复或更换
	传感器反馈失灵	修理或更换
	阀芯卡涩	清洗、滤油
	气缸或电动机磨损或损坏	修理或更换

4. 系统液压冲击大

系统液压冲击大的故障判断及排除方法见表3—2—4。

表3—2—4　　系统液压冲击大的故障判断及排除方法

故障现象及原因		排除方法
换向时产生冲击	换向时瞬时关闭、开启，造成动能或势能相互转换时产生的液压冲击	1. 延长换向时间 2. 设计带缓冲的阀芯 3. 加粗管径、缩短管路
液压缸在运动中突然被制动所产生的液压冲击	液压缸运动时，具有很大的动量和惯性，突然被制动，引起较大的压力增值故产生液压冲击	1. 液压缸进出油口处分别设置反应快、灵敏度高的小型安全阀 2. 在满足驱动力时尽量减少系统工作压力，或适当提高系统背压 3. 液压缸附近安装囊式蓄能器
液压缸到达终点时产生的液压冲击	液压缸运动时产生的动量和惯性与缸体发生碰撞，引起的冲击	1. 在液压缸两端设缓冲装置 2. 液压缸进出油口处分别设置反应快、灵敏度高的小型溢流阀 3. 设置行程（开关）阀

5. 系统油温过高

系统油温过高的故障判断及排除方法见表3—2—5。

表3—2—5　　系统油温过高的故障判断及排除方法

故障现象及原因	排除方法
设定压力过高	适当调整压力
溢流阀、卸荷阀、压力继电器等卸荷回路的元件工作不良	改正各元件工作不正常状况
卸荷回路的元件调定值不适当，卸压时间短	重新调定，延长卸压时间
阀的漏损大，卸荷时间短	修理漏损大的阀，考虑不采用大规格阀
高压小流量、低压大流量时不要由溢流阀溢流	变更回路，采用卸荷阀、变量泵
因黏度低或液压泵有故障，增大了液压泵的内泄漏量，使液压泵壳温度升高	换油、修理、更换液压泵
油箱内油量不足	加油，加大油箱
油箱结构不合理	改进结构，使油箱周围温升均匀
蓄能器容量不足或有故障	换大蓄能器，修理蓄能器
需要安装冷却器，冷却器容量不足，冷却器有故障，进水阀门工作不良，水量不足，油温自动调节装置有故障	安装冷却器，加大冷却器，修理冷却器的故障，修理阀门，增加水量，修理调温装置
溢流阀遥控口节流过量，卸荷的剩余压力高	进行适当调整
管路的阻力大	采用适当的管径
附近热源影响，辐射热大	采用隔热材料反射板或变更布置场所；设置通风、冷却装置等，选用合适的工作油液

6. 液压控制系统故障

液压控制系统故障的故障判断及排除方法见表 3—2—6。

表 3—2—6　　液压控制系统故障的故障判断及排除方法

故障现象及原因	排除方法
控制信号输入系统后执行元件不动作	1. 检查系统油压是否正常，判断液压泵、溢流阀工作情况 2. 检查执行元件是否有卡锁现象 3. 检查伺服放大器的输入、输出电信号是否正常，判断其工作情况 4. 检查电液伺服阀的电信号有输入和有变化时，液压输出是否正常，用以判断电液伺服阀是否正常。伺服阀故障一般应由生产厂家处理
控制信号输入系统后执行元件向某一方向运动到底	1. 检查传感器是否接入系统 2. 检查传感器的输出信号与伺服放大器是否误接成正反馈 3. 检查伺服阀可能出现的内部反馈故障
执行元件零位不准确	1. 检查伺服阀的调零偏置信号是否调节正常 2. 检查伺服阀调零是否正常 3. 检查伺服阀的颤振信号是否调节正常
执行元件出现振荡	1. 检查伺服放大器的放大倍数是否调得过高 2. 检查传感器的输出信号是否正常 3. 检查系统油压是否太高
执行元件跟不上输入信号的变化	1. 检查伺服放大器的放大倍数是否调得过低 2. 检查系统油压是否太低 3. 检查执行元件和运动机构之间游隙是否太大
执行机构出现爬行现象	1. 油路中气体没有排尽 2. 运动部件的摩擦力过大 3. 油源压力不够

任务实施

一、发现故障后的工作流程

1. 了解注塑机的液压系统

熟悉有关技术资料、报告，掌握注塑机液压系统的工作原理，掌握各种元件的基本结构和在系统中的具体功能，并记录液压系统必要的技术数据，如工作速度、压力、流量、循环时间等。

2. 询问注塑机操作人员

首先询问该设备的特性及其功能特征，主要询问该设备出现故障时的基本现象，如液压泵是否能启动、系统油温是否过高、系统的噪声是否太大、液压缸是否能带动负载等。

3．核实信息

通过观察仪表读数、工作速度、监听声响、检查油液及执行元件是否有误动作等手段来进一步核实检查现象。在检查时要仔细检查油箱内的油液，确定是否污垢进入系统影响系统各元件的正常工作；用手摸检查进油管及高压油管有无老化、泄漏、破损；检查各控制元件的管接头以及壳体的安装螺钉有无松动；最后检查液压缸的活塞杆。

4．制定维修方案

按“先易后难”的原则，先选择那些一经简单检查核实或修理即可使设备恢复正常的部位，以便在最短时间内完成检查工作。同时要根据事故发生的部位，进行重点检查经常容易发生的故障。

5．排除故障

根据制定的维修方案，找出注塑机产生故障的原因后，着手排除故障。除必要时，不得轻易拆卸各液压元件，因为不必要的、过早的拆装会降低这些元件的使用寿命。

二、熟悉液压系统工况

1．读懂液压系统原理图（图3—2—2）

2．分析系统的工作情况

根据液压系统图按注射机的动作工作循环：

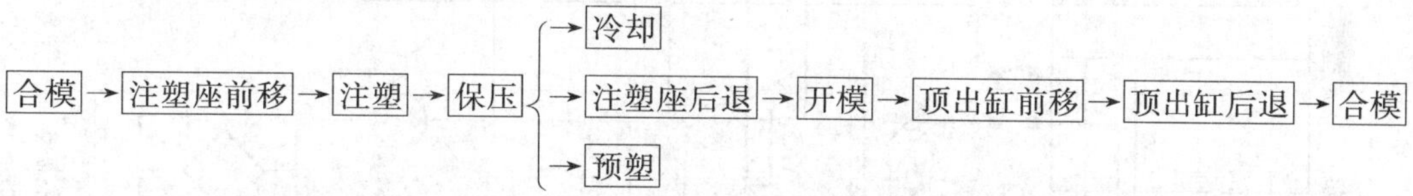

结合该液压系统各执行元件的动作顺序，并理清各电磁铁的通断电情况及油路情况，明确各个液压元件的作用及回路的组成，熟悉该液压系统的工作过程。

三、分析故障产生的原因，提出排除故障的方案并予以排除

根据故障现象从以下几个方面逐步分析推断故障产生的原因，确定原因后提出排除故障的方案并予以排除。

1．系统噪声和振动是否正常。

2．系统压力是否正常。

3．系统动作是否正常。

4．系统液压冲击是否过大。

5．系统油温是否过高。

6．控制系统是否有故障。

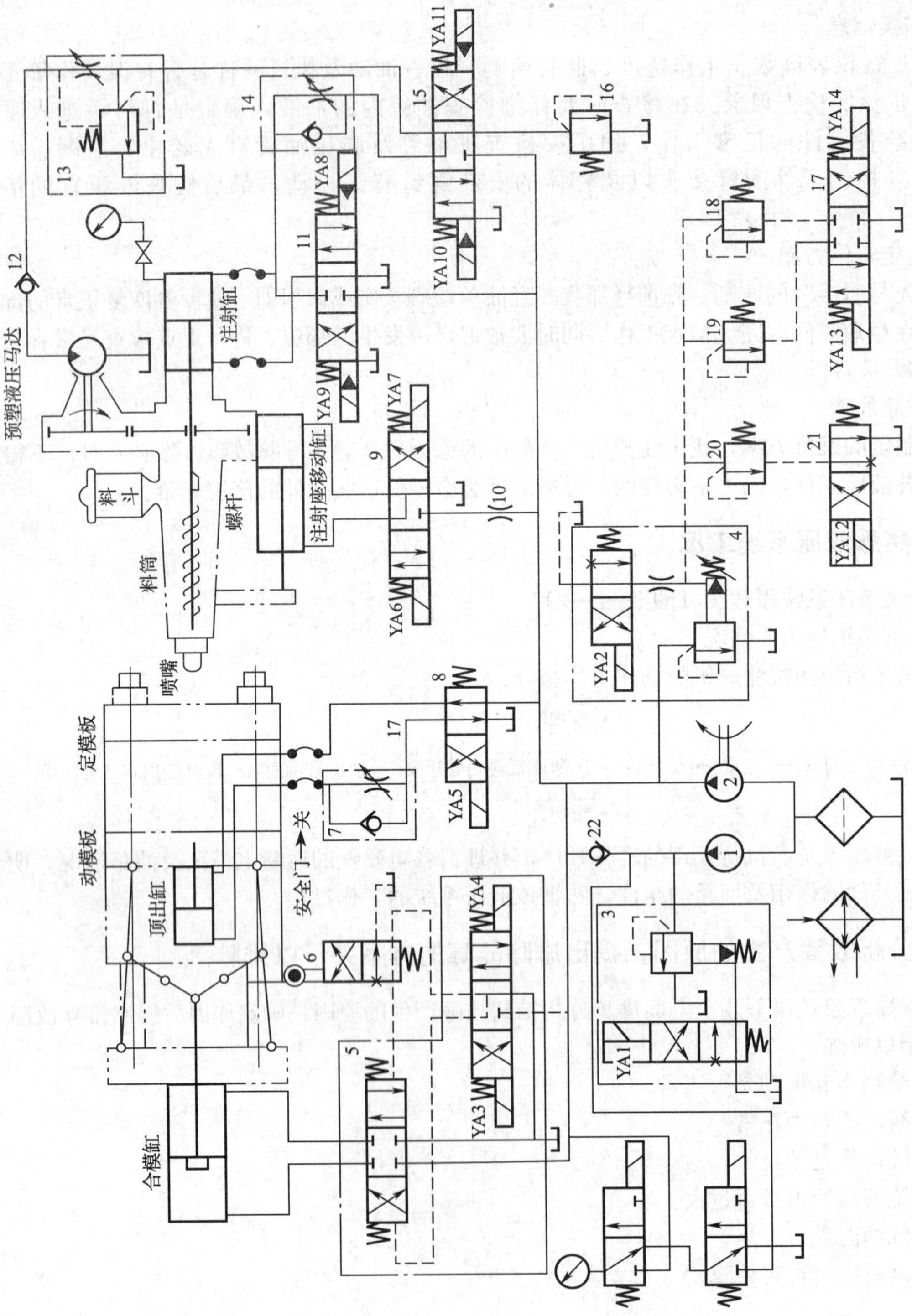

图 3—2—2　SZ—250 型注塑机液压系统图

1—大流量泵　2—小流量泵　3—电磁溢流阀　4—先导式溢流阀　5,11,15—电液换向阀　6—行程阀　7,14—单向节流阀
8,9,17,21—电磁换向阀　10—节流阀　12,22—单向阀　13—旁通型调速阀　16—背压阀　18,19,20—远程调压阀

任务评价

评分标准

项目	内容	评分标准	配分	得分
诊断故障并排除	找出故障位置	全部找到	25	
	分析故障原因	逐一分析	25	
	提出解决方案	列出方案	25	
	正确排除故障	全部解决	25	
总　分			100	

思考练习

1. 常见故障的诊断方法有几种？
2. 液压系统故障诊断的步骤和方法有哪几种？
3. 液压系统使用中要注意哪些方面？

课题三　液压系统的设计

任务　液压系统的设计与选用

知识点

◇ 工况分析；
◇ 液压元件的选用；
◇ 液压基本回路的设计；
◇ 液压系统的设计。

技能点

◇ 能分析系统工况，确定主要参数；
◇ 能拟定液压系统图；
◇ 能选择标准液压元件；
◇ 能进行液压系统性能验算；
◇ 能根据要求设计组合钻床液压系统。

任务引入

本任务以一台卧式单面多轴钻孔组合机床为例，要求设计出驱动它的动力滑台的液压系统。以实现“快进→工进→快退→停止”的工作循环。已知：机床上有主轴 16 个，加工

ϕ13.9 mm 的孔 14 个，加工 ϕ8.5 mm 的孔 2 个；刀具材料为高速钢，工件材料为铸铁，硬度为 240 HB，机床工作部件总重量为 G=9 810 N；快进、快退速度为 $v_1=v_3$=7 m/min，快进行程长度为 l_1=100 mm，工进行程长度为 l_2=50 mm，往复运动的加速、减速时间不希望超过 0.2 s；动力滑台采用平导轨，其静摩擦系数为 f=0.2，动摩擦系数为 f_d=0.1；液压系统中的执行元件使用液压缸。

任务分析

液压系统的设计是在掌握液压传动基本知识、液压元件的工作原理、结构和基本回路的基础上进行的。只有借鉴前人的经验，并具备一定的生产实践知识，才能设计出结构简单、性能好、效率高和使用方便的液压系统。在液压系统的设计中，除了满足主机在动作和性能方面规定的要求外，还必须符合体积小、重量轻、成本低、效率高、结构简单、工作可靠、使用和维修方便等一些公认的普遍设计原则。

相关知识

液压系统设计的步骤如下：明确系统设计要求；分析系统工况，确定主要参数；拟定液压系统图；选择液压元件；液压系统性能验算。

一、明确系统设计要求

在液压系统的设计中，首先应明确系统设计要求。具体内容如下：

1. 主机的用途、结构、总体布局。
2. 主机的工作循环及运动方式。
3. 液压执行元件的负载及运动速度的大小。
4. 主机各执行元件的动作顺序或互锁要求。
5. 对液压系统工作性能、工作效率、自动化程度等方面的要求。
6. 液压系统的工作环境和工作条件等。
7. 液压装置的重量、外形尺寸、经济性等方面的规定或限制。

二、分析系统工况，确定主要参数

1. 分析系统工况

工况分析是选定系统方案、液压元件和执行元件功率的依据。对液压系统进行工况分析，就是要查明它的每个执行元件在各自工作过程中的运动速度和负载的变化规律，这是满足主机规定的动作要求和承载能力所必须具备的。液压系统承受的负载由主机的规格规定，可由样机通过试验测定，也可以由理论分析确定。当用理论分析确定系统的实际负载时，必须仔细考虑它所有的组成项目，如工作负载（切削力、挤压力、弹性塑性变形抗力、重力等）、惯性负载和阻力负载（摩擦力、背压力）等，并把它们绘制成图，如图 3—3—1a 所示。

同样，液压执行元件在各动作阶段内的运动速度也需相应地绘制成图，如图 3—3—1b 所示。设计简单的液压系统时，这两种图可以省略不画。

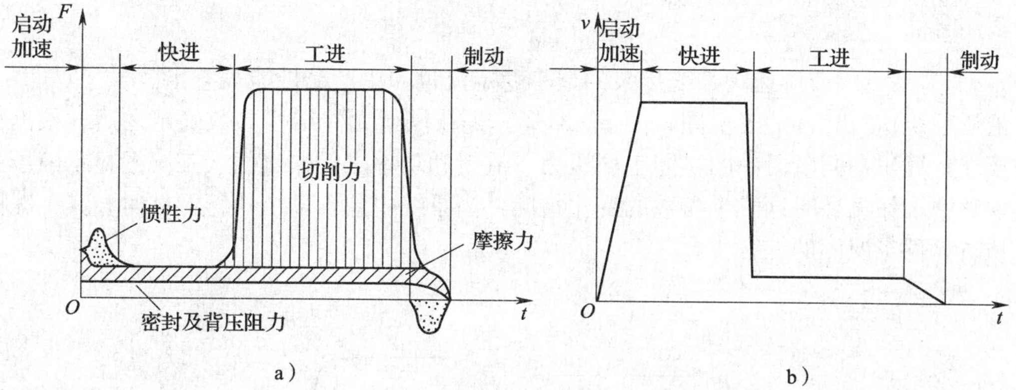

图 3—3—1　液压系统执行元件的负载图和速度图

a）负载图　b）速度图

2. 确定主要参数

这里是指确定液压执行元件的工作压力和最大流量。

液压系统采用的执行元件的形式，视主机所要实现的运动种类和性质而定。

执行元件的工作压力可以根据负载图中的最大负载来选取（表 3—3—1），也可以根据主机的类型来选取（表 3—3—2）；最大流量则由执行元件速度图中的最大速度计算出来。这两者都与执行元件的结构参数（指液压缸的有效工作面积 A 或液压马达的排量 V_M）有关。一般是先选定执行元件的形式及其工作压力 p，再按最大负载和预估的执行元件机械效率求出 A 或 V_M，并通过各种必要的验算、修正和圆整后定下这些参数，最后再算出最大流量 q_{max}。

表 3—3—1　　**按负载选定工作压力**

液压缸工作负载/N	<5 000	5 000～10 000	10 000～20 000	20 000～30 000	30 000～50 000	>50 000
液压缸工作压力/MPa	0.8～1	1.5～2	2.5～3	3～4	4～6	7～10

表 3—3—2　　**各类设备常用的系统压力**

设备类型	系统压力/MPa	设备类型	系统压力/MPa
精加工机床	0.8～2	农业机械、小型工程机械、冶金机械、工程机械辅助机构	10～16
半精加工机床	3～5		
粗加工或重型机床	5～10	液压机、重型机械、冶金机械、大中型挖掘机、起重运输机	20～32

在机床的液压系统中，工作压力选得小些，对系统的可靠性、低速平稳性和降低噪声都是有利的，但在结构尺寸和造价方面则要付出一定的代价，在初步的验算中，必须使执行元件的最低工作速度 v_{min} 或 n_{min} 符合下述要求：

液压缸

$$\frac{q_{min}}{A} \leqslant v_{min}$$

液压马达 $\frac{q_{min}}{V_M} \leqslant n_{min}$

式中，q_{min}为节流阀或调速阀、变量泵的最小稳定流量，由产品性能表查出。

液压系统执行元件的工况图（图 3—3—2）是在执行元件结构参数确定之后，根据设计任务要求，算出不同阶段中的实际工作压力、流量和功率之后作出的。工况图显示液压系统在实现整个工作循环时这三个参数的变化情况，当系统中包含多个执行元件时，其工况图是各个执行元件工况图的综合。

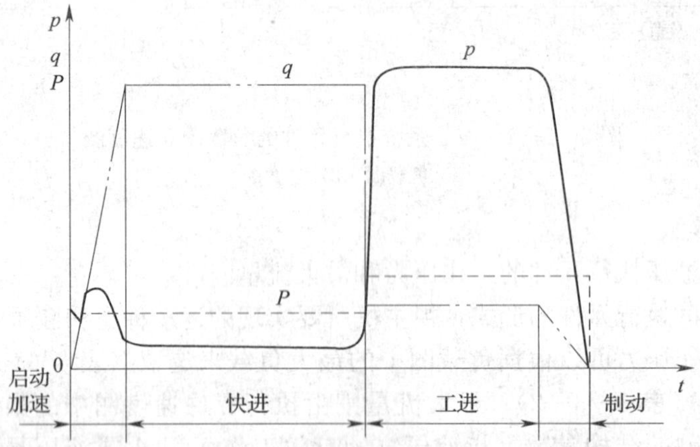

图 3—3—2 执行元件的工况图

液压执行元件的工况图是选择系统中其他液压元件和液压基本回路的依据，也是拟定液压系统方案的依据，原因如下：

（1）液压泵和各种控制阀的规格是根据工况图中的最大压力和最大流量选定的。

（2）各种液压回路及其油源形式都是按工况图中不同阶段的压力和流量变化情况初选后，再通过评比确定的。

（3）将工况图所反映的情况与调研获得的参考方案进行对比，可以对原来设计参数的合理性作出鉴别或进行调整，例如，在工艺情况允许的条件下，调整有关工作阶段的时间或速度，可以减少所需的功率；当功率分布很不均匀时，适当修改参数，可以避开或削减功率“峰值”等。

三、拟定液压系统草图

拟定液压系统草图是从作用原理上和结构组成上具体体现设计任务中提出的各项要求。它包含三项内容：确定系统类型、选择液压回路和拼搭液压系统。

液压系统在类型上究竟采用开式还是采用闭式，主要取决于它的调速方式和散热要求，一般说来，凡具有较大空间可以存放油箱且不另设置散热装置的系统、要求结构尽可能简单的系统、采用节流调速或容积节流调速的系统，都宜采用开式；凡容许采用辅助泵进行补油并通过换油来达到冷却目的的系统、对工作稳定和效率有较高要求的系统或采用容积调速的系统，都宜采用闭式。

液压回路是根据系统的设计要求和工况图从众多的成熟方案中评比挑选出来的。挑选时既要保证满足各项主要要求，也要考虑符合节省能源、减少发热、减少冲击等原则。挑选工作首先从对主机主要性能起决定性作用的调速回路开始，然后再根据需要考虑其他辅助回路。例如，对有垂直运动部件的系统要考虑平衡回路；有快速运动部件的系统要考虑缓冲和制动回路；有多个执行元件的系统要考虑顺序动作、同步或互不干扰回路；有空运转要求的系统要考虑卸荷回路等。挑选回路出现多种可能方案时，宜平行展开，反复进行对比，不要轻易作出取舍决定。

组建液压系统是把挑选出来的各种液压回路综合在一起，进行归并整理，增添必要的元件或辅助油路，使之成为完整的系统。最后，检查系统能否圆满地实现所要求的各项功能，是否需要再进行补充或修正，有无作用相同或相近的元件或油路可以合并等。这样才能使拟定出来的系统结构简单、紧凑，工作安全可靠，动作平稳，效率高，使用和维护方便。综合效果好的系统方案应全由标准元件组成，至少也应使自行设计的专用件减少到最低限度。

对可靠性要求特别高的系统来说，拟定系统草图时还要考虑“结构储备”问题，就是在系统中设置一些必要的备用元件或备用回路，以便在工作元件或工作回路发生故障时它们立即能“上岗顶班”，确保系统持续运转，工作不受影响。

四、选择液压元件

液压泵的最大工作压力必须大于或等于液压执行元件最大工作压力和进油路上总压力损失这两者之和。液压执行元件的最大工作压力可以从工况图中查到。进油路上的总压力损失可以按经验资料选取：一般节流调速及简单系统取 $\Delta p_1=0.2\sim0.5$ MPa；对于进油路上有调速阀及管路复杂的系统取 $\Delta p_1=0.5\sim1.5$ MPa。

液压泵的流量必须大于或等于几个同时工作的液压执行元件总流量的最大值以及回路中泄漏量这两者之和。液压执行元件总流量的最大值可以从工况图中找到，回路中的泄漏量可按总流量最大值的10%～30%选取。

在参照产品样本选取液压泵时，泵的额定压力应选得比上述最大工作压力高25%～60%，以保证留有压力储备；额定流量按上述最大流量选取即可。

液压泵在额定压力和额定流量下工作时，其驱动电动机的功率一般可以直接从产品样本上查到。

阀类元件的规格按液压系统的最大压力和通过该阀的实际流量从产品样本上选定。选择节流阀和调速阀时还必须考虑它的最小稳定流量是否符合设计要求。

油管的规格一般是由它所连接的液压件接口处的尺寸决定的。

五、液压系统性能验算

液压系统性能的验算是一个复杂的问题，目前只是采用一些简化公式进行近似估算，以便定性地说明情况。当设计中能找到经过实践检验的同类型系统作为对比参考，或有可靠的试验结果可供使用时，系统的性能验算就可以省略。

1. 回路压力损失验算

回路压力损失包括沿程压力损失和局部压力损失，这两项压力损失可按下面相应的计算公式来计算。压力损失的规律与液体的流动状态和液体的边界情况有着密切的关系。

液体流动状态有层流和湍流，区分它们可以用雷诺数：

$$Re=\frac{vD_H}{\nu}$$

雷诺数是一个无量纲数，其中 D_H 是水力直径：$D_H=\frac{4A}{\chi}$。

在液压传动系统中，大量采用光滑金属管（钢管、纯铜管等），临界雷诺数取 2 320。Re<2 320 时为层流，Re>2 320 时为湍流。

在雷诺数计算式中，分母即运动黏度表征黏性力，分子中的流速表征惯性力。液体在流动过程中，当黏性力起主导作用时为层流；当惯性力起主导作用时，流体质点挣脱了黏性力的束缚，引起了横向运动，为湍流。湍流时的压力损失大于层流时的压力损失。

液体流动的边界情况不同其压力损失也不同。油液流经直管时产生的压力损失称延程压力损失，它又分为层流和湍流两种情况。油液流经局部障碍时产生的压力损失称为局部压力损失，这时的流动状态一般为湍流。层流时这种情况极少发生，因此下面只讨论湍流的情况。

压力损失的计算主要是求延程阻力系数 λ 和局部阻力系数 ζ 的值。延程压力损失计算公式为

$$\Delta p_\lambda=\lambda\frac{l}{d}\frac{\rho v^2}{2}$$

对层流

$$\lambda=\frac{75}{Re}\text{（金属圆管）或}\quad\lambda=\frac{80}{Re}\text{（橡胶软管）}$$

对湍流

$$\lambda=0.316\,4Re^{-0.25}$$

局部压力损失计算公式为

$$\Delta p_\xi=\xi\frac{\rho v^2}{2}$$

局部压力系数可通过查有关手册得到。

在验算压力损失时必须注意，不同的工作阶段要分开计算；回油路上的压力损失要折算到进油路上，在未画出管路装配图之前，有些压力损失仍只能估算。

2. 发热温升验算

液压泵输入功率与执行元件输出功率的差值为液压系统的功率损失。这些能量损失全部转换成热量，使液压系统产生温升。如果这些热量全部由油箱散发出去，不考虑其他部分的散热效能，则油液温升的计算可采用热平衡验算法。热平衡验算法如下：

液压系统工作时，泵和执行元件的功率损失、溢流阀的溢流损失、流量阀的压力损失等构成了液压系统总的能量损失，并转变为热能，使油温升高。

液压系统的功率损失为

$$\Delta P=P(1-\eta)$$

式中 P——液压泵的输入功率；

η——液压系统总效率。

液压系统所产生的热量经油箱散发到空气中去，工作一段时间以后，达到热平衡，油温在升高。其散热量可用下式计算：

$$Q_H = kA\Delta t$$

式中　A——散热面积（m^2）；

Δt——系统温升（℃），即系统达到热平衡后的油温与环境温度之差；

k——散热系数［（kW/m^2℃）］。当通风很差时 $k=(8\sim9)\times10^{-3}$；通风良好时 $k=(15\sim17)\times10^{-3}$；用风扇冷却时 $k=(20\sim23)\times10^{-3}$；用循环水冷却时 $k=(110\sim175)\times10^{-3}$。

当验算出来的温升超过允许值时，系统中必须设置冷却器。

油箱的散热面积可由液压系统的功率损失公式和散热量公式得出

$$A=\frac{Q_H}{k\Delta t}=\frac{\Delta P}{k\Delta t}=\frac{P(1-\eta)}{k\Delta t}$$

当油箱长、宽、高之比为1∶1∶1～1∶2∶3时，其散热面积可近似地用下式计算

$$A=0.065\sqrt[3]{V^2}$$

式中　A——油箱散热面积（m^2）；

V——油箱容积（L）。

任务实施

一、分析系统工况

1. 负载分析

工作负载：由切削原理可知，高速钢钻头钻铸铁孔时的轴向切削力 F_1 与钻头直径 D（单位为mm）、每转进给量 s（单位为mm/r）和铸件硬度HB之间的经验算式为

$$F_1=25.5Ds^{0.8}(HB)^{0.6}$$

根据组合机床加工特点，钻孔时的主轴转速 n 和每转进给量 s，可选用下列数值：

对 ϕ13.9 mm 的孔来说　$n_1=360$ r/min，$s_1=0.147$ mm/r

对 ϕ8.5 mm 的孔来说　$n_2=550$ r/min，$s_2=0.096$ mm/r

则 $F_1=(14\times25.5\times13.9\times0.147\times240^{0.6}+2\times25.5\times8.5\times0.096^{0.8})$ N＝30 468 N

惯性负载　$F_m=(G/g)(\Delta v/\Delta t)=(9\,810/9.81)\times(7/60\times0.2)$ N

阻力负载　静摩擦阻力 $F_{fs}=0.2\times9\,810=1\,962$ N；动摩擦阻力 $F_{fd}=0.1\times9\,810=981$ N

液压缸的机械效率取 $\eta_m=0.9$，由此得出液压缸在各工作阶段的负载值见表3—3—3。

表3—3—3　　液压缸在各工作阶段的负载值

工况	负载组成	负载值 F/N	推力 F/η_m/N
启动	$F=F_{fs}$	1 962	2 180
加速	$F=F_{fs}+F_m$	1 564	1 738
快进	$F=F_{fs}$	981	1 090
工进	$F=F_{fd}+F_t$	31 449	34 943
快退	$F=F_{fd}$	981	1 090

2. 负载图和速度图的绘制

负载图按上面数值绘制，如图 3—3—3a 所示。速度图按已知数值 $v_1=v_3=7$ m/min、$l_1=100$ mm、$l_2=50$ mm、快退行程 $l_3=l_1+l_2=150$ mm 和工进速度 v_2 等绘制，如图 3—3—3b 所示。其中 v_2 由主轴转速及每转进给量求出，即 $v_2=n_1s_1=n_2s_2\approx53$ mm/min。

二、确定液压缸主要参数

由表 3—3—1 和表 3—3—2 可知，组合机床液压系统在最大负载约为 35 000 N 时宜取 $p_1=4$ MPa。

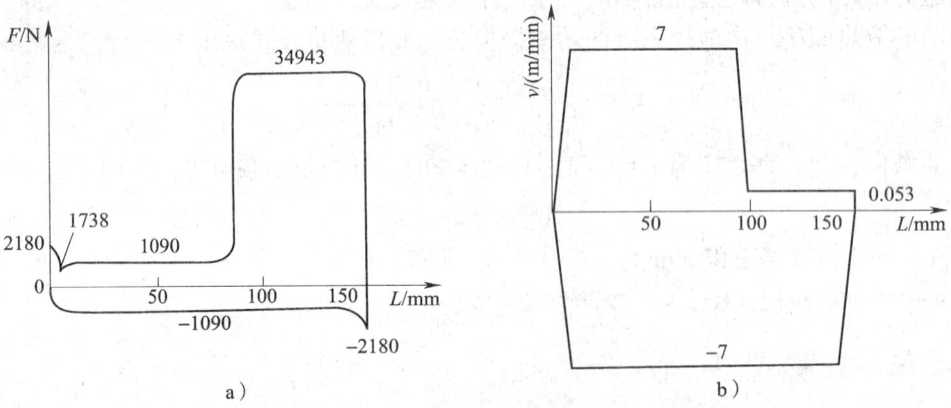

图 3—3—3　组合机床液压缸的负载图和速度图

a）负载图　b）速度图

鉴于动力滑台要求快进、快退速度相等，这里的液压缸可选用单杆式的，并在快进时作差动连接。这种情况下液压缸无杆腔工作面积 A_1 取为有杆腔工作面积 A_2 的两倍，即活塞杆直径 d 与缸筒直径 D 成 $d=0.707D$ 的关系。

在钻孔加工时，液压缸回油路上必须具有背压 p_2，取 $p_2=0.8$ MPa，以防孔被钻通时滑台突然前冲。快进时液压缸虽作差动连接，但由于油管中有压降 Δp 存在，有杆腔的压力必须大于无杆腔，估算时可取 $\Delta p\approx0.5$ MPa。快退时回油腔中是有背压的，这时 p_2 也可按 0.5 MPa 估算。

由工进时的推力计算液压缸面积：

$$F/\eta_m=A_1p_1-A_2p_2=A_1p_1-(A_1/2)\ p_2$$

故有 $A_1=(F/\eta_m)\ /\ (p_1-p_2/2)\ =\ (34\ 943)\ /\ (4-0.8/2)\ =0.009\ 7\ \text{m}^2=97\ \text{cm}^2$

$$D=\sqrt{(4A_1)\ /\pi}=11.12\ \text{cm}$$

$$d=0.707D=7.86\ \text{cm}$$

按国家标准将这些直径圆整成就近标准值，得 $D=11$ cm，$d=8$ cm。由此求得液压缸两腔的实际有效面积为：$A_1=\pi d^2/4=95.03\ \text{cm}^2$，$A_2=\pi\ (D^2-d^2)\ /4=44.77\ \text{cm}^2$。经检验，活塞杆的强度和稳定性均符合要求。

根据上述 D 与 d 的值，可估算液压缸在各个工作阶段中的压力、流量和功率，见表 3—3—4，并据此绘出工况图如图 3—3—4 所示。

表 3—3—4　液压缸在不同工作阶段的压力、流量和功率值

工况		负载 F/N	回油腔压力 p_2/MPa	进油腔压力 p_1/MPa	输入流量 q/（L/min）	输入功率 P/kW	计算式
快进（差动）	启动	2 180	$p_2=0$	0.434	—	—	$p_1=(F+A_2\Delta p)/(A_1-A_2)$ $q=(A_1-A_2)v_1$ $P=p_1q$
	加速	1 738	$p_2=p_1+\Delta p$（$\Delta p=0.5$MPa）	0.791	—	—	
	恒速	1 090		0.662	35.19	0.39	
工进		34 943	0.8	4.054	0.5	0.034	$p_1=(F+p_2A_2)/A_1$ $q=A_1v_2$ $P=p_1q$
快退	启动	2 180	$p_2=0$	0.487	—	—	$p_1=(F+p_2A_1)/A_2$ $q=A_2v_2$ $P=p_1q$
	加速	1 738	0.5	1.45	—	—	
	恒速	1 090		1.305	31.34	0.68	

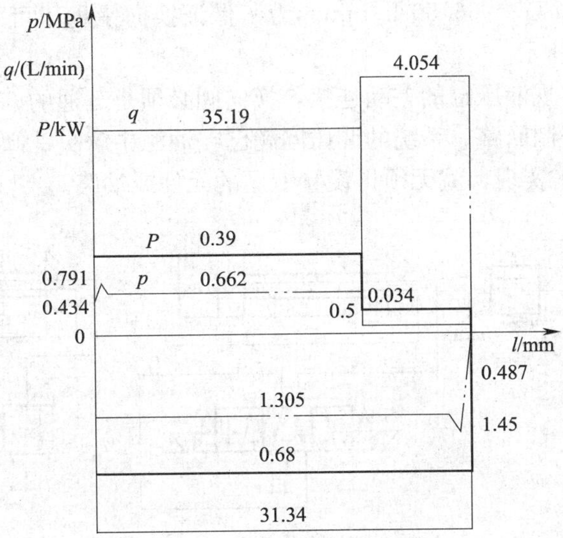

图 3—3—4　组合机床液压缸工况图

三、拟定液压系统图

1. 液压回路的选择

首先选择调速回路。由图 3—3—4 中的曲线得知，这台机床液压系统的功率小，滑台运动速度低，工作负载变化小，可采用进口节流的调速形式。为了解决进口节流调速回路在孔钻通时的滑台突然前冲现象，回油路上要设置背压阀。

由于液压系统选用了节流调速的方式，系统中油液的循环必然是开式的。

从图 3—3—4 工况图中可以清楚地看到，在这个液压系统的工作循环内，液压缸交替地

要求油源提供低压大流量和高压小流量的油液。最大流量与最小流量之比约为 70，而快进快退所需的时间 t_1 和工进所需的时间 t_2 分别为

$$t_1=(l_1/v_1)+(l_2/v_3)=[(60\times100)/7\times1\,000+(60\times150)/(7\times1\,000)]=2.14\ \text{s}$$

$$t_2=l_2/v_2=(60\times50)/(0.053\times1\,000)=56.6\ \text{s}$$

由于 $t_2/t_1\approx26$，因此从提高系统效率、节能的角度来看，采用单个定量泵作为油源显然是不合适的，宜选用国内比较成熟的产品——双联式定量叶片泵作为油源，如图 3—3—5a 所示。

其次是选择快速运动和换向回路。系统中采用节流调速回路后，不管采用什么油源形式都必须有单独的油路直接通向液压缸两腔，以实现快速运动。在本系统中，单杆液压缸要作差动连接，所以它的快进快退换向回路应采用图 3—3—5b 所示的形式。

再次是选择速度换接回路。由工况图（图 3—3—4）中的 $q—l$ 曲线可知，当滑台从快进转为工进时，输入液压缸的流量由 35.19 L/min 降为 0.5 L/min，滑台的速度变化较大，宜选用行程阀来控制速度的换接，以减少液压冲击，如图 3—3—5c 所示。当滑台由工进转为快退时，回路中通过的流量很大，进油路中通过的流量为 31.34 L/min，回油路中通过的流量为 31.34×（95/44.77）＝66.50 L/min。为了保证换向平稳，可采用电液换向阀式换接回路，如图 3—3—5b 所示。

由于这一回路要实现液压缸的差动连接，换向阀必须是五通的。

最后再考虑压力控制回路。系统的调压问题已在油源中解决。卸荷问题如采用中位机能为 H 型的三位换向阀来实现，就无须再设置专用的元件或油路。

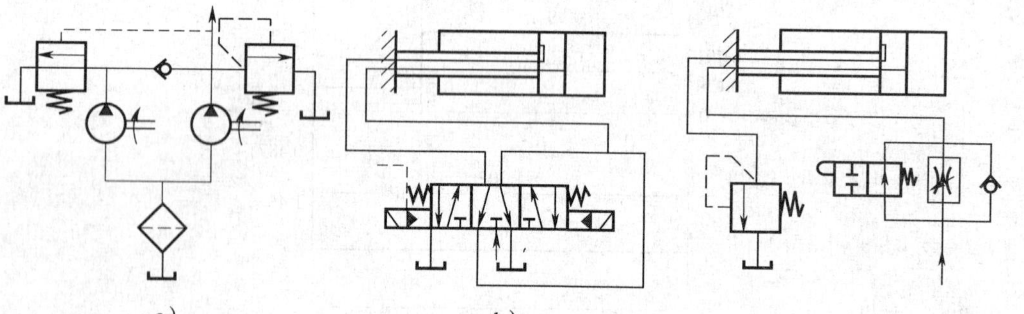

a）　　　　b）　　　　c）

图 3—3—5　液压回路的选择

a）泵源　b）换向回路　c）速度换接回路

2. 液压回路的综合

把上面选出的各种回路组合画在一起，就可以得到图 3—3—6 所示的未设置虚线圆框内元件时的形状。将此图仔细检查一遍，可以发现，这个图形在工作中还存在问题，必须进行如下的修改和整理：

（1）为了解决滑台工进时图中进油路、回油路相互接通，无法建立压力的问题，必须在液动换向回路中串接一个单向阀 a，将工进时的进油路 、回油路隔断。

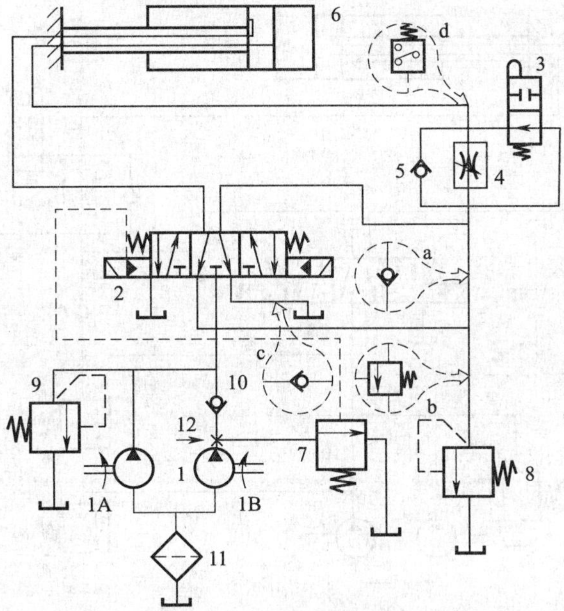

图 3—3—6　液压回路的综合和整理

1—双联叶片泵　1A—小流量泵　1B—大流量泵　2—三位五通电液阀　3—行程阀　4—调速阀
5、10、a、c—单向阀　6—液压缸　7—卸荷阀　8—背压阀　9—溢流阀　11—过滤器　12—压力表开关
b—顺序阀　d—压力继电器

(2) 为了解决滑台快速前进时回油路接通油箱，无法实现液压缸差动连接的问题，必须在回油路上串接一个液控顺序阀 b，以阻止油液在快进阶段返回油箱。

(3) 为了解决机床停止工作时系统中的油液流回油箱，导致空气进入系统，影响滑台运动平稳性的问题，另外考虑到电液换向阀的启动问题，必须在电液换向阀的出口处增设一个单向阀 c。

(4) 为了便于系统自动发出快速退回信号，在调速阀输出端需增设一个压力继电器 d。

(5) 如果将顺序阀 b 和背压阀的位置对调一下，就可以将顺序阀与油源处的卸荷阀合并。

经过修改、整理后的液压系统如图 3—3—7 所示，它在各方面都比较合理、完善了。

四、选择液压元件

1. 液压泵

液压缸在整个工作循环中的最大工作压力为 4.054 MPa。如取进油路上的压力损失为 0.8 MPa，压力继电器调整压力高出系统最大工作压力 0.5 MPa，则小流量泵的最大工作压力应为

$$p_1 = 4.054 + 0.8 + 0.5 = 5.354 \text{ MPa}$$

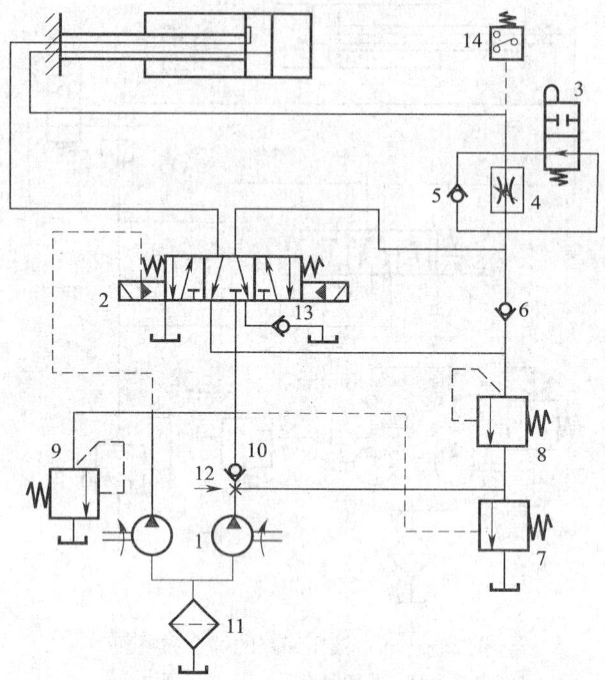

图 3—3—7　整理后的液压系统图

1—双联叶片泵　2—三位五通电液阀　3—行程阀　4—调速阀　5、6、10、13—单向阀　7—顺序阀　8—背压阀　9—溢流阀　11—过滤器　12—压力表开关　14—压力继电器

大流量泵是在快速运动时才向液压缸输油的，由图 3—3—4 可知，快退时液压缸中的工作压力比快进时大，如取进油路上的压力损失为 0.5 MPa，则大流量泵的最高工作压力为

$$p_2 = 1.305 + 0.5 = 1.805\ \text{MPa}$$

两个液压泵应向液压缸提供的最大流量为 35.19 L/min（图 3—3—4）。若回路中的泄漏按液压缸输入流量的 10% 估计，则两个泵的总流量应为 $q_p = 1.1 \times 35.19 = 38.71$ L/min。由于溢流阀的最小稳定溢流量为 3 L/min，而工进时输入液压缸的流量为 0.5 L/min，所以小流量泵的流量规格最少应为 3.5 L/min。

根据以上压力和流量的数值查阅产品目录，最后确定选取 PV2R12 型双联叶片泵。

由于液压缸在快退时输入功率最大，这相当于液压泵输出压力 1.805 MPa、流量40 L/min 时的情况。如取双联叶片泵的总效率为 $\eta_p = 0.75$，则液压泵驱动电动机所需的功率为

$$P = p_p q_p / \eta_p = 1.805 \times (40/60 \times 10^{-3}) / (0.75 \times 10^{3}) = 1.6\ \text{kW}$$

根据此数值查阅电动机产品目录，最后选定 JO2－32－6 型电动机，其额定功率为 2.2 kW。

2. 阀类元件及辅助元件

根据液压系统的工作压力和通过各个阀类元件和辅助元件的实际流量，可选出这些元件的型号及规格。表 3—3—5 所示为选出的一种方案。

表 3—3—5　　　　　　　　　　　元件的型号及规格

<table>
<tr><th>序号</th><th>元件名称</th><th>估计通过流量/(L/min)</th><th>型号</th><th>规格</th><th>生产厂家</th></tr>
<tr><td>1</td><td>双联叶片泵</td><td>—</td><td>PV2R12</td><td>14 MPa，36 和 6 L/min</td><td>阜新液压件厂</td></tr>
<tr><td>2</td><td>三位五通电液阀</td><td>75</td><td>35DY3Y－E10B</td><td rowspan="9">16 MPa，10 通径</td><td rowspan="9">高行液压件厂</td></tr>
<tr><td>3</td><td>行程阀</td><td>84</td><td rowspan="3">AXQF－E10B</td></tr>
<tr><td>4</td><td>调速阀</td><td><1</td></tr>
<tr><td>5</td><td>单向阀</td><td>75</td></tr>
<tr><td>6</td><td>单向阀</td><td>44</td><td>AF3－En10B</td></tr>
<tr><td>7</td><td>液控顺序阀</td><td>35</td><td>XF3－E10B</td></tr>
<tr><td>8</td><td>背压阀</td><td><1</td><td>YF3－E10B</td></tr>
<tr><td>9</td><td>溢流阀</td><td>35</td><td>AF3－E10B</td></tr>
<tr><td>10</td><td>单向阀</td><td>35</td><td>AF3－En10B</td></tr>
<tr><td>11</td><td>过滤器</td><td>40</td><td>YYL－105－10</td><td>21 MPa，90 L/min</td><td>新乡 116 厂</td></tr>
<tr><td>12</td><td>压力表开关</td><td>—</td><td>KF3－E3B</td><td>16 MPa，3 测点</td><td></td></tr>
<tr><td>13</td><td>单向阀</td><td>75</td><td>AF3－Ea20B</td><td>16 MPa，20 通径</td><td>高行液压件厂</td></tr>
<tr><td>14</td><td>压力继电器</td><td>—</td><td>PF－B8C</td><td>14 MPa，8 通径</td><td>榆次液压件厂</td></tr>
</table>

3．油管

各元件间连接管道的规格按元件接口处尺寸决定，液压缸进、出油管则按输入、排出的最大流量计算。由于液压泵具体选定之后液压缸在各个阶段的进、出流量已与原定数值不同，所以要重新计算，见表 3—3—6。

根据这些数值，当油液在压力管中流速取 3 m/min 时，按式 $d=2\sqrt{q/\pi v}$ 计算可得和液压缸无杆腔及和有杆腔相连的油管内径分别为

$$d_1=2\sqrt{79.43\times10^6/(\pi\times3\times10^3\times60)}=23.7\ \text{mm}$$

$$d_2=2\sqrt{42\times10^6/(\pi\times3\times10^3\times60)}=17.2\ \text{mm}$$

两根油管分别选用内径 20 mm 和 28 mm 的无缝钢管。

4．油箱

油箱容积按式 $V=Kq$ 估算，当 K 取 6 时，求得其容积为 $V=6\times40=240$ L，按国家标准规定，取最靠近的标准值 $V=250$ L。

五、验算液压系统的性能

1．回路压力损失验算

由于系统的具体管路布置尚未确定，整个回路的压力损失无法估算，仅只阀类元件对压力损失所造成的影响可以看得出来。供调定系统中某些压力值时参考，这里估算从略。

2．油液温升验算

工进在整个工作循环中所占的时间比例达 96%，所以系统发热和油液温升可用工进时

的情况来计算。

工进时液压缸的有效功率为

$$P_e = p_2 q_2 = Fv = 31\ 449 \times 0.053/103 \times 60 \approx 0.03\ \text{kW}$$

这时大流量泵通过顺序阀 7 卸荷，小流量泵在高压下供油，所以两个泵的总输出功率为

$$P_t = (p_1 q_1 + p_2 q_2) / \eta_p = [0.3 \times 10^6 \times (36/60)^2 \times 10^{-3} + 4.978 \times 10^6 \times 6/60 \times 10^{-3}] / 0.75 \times 10^3 = 0.74\ \text{kW}$$

由此得液压系统的发热量为

$$Q_H = P_t - P_e = 0.74 - 0.03 = 0.71\ \text{kW}$$

当通风良好时，取 $k = 16 \times 10^{-3}$，则油液温升为

$$\Delta t = Q_H / (kA) = 18℃$$

温升没有超出允许范围，液压系统中不需设置冷却器。

任务评价

评分标准

项目	内容	评分标准	配分	得分
系统工况	负载分析	10	20	
	负载图和速度图的绘制	10		
液压缸主要参数的确定	D	5	20	
	d	5		
	无杆腔实际有效面积 A_1	5		
	有杆腔实际有效面积 A_2	5		
液压系统图的拟定	液压回路的选择	10	20	
	液压回路的综合	10		
液压元件的选择	液压泵	10	20	
	阀类元件	10		
	油管	5		
	油箱	5		
液压系统的性能验算	回路压力损失验算	10	20	
	油液温升验算	10		
总　分			100	

注：过程分析答案正确得满分（5 或 10 分），过程分析不完整、答案不准确得 1～8 分不等。

思考练习

设计一台加工垂直孔（有数个圆柱孔和圆锥孔）和水平孔（不通孔）的专用组合机床，主机的工况要求如下：

1. 工作性能和动作循环

立置动力滑台所加工的孔，表面粗糙度和尺寸精度要求较高，换向精度要求也较高，故

在滑台行程终点加死挡块停留。为了满足扩锥孔的进给量要求而设置第Ⅱ次慢速工进。其动作循环为快进、第Ⅰ工进、第Ⅱ工进、死挡块停留、快退至原位停止。

卧置动力滑台的动作循环为快进、工进、停留、快退至原位停止。

2. 运动动力参数（表3—3—6）

表3—3—6　　运动动力参数

滑台名称	切削力 R（N）		移动件重 G（kgf）	速度 v/（m/min）			行程 S/mm				启动制动时间 Δt/s
	Ⅰ工进	Ⅱ工进		快速	Ⅰ工进	Ⅱ工进	快进	Ⅰ工进	Ⅱ工进	快退	
立置滑台	1 200	744	2 500	4.5	0.045	0.028	207	35	8	250	0.2
卧置滑台	250		320	6	0.025		162	40		202	0.1

立置滑台宽为320 mm、采用平导轨，卧置滑台宽为200 mm，采用平面和V形（α=90°）导轨组合方式，静摩擦系数 f_s=0.2，动摩擦系数 f_d=0.1。